Sandra Jeck

Zum Phasengleichgewicht und Stofftransport in vernetzten Polymersystemen

Zum Phasengleichgewicht und Stofftransport in vernetzten Polymersystemen

von
Sandra Jeck

Dissertation, Karlsruher Institut für Technologie (KIT)
Fakultät für Chemieingenieurwesen und Verfahrenstechnik
Tag der mündlichen Prüfung: 02. Juli 2012

Impressum

Karlsruher Institut für Technologie (KIT)
KIT Scientific Publishing
Straße am Forum 2
D-76131 Karlsruhe
www.ksp.kit.edu

KIT – Universität des Landes Baden-Württemberg und
nationales Forschungszentrum in der Helmholtz-Gemeinschaft

KIT Scientific Publishing 2012
Print on Demand

ISBN 978-3-86644-891-9

Zum Phasengleichgewicht und Stofftransport in vernetzten Polymersystemen

Zur Erlangung des akademischen Grades eines

DOKTORS DER INGENIEURWISSENSCHAFTEN (Dr.-Ing.)

der Fakultät für Chemieingenieurwesen und Verfahrenstechnik des
Karlsruher Instituts für Technologie (KIT)

genehmigte

DISSERTATION

von

Dipl.-Ing. Sandra Jeck

aus Heidelberg

Referent:	Prof. Dr.-Ing. Matthias Kind
Korreferent:	Prof. Dr.-Ing. Karlheinz Schaber
Tag der mündlichen Prüfung:	02. Juli 2012

Vorwort

Die vorliegende Arbeit entstand während meiner Tätigkeit als wissenschaftliche Mitarbeiterin am Institut für Thermische Verfahrenstechnik des Karlsruher Instituts für Technologie (KIT) in der Zeit von Dezember 2007 bis Februar 2012. An dieser Stelle möchte ich all jenen danken, die mich auf diesem Weg begleitet und unterstützt haben.

Mein erster Dank gilt meinem Doktorvater Herrn Prof. Dr.-Ing. Matthias Kind für die ausgezeichneten wissenschaftlichen Rahmenbedingungen sowie die großen Freiheiten bei der Durchführung dieser Arbeit. Herrn Prof. Dr.-Ing. Karlheinz Schaber danke ich für die freundliche Übernahme des Korreferats.

Besonderer Dank gebührt Herrn Dr.-Ing. Philip Scharfer für die stete Diskussionsbereitschaft und das große Interesse, mit dem er meine Forschungstätigkeit während der letzten Jahre begleitet hat. Seine fachliche und persönliche Unterstützung haben wesentlich zum Gelingen dieser Arbeit beigetragen.

Ebenfalls danken möchte ich Herrn Prof. Dr.-Ing. Wilhelm Schabel, der den Fortschritt meiner Arbeiten auf verschiedenen nationalen und internationalen Tagungen verfolgt hat.

Den festangestellten Mitarbeitern des Instituts in Werkstatt, Labor, Sekretariat und Konstruktionsbüro danke ich für die gute Zusammenarbeit. Ohne ihren Einsatz wären viele meiner Versuchsaufbauten und Messungen nicht zu realisieren gewesen.

Meinen ehemaligen Institutskollegen, insbesondere Herrn Zhen Li und meinem langjährigen Bürokollegen Herrn Zhen Liu, danke ich für die angenehme Arbeitsatmosphäre.

Der Deutschen Forschungsgemeinschaft (DFG) gilt mein Dank für die finanzielle Förderung meiner Arbeit im Rahmen des Schwerpunktprogramms 1259 „Intelligente Hydrogele".

Besonders herzlich danken möchte ich schließlich meinen Eltern, die mir meine Ausbildung ermöglicht haben und deren Unterstützung mich auf allen meinen Wegen begleitet.

Karlsruhe im Juli 2012

Sandra Jeck

Zusammenfassung

Polymere können durch Vernetzung der Makromolekülketten funktionalisiert werden. Das Eigenschaftsspektrum der resultierenden Netzwerkstrukturen reicht von einer verbesserten mechanischen Belastbarkeit über ein hohes Aufnahmevermögen für Lösemittel bis hin zur Fähigkeit, selektiv auf Gradienten physikalischer Umgebungsgrößen zu reagieren, was eine Reihe innovativer Applikationsfelder eröffnet. Dabei erfordert die systematische Entwicklung polymerer Funktionselemente für Controlled-Release-Anwendungen, die Brennstoffzellen- und Separationstechnologie oder die Sensor-Aktor-Technik grundlegende Einsichten in die Phasengleichgewichts- und Stofftransportcharakteristik des vernetzten Materials, um Freisetzungsraten, Permeationsströme und Schaltzeiten zuverlässig angeben und so die Leistungsfähigkeit des Systems auch unter variablen Randbedingungen *ab initio* beurteilen zu können.

Gerade die Beschreibung polymerer Netzwerkstrukturen hinsichtlich ihres Phasengleichgewichts- und Stofftransportverhaltens ist bislang jedoch mit Unsicherheiten behaftet und in der Literatur wird für solche Systeme nicht zuletzt von einer abweichenden Lösemittelaufnahme des Polymers bei Kontaktierung mit dem flüssigen bzw. dem korrespondierenden gasförmigen Solvens berichtet (Schröders Paradox). Ziel der vorliegenden Arbeit ist es deshalb, anhand eines Modellstoffsystems (Polyvinylalkohol/Wasser) zu überprüfen, inwieweit sich Phasengleichgewicht und Stofftransport in einem vernetzten Polymer innerhalb des etablierten theoretischen Rahmenwerks beschreiben lassen. Dabei sind die experimentell und numerisch zu ermittelnden Informationen insbesondere auch mit Blick auf die charakteristische Netzwerkstruktur zu diskutieren.

Zur Aufklärung der Phasengleichgewichtscharakteristik wurde die Wasseraufnahme des vernetzten Materials bei Kontaktierung mit dem gasförmigen bzw. dem flüssigen Lösemittel in einem weiten Aktivitätsbereich quantifiziert. Die Erstellung von Sorptionsisothermen in der flüssigen Phase basiert dabei auf dem Zusatz eines wasserlöslichen makromolekularen Additivs, welches die Aktivität der fluiden Phase herabsetzt, durch geeignete dialytische Fraktionierung aber nicht in die zu untersuchende Polymerprobe eindringen kann. Unter Einhaltung identischer Randbedingungen hinsichtlich der thermischen Vorgeschichte des Probenmaterials sowie sorgfältiger Kontrolle von Lösemittelaktivität und Sorptionstemperatur konnte die Abwesenheit von Schröders Paradox damit erstmals auch bei reduzierter Lösemittelaktivität nachgewiesen werden – sowohl für das Modellstoffsystem PVA als auch für das in der Literatur diesbezüglich besonders intensiv diskutierte Nafion[®].

Die Überprüfung der Stofftransporteigenschaften des vernetzten Polymers erfordert darüber hinaus die Bereitstellung verlässlicher Transportdaten. Um der Analyse dabei den relevanten Konzentrationsbereich vollständig zugänglich zu machen und mit den zu entwickelnden experimentellen Routinen einen Satz flexibler Werkzeuge zur Charakterisierung des Stofftransports in vernetzten Polymersystemen bereitzustellen, wurde in dieser Arbeit eine Kombination aus stationären und instationären Betrachtungen realisiert. Anhand des direkten Vergleichs experimenteller Lösemittelkonzentrationsprofile mit den Ergebnissen entsprechender Simulationsrechnungen konnte gezeigt werden, dass sich der Lösemitteltransport auch in der vernetzten Polymerphase erfolgreich durch eine Fick'sche Kinetik abbilden lässt – vorausgesetzt, die ausgeprägte Konzentrationsabhängigkeit des Diffusionskoeffizienten wird geeignet erfasst.

Mit Blick auf die angestrebte Analyse des Zusammenspiels zwischen Netzwerkstruktur und Phasengleichgewicht bzw. Stofftransport wurde das semikristalline Polymernetzwerk über seinen Kristallinitätsgrad strukturell charakterisiert. Dazu wurde die bisher ausschließlich zur Konzentrationsanalyse eingesetzte Mikro-Raman-Spektroskopie um ein Protokoll zur Auswertung kristallinitätssensitiver Spektrenbereiche erweitert und so die Möglichkeit geschaffen, die Kristallinität der Polymerprobe berührungslos in orts- und zeitaufgelöster Messung – und damit insbesondere auch während eines überlagerten Stofftransportprozesses – zu quantifizieren. So wird die Lösemitteldiffusion von einer Umordnung der dreidimensionalen Netzwerkstruktur begleitet, wobei Veränderungen von Lösemittelgehalt und Kristallinität je nach Anfangszustand und Nichtgleichgewichtscharakter des Polymermaterials auf unterschiedlichen Zeitskalen ablaufen können.

Unter Berücksichtigung der Wechselbeziehung mit der charakteristischen dreidimensionalen Netzwerkstruktur und sorgfältiger Definition der Randbedingungen und Modellparameter lässt sich das Phasengleichgewichts- und Stofftransportverhalten des vernetzen Polymersystems somit innerhalb des etablierten theoretischen Rahmenwerks beschreiben.

Abstract

Polymers may be functionalised by the introduction of physical or chemical crosslinks, yielding three-dimensional network structures with a range of desirable properties such as enhanced mechanical stability, high water storage capacity or reactivity to a changing physical environment. Due to their tunable properties, crosslinked polymers attract an increasing interest for use in innovative technical applications such as controlled-release devices, selective barriers in separation and fuel cell technology or integrated sensor-actuator systems. What the diverse processes and devices incorporating these polymeric elements all have in common is that their systematic *ab initio* design requires fundamental information on the phase equilibrium and mass transport characteristics of the crosslinked material to pre-assess drug release rates, trans-membrane fluxes and response times at varying external conditions.

With crosslinked polymers, however, the phase equilibrium and mass transport mechanisms are not yet fully understood and for a number of crosslinked polymer systems, discrepancies in solvent uptake from the liquid versus the corresponding vapour phase have been observed (Schroeder's paradox). The present study thus aims at the systematic examination of both phase equilibrium and mass transport in the poly(vinyl alcohol)/water model system in order to evaluate whether the established theoretical framework is applicable to crosslinked polymers. The information thus obtained is not least to be interpreted in view of the characteristic network structure.

To elucidate the long-standing phenomenon of Schroeder's paradox, the water uptake of the crosslinked material was quantified for equilibration with both the gaseous and the liquid solvent, covering a wide range of solvent activities. For the determination of liquid-phase sorption isotherms, a dedicated experimental routine was devised, employing a polymeric deswelling agent which reduces the solvent activity in solution, but is barred from penetration into the sample network via dialytic fractionation. Identical boundary conditions in terms of sorption temperature, solvent activity and polymer thermal history provided, the sorption data obtained for both equilibration modes suggests that Schroeder's paradox is finally resolved. Thus, for the first time, the absence of any systematic discrepancies in solvent uptake between gas- and liquid-phase equilibration could be confirmed at reduced solvent activity – both for the PVA model system and the Nafion[®] polymer electrolyte membrane frequently discussed in the respective literature.

The analysis of solvent transport in the crosslinked polymer network further requires reliable transport data. In order to fully cover the relevant concentration range, transient and steady-state experiments were combined to provide a set of complementary analytical tools, each catering to a specific concentration interval. The direct comparison of experimental and simulated concentration-distance curves shows that solvent transport in the crosslinked polymer phase is successfully described by pure Fickian diffusion – provided the pronounced concentration-dependency of the solvent diffusion coefficient is appropriately accounted for.

To assess the interaction between polymer network architecture and water uptake, the structure of the semicrystalline membrane material was characterised by means of its degree of crystallinity. As the Raman spectrum of PVA reflects changes of crystallinity in the fingerprint region where four bands are sensitive to the crystalline and amorphous states, the degree of crystallinity may be determined spectroscopically in time- and space-resolved measurements, allowing the network structure to be monitored online during a superimposed mass transport process. It could thus be shown that the diffusion of solvent in the polymer phase induces rearrangements of the three-dimensional network structure; yet, depending on the non-equilibrium character of the semicrystalline material, changes in solvent content and crystallinity may proceed on partly different time scales.

Thus, provided the interplay with the characteristic network structure is accounted for and the boundary conditions and model parameters are chosen accordingly, both phase equilibrium and mass transport in the crosslinked polymer system are successfully described within the established theoretical framework.

Inhalt

Symbolverzeichnis

Lateinische Buchstaben

a_i Aktivität der Komponente i –

A Parameter für allg. Exponentialansatz $D_{ii}^{V}(X_{i/P})$, Antoine-Parameter   –

A' Parameter für allg. Exponentialansatz $D_{ii}^{V}(c_i)$ –

B Parameter für allg. Exponentialansatz $D_{ii}^{V}(X_{i/P})$, Antoine-Parameter   –

B' Parameter für allg. Exponentialansatz $D_{ii}^{V}(c_i)$ –

c_i Massenkonzentration der Komponente i kg/m^3

C Konstante für Effizienz des Detektorsystems   –

C Parameter für allg. Exponentialansatz $D_{ii}^{V}(X_{i/P})$, Antoine-Parameter   –

C' Parameter für allg. Exponentialansatz $D_{ii}^{V}(c_i)$ –

D_{0i} vorexponentieller Faktor m^2/s

D_i Selbstdiffusionskoeffizient der Komponente i m^2/s

D_{ii} Fick'scher Hauptdiffusionskoeffizient der Komp. i m^2/s

D_{ij}^{SM} Stefan-Maxwell-Diffusionskoeffizient m^2/s

$D_{W/PVA}$ Fick'scher Diffusionskoeffizient für das binäre System Wasser/PVA im volumenbezogenen Referenzrahmen m^2/s

EW Äquivalentgewicht (engl.: equivalent weight) $g_{Nafion}/mol_{SO_3^-}$

F Projektionsfläche Detektoröffnung m^2

G freie Enthalpie   J

ΔG_M freie Mischungsenthalpie   J

h Planck'sches Wirkungsquantum $(6{,}626 \cdot 10^{-34})$ Js

H Enthalpie   J

ΔH_M Mischungsenthalpie   J

I_0 Intensität der anregenden Laserstrahlung   W

I_i Intensität der Raman-Strahlung der Komponente i W bzw. a.u.

j_i	flächenbezogener Diffusionsstrom der Komp. i	kg/(m²·s)
k	Boltzmann-Konstante ($1{,}381{\cdot}10^{-23}$)	J/K
K	geometrische Konstante in Gl. (3.31)	–
$K_{i/j}$	Kalibrierungskonstante von Komp. i zu Komp. j	–
$K_{I,i}$	Parameter für Freie-Volumen-Theorie	m³/(kg·K)
$K_{II,i}$	Parameter für Freie-Volumen-Theorie	K
L	Kantenlänge	m
m	dimensionsloser Linsenradius	–
m_i	Masse der Komponente i	kg
$\widetilde{m}_{NaCl}$	Molalität der wässrigen Kochsalzlösung	$\text{mol}_{NaCl}/\text{kg}_W$
$\dot{m}_i$	flächenbezogener Massenstrom der Komponente i	kg/(m²·s)
$\widetilde{M}_i$	Molmasse der Komponente i	kg/mol
$\overline{M}_w^{PVA}$	Massenmittel der Molmasse von PVA	kg/mol
$\dot{M}_i$	Massenstrom der Komponente i	kg/s
$MWCO$	Ausschlussgrenze (engl.: molecular weight cut off)	Da
n	Verhältnis zweier Brechungsindizes	–
$n_{D,i}$	Brechungsindex der Komponente i	–
n_{el}	Stoffmenge der elastisch aktiven Polymerketten	mol
n_i	Stoffmenge der Komponente i	mol
$n_{x,y,z}$	Isotropieparameter	–
$\dot{n}_i$	flächenbezogener Stoffstrom der Komponente i	mol/(m²·s)
N_i	Zahl der Moleküle der Komponente i	–
NA	Numerische Apertur	–
NA^{IM}	Numerische Apertur Immersionsobjektiv	–
N_A	Avogadro-Konstante ($6{,}022{\cdot}10^{23}$)	mol⁻¹
$\dot{N}_i$	Stoffstrom der Komponente i	mol/s
p_{ges}	Gesamtdruck	Pa
p_i	Partialdruck der Komponente i	Pa
p_i^*	Sattdampfdruck der Komponente i	Pa

P	Laserleistung	W
R_i	Transportwiderstand	s/m
$\mathfrak{R}$	allgemeine Gaskonstante (8,314)	J/(mol·K)
s	Schichtdicke	m
S	Entropie	J/K
ΔS_M	Mischungsentropie	J/K
S	Grenzschichtdicke	m
t	Zeit	s
T	Temperatur	°C bzw. K
T_g	Glasübergangstemperatur	°C bzw. K
T_{Tau}	Taupunkt	°C bzw. K
u	Anströmgeschwindigkeit	m/s
$\tilde{v}_i$	molares Volumen der Komponente i	m³/mol
v_i	Diffusionsvolumen der Komp. i (Fuller-Gleichung)	–
V	Volumen	m³
$\dot{V}_i$	Volumenstrom der Komponente i	m³/s
$\hat{V}_i$	spezifisches Volumen der Komponente i	m³/kg
$\hat{V}_i^*$	benötigtes (spez. freies) Lückenvolumen der Komp. i	m³/kg
$\hat{V}^{FH}$	vorhandenes mittleres (spez. freies) Lückenvolumen	m³/kg
x	charakteristische Länge	m
x	Ortskoordinate	m
x_i	Massenbruch der Komp. i in der kondensierten Phase	–
$\tilde{x}_i$	Molenbruch der Komp. i in der kondensierten Phase	–
$X_{i/j}$	Massenbeladung von Komp. i zu Komp. j	kg$_i$/kg$_j$
y	Ortskoordinate	m
$\tilde{y}_i$	Molenbruch der Komponente i in der Gasphase	–
$\tilde{Y}_i$	molare Beladung der Komponente i in der Gasphase	mol$_i$/mol$_g$
z	Ortskoordinate normal zur Membranoberfläche	m
z_l	nominelle Fokustiefe	m

Griechische Buchstaben

α_{cr}	Kristallinitätsgrad	–
α_i	Gewichtungsfaktor der Komponente i	–
β_{ig}	gasseitiger Stoffübergangskoeffizient der Komp. i	m/s
γ_{iP}	Überlappungsfaktor	–
ζ	Ortskoordinate normal zur Membranoberfläche im polymermassenbezogenen Referenzsystem	m
Θ	thermodynamischer Faktor	–
λ	Wellenlänge	nm
μ	Umwegfaktor	–
μ_{0i}	chemisches Potential der reinen Komponente i	J/mol
μ_i	chemisches Potential der Komp. i in der Mischung	J/mol
ν	kinematische Viskosität	m²/s
ν_0	Frequenz der anregenden Laserstrahlung	Hz
ν_{AS}	Frequenz der Anti-Stokes-Raman-Strahlung	Hz
ν_S	Frequenz der Stokes-Raman-Strahlung	Hz
$\tilde{\nu}_k$	Wellenzahl	cm^{-1}
ξ_{iP}	Verhältnis der molaren Volumina der „jumping units"	–
ρ_i	Massendichte der Komponente i	kg/m³
$\tilde{\rho}_i$	molare Dichte der Komponente i	mol/m³
$\partial\sigma_i/\partial\Omega$	differentieller Streuquerschnitt	m²
φ_i	Volumenanteil der Komponente i	–
Φ	Linsenfüllfaktor	–
$\chi_{i/P}$	Flory-Huggins-Wechselwirkungsparameter	–
Ψ	Porenvolumenanteil	–
Ψ_{korr}	Korrekturfunktion	–
Ω_{obs}	Beobachtungswinkel des Objektivs	–

Tiefgestellte Indizes

a	amorph
aus	am Austritt
bel	im beladenen Zustand
$comb$	kombinatorischer Anteil
cr	kristallin
ein	am Eintritt
el	elastischer Anteil
exp	experimentell
g	Gasphase
gem	gemessen
ges	gesamt
GGW	im Gleichgewicht
i,j	Komponente i bzw. j, allgemein $i,j = 1\ldots n$
IM	Immersionsmedium
lam	laminar
max	Maximalwert
min	Minimalwert
M	Mischung
n	Normbedingungen
NW	Netzwerk
p	Permeation
P	Polymer
Ph	Phasengrenze
PVA	Polyvinylalkohol
PVP	Polyvinylpyrrolidon
$s.cr$	semikristallin
tr	im trockenen Zustand
W	Wasser

x lokaler Wert

0 im spannungsfreien Zustand

0 zum Zeitpunkt $t = 0$

∞ unendlich ausgedehnte, ungestörte Strömung

Hochgestellte Indizes

Affin   Affine-Netzwerktheorie

o oben

P im polymermassenbezogenen Referenzsystem

Phantom   Phantom-Netzwerktheorie

u unten

V im volumenbezogenen Referenzsystem

Dimensionslose Kennzahlen

$$Re = \frac{u \cdot x}{v_g} \qquad \text{Reynolds-Zahl}$$

$$Sc_i = \frac{v_g}{D_{ig}^{SM}} \qquad \text{Schmidt-Zahl}$$

$$Sh = \frac{\beta_{ig} \cdot x}{D_{ig}^{SM}} \qquad \text{Sherwood-Zahl}$$

1 Einleitung

1.1 Einführung

Polymere können durch Einbringen physikalischer oder chemischer Vernetzungspunkte funktionalisiert werden. Die aus der Verknüpfung der Makromolekülketten hervorgehenden dreidimensionalen Netzwerkstrukturen weisen gegenüber dem unvernetzten Material eine Reihe vorteilhafter Eigenschaften auf – sei es eine verbesserte mechanische Belastbarkeit, ein hohes Aufnahmevermögen für Lösemittel oder die Fähigkeit, selektiv auf Gradienten physikalischer Umgebungsgrößen zu reagieren. Dabei können die Polymernetzwerke in ihrem Charakter weithin variieren und reichen von natürlichem Gewebe und Biopolymeren wie Gelatine bis hin zu Kunstharz oder den synthetischen Polyacrylsäure-Superabsorbern. Gerade die Sensitivität ausgewählter Polymernetzwerke gegenüber ihrer Umgebung bietet nun ein nachhaltiges Entwicklungspotential. So erfahren maßgeschneiderte Polymermaterialien mit gezielt einstellbaren Eigenschaften ein zunehmendes Interesse für eine Reihe innovativer Applikationen, was das Einsatzspektrum über die reine Verwendung als Konstruktionswerkstoff in Strukturbauteilen hinaus erweitert.

Gerade im Bereich der Biomedizin haben hydrophile Polymernetzwerke, welche sich nicht zuletzt durch ihre Biokompatibilität sowie ihre gewebeähnlichen mechanischen Eigenschaften auszeichnen, Einzug erhalten. Neben der Verwendung derartiger Hydrogele als Substratbeschichtung in der Zellkultivierung oder dreidimensionale Matrize für die Gewebezüchtung (Hassan & Peppas 2000 a, Welzel et al. 2009) ist dabei insbesondere der Einsatz vernetzter Polymerstrukturen in Applikationen zur gezielten Freisetzung pharmazeutischer Wirkstoffe von Interesse (z.B. Ogata et al. 1996, Dinh et al. 1999, Siepmann et al. 2011). Das vernetzte Polymer kann hier entweder als funktionelle Hülle ein Wirkstoffreservoir umschließen oder direkt als intelligentes Trägermaterial fungieren. Bei entsprechender Darreichung, beispielsweise in Form einer Nano-Dispersion, ist so ein Eindringen bis tief in den therapeutisch relevanten Bereich (z.B. Tumorgewebe) möglich, wo auf Einwirkung externer Stimuli wie Temperatur oder pH-Wert die dosierte Abgabe der aktiven Komponente erfolgt, was beispielsweise bei der Behandlung onkologischer Erkrankungen verbesserte Therapieerfolge verspricht (z.B. Kiser et al. 2000, Hendrickson et al. 2010).

Die Induzierung reversibler Volumenänderungen durch äußere Einflussgrößen wie Temperatur, pH-Wert oder die Konzentration gelöster Stoffe in der Fluidphase eröffnet darüber hinaus Einsatzmöglichkeiten im Bereich der Robotik (z.B. Suzuki 1991, Bar-Cohen 2008, Otake 2010) sowie der Sensor-Aktor-Technik. So lässt sich für den Bau von Sensoren die Volumenänderung eines umgebungssensitiven Polymernetzwerks über einen Piezoresistor in ein Spannungssignal umwandeln. Dieses Prinzip wird beispielsweise bei der Entwicklung von Biosensoren zur kontinuierlichen Überwachung des Blutzuckerspiegels genutzt (z.B. Günther, Gerlach & Wallmersperger 2010, Tathireddy et al. 2010). Ebenfalls angestrebt wird die Konstruktion miniaturisierter Aktoren für die Fluidtechnik (Ventile, Pumpen etc.), welche die Volumenänderung der Polymerphase zur Verrichtung mechanischer Arbeit nutzen (z.B. Jendritza 1998, Beebe et al. 2000, Yu et al. 2003, Wang et al. 2005, Richter 2002, 2009). Besonders vielversprechend ist dabei das Potential zur Schaffung integrierter Sensor-Aktor-Systeme mit selbsttätigem Betrieb der Funktionselemente, wie es anhand von Mikroventilen, welche den Strömungsquerschnitt in Abhängigkeit des Zustands der fluiden Phase regulieren, bereits erfolgreich demonstriert wurde.

Durch ihren selektiven Charakter finden vernetzte Polymere weiterhin Verwendung als semipermeable Barriereschichten. Hierzu zählen insbesondere Membranen für anspruchsvolle Separationsaufgaben wie die Entwässerung organischer Lösemittelströme via Pervaporation (z.B. Néel 1991, Melin & Rautenbach 2007) sowie die protonen- bzw. Lithium-Ionen-leitenden Polymerelektrolytschichten für Brennstoffzellen und zuverlässige Batteriesysteme (z.B. Wegner 2006, Neburchilov 2007, Scrosati & Garche 2009, Fergus 2010), welche gerade im Rahmen des stetig steigenden Interesses an Lösungen zur mobilen Energieversorgung eine erhöhte Aufmerksamkeit erfahren.

Die genannten Beispiele illustrieren das vielfältige Einsatzspektrum vernetzter Polymere. Eines jedoch ist den verschiedenen Applikationen dabei gemein: Ihre methodische Entwicklung und Bewertung erfordert grundlegende Einsichten in das Phasengleichgewichtsverhalten und die Stofftransportcharakteristik der verwendeten Polymernetzwerke, da die maßgeblichen Systemgrößen wie Freisetzungsraten, Schaltzeiten oder Permeationsströme nachhaltig durch die diffusiven Prozesse in der vernetzten Polymerphase bestimmt werden. Um das Verhalten der polymeren Funktionselemente – und damit die Leistungscharakteristik des Systems – auch bei veränderten Randbedingungen oder abweichender Geometrie zuverlässig vorhersagen und ggf. gezielt modifizieren zu können, sind zur Abbildung der Stofftransportvorgänge in der Polymerphase flexible mathematische Modelle wünschenswert, deren Anwendbarkeit für das vernetzte Polymersystem durch repräsentative Messdaten bestätigt wird. Damit werfen also auch die teilweise noch jungen Anwendungsfelder, welche nicht unmittelbar der klassischen Prozesstechnik entstammen, Fragestellungen auf, die mithilfe verfahrenstechnischer Kernkompetenzen zu beantworten sind und Gegenstand der vorliegenden Arbeit sein sollen.

1.2 Ausgangspunkt der Arbeit

Gerade die Beschreibung polymerer Netzwerkstrukturen hinsichtlich ihrer Phasengleichgewichts- und Stofftransporteigenschaften ist bislang noch mit erheblichen Unsicherheiten behaftet. So wird dem Material durch Einbringen der Verknüpfungspunkte eine charakteristische dreidimensionale Struktur aufgeprägt, welche grundsätzlich ein gegenüber dem unvernetzten System abweichendes Verhalten induzieren kann. Die folgenden Abschnitte diskutieren daher die spezifischen Eigenheiten polymerer Netzwerkstrukturen, welche es später bei der Erarbeitung verlässlicher Analysemethoden sowie der Modellbildung zu berücksichtigen gilt.

1.2.1 Wahl des Modellstoffsystems

Am Anfang der Betrachtungen steht die Wahl eines repräsentativen Modellstoffsystems, anhand dessen die relevanten Phänomene unter exakt definierten Randbedingungen abzuklären sind, um Unsicherheiten durch nicht spezifizierte Einflussparameter, wie sie aus der Analyse komplexer realer Systeme resultieren können, bereits im Vorfeld auszuschließen.

Die eingangs diskutierten Applikationsbeispiele haben gezeigt, dass der Schwerpunkt für den praktischen Einsatz funktioneller Polymernetzwerke auf wässrigen Medien als fluider Phase liegt, weshalb als Lösemittel nachfolgend <u>Wasser</u> betrachtet werden soll. Kriterien für die Wahl der polymeren Komponente sind neben der anwendungstechnischen Relevanz u.a. die Zugänglichkeit von Stoffdaten sowie die Möglichkeit zur Präparation von Proben variabler Geometrie. Mit <u>Polyvinylalkohol</u> (PVA) wurde dabei ein Polymer gewählt, welches sowohl im industriellen als auch im forschungsbezogenen Umfeld von Interesse ist.

Aufgrund seiner ausgezeichneten Filmbildungs- und Hafteigenschaften sowie seiner guten Barrierewirkung kommt PVA technisch in diversen Beschichtungsaufgaben zum Einsatz. Anwendung findet es dabei speziell in der Papier- und Druckindustrie, beispielsweise bei der Oberflächenleimung zur Verbesserung der Bedruckbarkeit von Inkjet-Papieren, als Sperrschicht für Release- und Barrierepapiere oder Grundlage für brillante Druckfarben. Nicht zuletzt dank ihrer optischen Transparenz und Reißfestigkeit sind PVA-Folien auch als Barriereschicht für aromadichte Lebensmittelverpackungen in Gebrauch (Finch 1973, Kuraray 2003). Daneben haben sich für die pervaporative Entwässerung organischer Lösemittelströme, welche mittlerweile ebenfalls dem Stand der Technik zugerechnet werden kann, Kompositmembranen mit einer aktiven Schicht aus vernetztem PVA (z.B. PERVAP^{TM}, Sulzer Chemtech GmbH) etabliert (Melin & Rautenbach 2007).

In der Literatur werden neben einem Einsatz zur Verkapselung von Wirkstoffen (z.B. Hoffman 1991, Hassan & Peppas 2000 a, Wei et al. 2009, Siepmann et al. 2011) verstärkt Applikationen aus dem Bereich der Sensortechnik diskutiert. So eignet sich PVA aufgrund seines hydrophilen Charakters als Messwandler für Feuchtesensoren. Mit wechselndem Wassergehalt sind dabei auch die dielektrischen Eigenschaften sowie die Masse der aktiven Schicht Veränderungen unterworfen, welche mittels entsprechender Kondensatoranordnungen (Webb et al. 1991) bzw. Schwingquarzen (Wang et al. 2010 a) zugänglich gemacht werden. Nach Funktionalisierung durch Copolymerisation und ggf. Kombination mit anorganischen Füllstoffen kommt PVA weiterhin als Matrix zur Immobilisierung von Enzymen für amperometrische Biosensoren in Betracht, welche die Detektion von Lösungskomponenten wie Glukose (Chen & Dong 2003) oder Ethanol (Leca & Marty 1997) erlauben.

Als gerüstbildende Komponente findet sich PVA auch in umgebungssensitiven Polymernetzwerken, welche sich durch maßgeschneiderte Volumenübergänge zum Nachweis spezifischer Analyte oder als biomimetische Aktoren nutzen lassen. So reagiert ein interpenetrierendes Netzwerk aus PVA und einem N-Isopropylacrylamid/Acrylsäure-Copolymer selektiv auf die Gegenwart polyvalenter Metallionen (Jackson et al. 1997), während ein physikalisch vernetztes Blendmaterial aus PVA und Polyacrylsäure als Funktionselement für piezoresistive pH-Sensoren einsetzbar ist (Günther, Gerlach & Wallmersperger 2010). Ein solches Netzwerk ist ferner durch ein äußeres elektrisches Feld zu definierten Deformationsbewegungen stimulierbar (Marra et al. 2002), wobei sich vergleichbare Effekte auch durch Kombination mit einem Copolymer auf Sulfonsäurebasis erzielen lassen (Wang et al. 2010 b). Daneben hat Suzuki (1991) einen künstlichen Muskel auf PVA-Basis vorgestellt, welcher bei Anregung mit Aceton bzw. Wasser kleine Massen bewegen kann.

Anders als bei einer unvernetzten Polymerlösung sind die makroskopischen Eigenschaften des vernetzten Materials dabei nicht allein auf Komposition und Architektur einzelner Makromolekülketten rückführbar, sondern unterliegen einer einer zusätzlichen Abhängigkeit von der morphologischen Struktur, welche dem System während der Herstellung sowie den nachgeschalteten Verfahrensschritten aufgeprägt wird (Mandelkern 1983, Strobl 2007). Demzufolge dürfen auch Phasengleichgewicht und Stofftransport nicht isoliert betrachtet werden, sondern sind stets vor dem Hintergrund der spezifischen Netzwerkstruktur zu diskutieren. Der nachfolgende Abschnitt geht deshalb zunächst auf die morphologische Charakterisierung des modellhaft untersuchten PVA-Membranmaterials ein, bevor dann der aktuelle Stand des Wissens zu Phasengleichgewicht und Stofftransport in vernetzten Polymersystemen erörtert wird.

1.2.2 Struktur

Polyvinylalkohol kann unter Einbringung kovalenter Bindungen mittels difunktioneller Reagentien oder Behandlung mit γ- und Elektronenstrahlen auf chemischem bzw. strahlenchemischem Weg vernetzt werden (z.B. Hassan & Peppas 2000 a). Durch gezielte Induzierung von Kristallisationsvorgängen lässt sich auch eine physikalische Vernetzung der Polymerketten erreichen (z.B. Hyon et al. 1987, 1989, Hassan & Peppas 2000 a), welche sich gegenüber alternativen Präparationsmethoden nicht zuletzt durch die hohe mechanische Belastbarkeit der erhaltenen Netzwerkstrukturen auszeichnet und so im weiteren Verlauf dieser Arbeit zur Darstellung des Probenmaterials herangezogen wird (vgl. Kapitel 4). Die Vernetzung beruht hier auf der Ausbildung kristalliner Zonen, welche von mehreren Polymerketten durchlaufen werden und als physikalische Verknüpfungspunkte den Zusammenhalt eines Polymernetzwerks bewirken, dessen dreidimensionale Struktur durch das resultierende Gefüge aus kristallinen und amorphen Bereichen gekennzeichnet ist.

Die Kristallisation geht mit der Überführung ungeordneter, statistisch verknäulter Polymerketten in einen Zustand höherer räumlicher Ordnung einher (Lechner et al. 2010), wobei eine Abfolge mehr oder minder regelmäßiger Anordnungen durchlaufen wird, welche schließlich die physikalischen Eigenschaften des semikristallinen Materials bestimmt (Mandelkern 1983, Rastogi 2003, Reiter et al. 2003, Strobl 2007). In einem makromolekularen System erfordert ein solcher Ordnungsprozess die Entflechtung und gegenseitige Ausrichtung verhakter Polymerketten, so dass die Kristallitbildung einer ausgeprägten kinetischen Kontrolle unterliegt, da aufgrund der Konnektivität der Kettenbausteine jeder molekulare Umlagerungsprozess die gerichtete Bewegung einer langen Sequenz kovalent gebundener Monomereinheiten voraussetzt. Typischerweise befinden sich die resultierenden Kristallitstrukturen daher nicht im thermodynamischen Gleichgewicht (Mandelkern 1983, Armistead et al. 1992, Keller & Cheng 1998, Strobl 2007), sondern entsprechen vielmehr metastabilen Zuständen mit einem erheblichen Grad an molekularer Unordnung (Keller & Cheng 1998, Reiter et al. 2003).

Da jedoch regelmäßig geordnete Gefüge Konformationen reduzierter Energie darstellen und somit die räumliche Ausrichtung der Makromolekülketten thermodynamisch begünstigt ist, strebt ein derart unvollkommenes System nach Möglichkeit einem höheren Ordnungszustand – und damit einer Verbesserung der kristallinen Ordnung – entgegen (Mandelkern 1983, Reiter et al. 2003). Dementsprechend verfügt die semikristalline Polymermorphologie über einen inhärent transienten Charakter, weshalb sie immer auch eine Funktion der Materialvorgeschichte ist (Lechner et al. 2010) und so beispielsweise einer Beeinflussung durch Auslagerungsprozesse bei erhöhter Temperatur unterliegt, welche die für gewöhnlich sehr langsamen Relaxationsprozesse beschleunigen (Reiter et al. 2003).

Zur Charakterisierung der semikristallinen Polymerstruktur hat sich die Betrachtung des Kristallinitätsgrades etabliert, zu dessen quantitativer Bestimmung eine Reihe analytischer Methoden zur Verfügung steht (z.B. Wunderlich 1973, Mark et al. 1986), wobei die grundlegenden Arbeiten bereits Mitte des letzten Jahrhunderts geschaffen wurden. Eines der gängigsten Verfahren ist dabei die <u>röntgenographische Analyse</u> (engl.: X-ray diffraction, XRD). So überlagern sich im Diffraktogramm eines semikristallinen Polymers scharfe Reflexe, welche den kristallinen Probenbereichen entstammen, einem diffusen, amorphen Halo, woraus bei geeigneter Separation der Gesamtintensität in die kristallinen und amorphen Beiträge der Kristallinitätsgrad zugänglich ist. Gebräuchlich sind ebenfalls <u>volumetrische und kalorimetrische Bestimmungsmethoden,</u> welche sich Unterschiede in der Dichte bzw. der Schmelzenthalpie von amorpher und kristalliner Phase zu Nutze machen. So besitzt der Kristall aufgrund der höheren Packungsdichte eine gegenüber dem amorphen Material erhöhte Massendichte. Diese ist unmittelbar aus den kristallographischen Daten berechenbar, so dass sich die tatsächliche Dichte des semikristallinen Polymers bei bekannten Referenzwerten für die amorphe Phase direkt in die Kristallinität überführen lässt. Ähnliches gilt für die thermische Analyse. Diese bezieht die Schmelzenthalpie der teilkristallinen Probe, zu deren Bestimmung sich die dynamische Differenzkalorimetrie (engl.: differential scanning calorimetry, DSC) etabliert hat, auf die Schmelzenthalpie des vollständig kristallinen Materials. Daneben kommen zudem spektroskopische Methoden zum Einsatz. So wird bei der <u>Infrarot-Spektroskopie</u> häufig eine Sensitivität einzelner Banden gegenüber dem kristallinen bzw. amorphen Zustand des Polymers beobachtet, da die mit der Kristallitbildung einhergehende Ausrichtung der Makromolekülketten Veränderungen in den molekularen Schwingungsbewegungen induziert, welche sich in den gemessenen Spektren widerspiegeln und so schließlich Aussagen über die Kristallinität erlauben. Weiterhin unterscheiden sich die kristallinen und amorphen Zonen in ihrer Protonenbeweglichkeit, so dass sich der Kristallinitätszustand des Polymers auch in seinem NMR-Spektrum niederschlägt und der Kristallinitätsgrad damit aus der <u>Kernspinresonanzspektroskopie</u> (engl.: nuclear magnetic resonance, NMR) zugänglich ist. Zu beachten ist abschließend noch, dass unterschiedliche Bestimmungsmethoden nicht zwangsläufig identische Werte für den Kristallinitätsgrad liefern, da sich die Analyse auf verschiedenartige kristallinitätssensitive Stoffgrößen stützt, deren Überführung in quantitative Kristallinitäten jeweils spezifischen Randbedingungen unterliegt (Mark et al. 1986, Lechner et al. 2010).

Für Polyvinylalkohol wird der Kristallinitätsgrad dabei hauptsächlich aus <u>Dichtemessungen</u> (z.B. Sakurada et al. 1955, Tadokoro et al. 1955, Kenney & Willcockson 1966, Peppas & Merrill 1976), der <u>thermischen</u> (z.B. Peppas & Merrill 1976 a, b, Hassan & Peppas 2000 b, Wong et al. 2005) sowie der <u>IR-spektroskopischen Analyse</u> (z.B. Tadokoro et al. 1955, Kenney & Willcockson 1966, Peppas & Merrill 1976, Peppas 1977) gewonnen. In einer vereinzelten Studie haben Iwamoto et al. (1979) ferner die Eignung der <u>Raman-Spektroskopie</u> zur Kristallinitätsbestimmung nachgewiesen und auf integraler Ebene für verschiedene physikalisch vernetzte PVA-Filme die Abhängigkeit des Kristallinitätsgrades von der thermischen Vorbehandlung sowie der stationären Wasseraufnahme demonstriert.

Die in der vorliegenden Arbeit angestrebte Charakterisierung des Zusammenspiels zwischen der semikristallinen Polymerstruktur sowie dem Phasengleichgewichts- und Stofftransportverhalten des vernetzten Materials stellt nun demgegenüber erhöhte Anforderungen an die experimentelle Analyse. So ist es insbesondere nötig, die Kristallinität der Polymermembran als Funktion der <u>Zeit</u> sowie des <u>Ortes</u> zugänglich zu machen – und zwar auch während eines überlagerten Stofftransportprozesses. Hier verspricht die Raman-Spektroskopie ein besonderes Potential und erlaubt es als nicht-invasive Messtechnik, Strukturparameter zu quantifizieren, ohne störend in den Versuch einzugreifen, um Probenmaterial für eine Dichte- oder DSC-Analyse zu entnehmen. Da die Messung im Gegensatz zur IR-spektroskopischen Bestimmung außerdem nicht durch die Anwesenheit von Wasser beeinträchtigt wird, soll im Rahmen dieser Arbeit die experimentelle und analytische Methodik auf die aktuellen Anforderungen angepasst werden, um die Raman-Spektroskopie als Werkzeug für die strukturelle Charakterisierung zu implementieren.

Nach Diskussion der semikristallinen Polymermorphologie und Darlegung geeigneter Strategien zur Bereitstellung der entsprechenden Strukturparameter geht der nächste Abschnitt nun auf den aktuellen Stand des Wissens zum Phasengleichgewichtsverhalten vernetzter Polymere ein.

1.2.3 Phasengleichgewicht

Das Phasengleichgewicht vernetzter Polymere kann grundsätzlich durch Kontaktierung des Probenmaterials mit dem <u>flüssigen</u> oder dem korrespondierenden <u>gasförmigen</u> Lösemittel bestimmt werden. Nach Analyse der Wasseraufnahme gewöhnlicher Gelatineplatten teilte jedoch *Paul von Schröder* bereits im Jahr 1903 mit, dass die Proben unter isothermen Versuchsbedingungen in der Flüssigphase eine scheinbar höhere Gleichgewichtsbeladung erreichen als in der mit Wasserdampf abgesättigten Gasphase (Schröder 1903). Mit Blick auf die etablierte Phasengleichgewichtsthermodynamik (z.B. Flory 1953, Maurer &Prausnitz 1996) ist ein solches Verhalten unerwartet und nicht ohne weiteres zu begründen, da bei gleichem chemischem Potential in Gas- und Flüssigphase prinzipiell auch eine einheitliche Lösemittelaufnahme des Polymers erwartet wird – unabhängig vom Aggregatzustand der fluiden Phase.

Obwohl dieses auch als Schröder'sches Paradox bezeichnete Phänomen seit nun mehr als einem Jahrhundert bekannt ist, fehlt es bislang noch immer an einer umfassenden und zufriedenstellenden Erklärung. Gerade jedoch im Zuge des steigenden Interesses an Polymerelektrolytmembranen für Brennstoffzellenapplikationen erfährt das uneindeutige Phasengleichgewichtsverhalten vernetzter Polymere jüngst ein erhöhtes Maß an Aufmerksamkeit (z.B. Freger 2009, Friess et al. 2009, Hwang et al. 2009, Bass et al. 2010, Li et al. 2010, Peron et al. 2010, Schneider & Rivin 2010, Davankov & Pastukhov 2011). So werden nicht zuletzt Parameter wie die Protonenleitfähigkeit – und damit die Leistungscharakteristik der betreffenden Materialien – entscheidend durch den Lösemittelgehalt beeinflusst, was in der Folge fundierte Kenntnise über das Sorptionsverhalten erfordert. Speziell im Bereich von Anwendungen wie flüssigbetriebenen Brennstoffzellen oder der membranbasierten Auftrennung von Flüssigkeitsgemischen, wo ein vernetztes Polymer gleichzeitig mit einer gasförmigen und einer flüssigen Phase in Kontakt steht, sind verlässliche Informationen über das Phasengleichgewichtsverhalten unabdingbar für die Vorausberechnung der ausgetauschten Stoffströme und damit die Auslegung und Optimierung der betreffenden Prozesse.

Abweichungen in der Lösemittelaufnahme zwischen Flüssig- und korrespondierender Gasphase wurden mittlerweile für eine Reihe von Polymer/Lösemittel-Systemen beobachtet. Obwohl der Schwerpunkt dabei auf den für Niedertemperaturbrennstoffzellen relevanten Polymerelektrolytmembranen – insbesondere Nafion® und den verwandten Perfluorosulfonsäure-Ionomeren (z.B. Zawodzinski et al. 1991, 1993 a, 1993 b, Hinatsu et al. 1994, Gates & Newman 2000, Majsztrik et al. 2007, Bass & Freger 2006, 2008) – liegt, wird auch für ungeladene Polymere wiederholt von einem Schröder'schen Paradoxon berichtet (z.B. Binning et al. 1961, Musty et al. 1966, Heintz et al. 1991, Vallieres et al. 2006, Friess et al. 2009), darunter nicht zuletzt für das in dieser Arbeit gewählte Modellstoffsystem Polyvinylalkohol/Wasser (Heintz & Stephan 1994 a).

Schröders Paradox ist bis heute Gegenstand kontroverser Diskussionen, was sich in der Literatur in einer Vielzahl unterschiedlicher Erklärungsansätze widerspiegelt. So wird beispielsweise eine poröse Struktur der Polymermatrix postuliert, deren Poren sich nur in der flüssigen Phase vollständig mit Lösemittel füllen (Bancroft 1912, Hwang et al. 2009). Nach Choi und Datta (2003, 2005, 2006) ist die Lösemittelaufnahme einer mikroporösen Membran dabei durch den osmotischen Druck der Porenflüssigkeit sowie die bei zunehmender Quellung auftretende Verstreckung der Polymerketten bzw. die daraus resultierenden elastischen Rückstellkräfte der Polymermatrix kontrolliert. In der Gasphase wird dem System durch die gekrümmte Grenzfläche der Porenflüssigkeit ein zusätzlicher Druck aufgeprägt, welcher das chemische Potential des Lösemittels beeinflusst und somit eine abweichende Gleichgewichtsbeladung induziert. Ausgehend von aktuellen Erkenntnissen über die phasenseparierte Nafion®-Mikrostruktur greifen Elfring und Struchtrup (2007) diese Vorstellung auf und demonstrieren unter Einführung einer Porengrößenverteilung, dass sich der kritische Radius, oberhalb dessen eine Pore für das Lösemittel zugänglich ist, deutlich reduziert, wenn das gasförmige durch das flüssige Solvens ersetzt wird. Ein ähnlicher Ansatz wird auch von Freger (2009) verfolgt, wobei die zwischen Gas- und Flüssigphasensorption beobachteten Abweichungen hier dem Druck, welchen die umgebende Polymermatrix auf die Porenflüssigkeit ausübt und welcher erst in der Flüssigphase vollständig verschwindet, zugeschrieben werden. Weber und Newman (2003, 2004) schließlich interpretieren die Struktur wassergequollener Nafion®-Membranen als Netzwerk aus ionischen Clustern und verbindenden hydrophoben Kanälen, welche sich in der flüssigen Phase mit Wasser füllen, in der Gasphase, wo die Kondensation von Wasserdampf gehemmt ist, jedoch kollabiert vorliegen.

Speziell für Nafion® mit seiner perfluorierten Hauptkette wird weiterhin argumentiert, dass die Wasseraufnahme aus der Gasphase gegenüber der Einbindung des flüssigen Lösemittels unvorteilhaft ist, da erstere die Kondensation von Wasser auf einer stark hydrophoben, Teflon®-ähnlichen Oberfläche erfordert (Zawodzinski et al. 1993 a). Dabei deuten Kontaktwinkelmessungen (Zawodzinski et al. 1993 c) darauf hin, dass die Membran selbst in Gegenwart des gesättigten Dampfes von einer hydrophoben Haut überzogen ist, wohingegen es in flüssigem Wasser – vermutlich infolge der Reorganisation hydrophiler Sulfonsäure-Gruppen – zur Hydrophilisierung der Oberfläche kommt. Neuere Untersuchungen der Nafion®-Oberflächenmorphologie mittels Kleinwinkelröntgenstreuung und Rasterkraftmikroskopie (Bass et al. 2010) liefern weitere Hinweise auf den transienten Charakter des mikrophasenseparierten Polymergefüges. Aufgrund der langsamen Relaxation im Bulk indes bleibt die mit steigendem Hydratisierungsgrad vermutete Umordnung, welche den Übergang dicht gepackter Bündel inverser Mizellen zu statistisch orientierten regulären Mizellen – und damit eine Zunahme des hydrophilen Charakters – beinhaltet, auf eine dünne Schicht an der Membranoberfläche beschränkt.

Trotz intensiver Bemühungen ist demnach bislang keine einheitliche, umfassende Erklärung absehbar, so dass Schröders Paradox immer wieder als experimentelles Artefakt zurückgewiesen und möglichen Unzulänglichkeiten in der Versuchsdurchführung zugeschrieben wird – wie zum Beispiel einer unvollständigen Absättigung der Gasphase (Wolff & Büchner 1915, Katz 1917, Shull & Shull 1920, Ashpole 1952, Zawodzinski et al. 1991), dem Auswaschen nicht vernetzter Polymermoleküle in flüssigem Lösemittel (Vallieres et al. 2006) oder einem kinetischen Effekt aufgrund der langsamen Einstellung des Gleichgewichts bei Vorlage von Lösemitteldampf (Binning et al. 1961). Ebenso wird postuliert, dass die Einhaltung strikt isothermer Versuchsbedingungen nicht möglich ist und die Temperatur in der Gasphase nie vollständig die Temperatur der Flüssigphase erreicht, wodurch scheinbar unterschiedliche Quellungszustände hervorgerufen werden (Wolff & Büchner 1915, Musty et al. 1966).

Gerade in jüngerer Zeit mehrt sich die Zahl der Untersuchungen, welche begründete Zweifel an der Existenz von Schröders Paradox aufkommen lassen (Cornet et al. 1998, Onishi et al. 2007, Peron et al. 2010, Schneider &

Rivin 2010). So schließen Onishi, Prausnitz und Newman (2007) nach detaillierter Analyse der Wasseraufnahme von Nafion® in gesättigtem Medium jedwede Diskrepanz zwischen Gas- und Flüssigphasenquellung aus und weisen vielmehr darauf hin, dass die wiederholt beschriebenen Abweichungen der Lösemittelbeladung auch durch Unterschiede in der Morphologie des Polymernetzwerks bedingt sein können, welche aus der spezifischen thermischen Vorgeschichte des Probenmaterials resultieren – insbesondere vor dem Hintergrund, dass den in der Literatur dokumentierten Sorptionsmessungen nicht zwingend eine einheitliche Vorbereitung von Gas- und Flüssigphasenproben vorangeht. Basierend auf stationären Permeationsuntersuchungen an verschiedenen Ionomermembranen und Berücksichtigung der entsprechenden Korrekturen für gasseitige Grenzschichtwiderstände und Konzentrationsgradienten stellen auch Schneider und Rivin (2010) die Existenz von Schröders Paradox in Frage.

Bislang bleibt die Untersuchung von Schröders Paradox dabei jedoch fast ausnahmslos auf den Sättigungspunkt ($a_W = 1$) beschränkt, wo die quantitative Analyse besonders leicht durch experimentelle Artefakte wie eine unvollständig abgesättigte Gasphase oder die Ausbildung eines Flüssigkeitsfilms auf der Probenoberfläche beeinträchtigt wird. Um derart störenden Einflüssen vorzugreifen, ist es deshalb vorteilhaft, entgegen der gängigen Praxis unter ungesättigten Bedingungen ($a_W < 1$) zu arbeiten. Während Sorptionsdaten in der Gasphase durch Variation des Lösemittelpartialdrucks routinemäßig über einen weiten Aktivitätsbereich gewonnen werden, ist die Bestimmung vergleichbarer Sorptionsisothermen in der Flüssigphase experimentell deutlich anspruchsvoller. Hier ist der Zusatz eines Additivs erforderlich, welches so zu wählen ist, dass durch geeignete abstoßende Wechselwirkungen (Bass & Freger 2006, 2008) bzw. Größenausschlusseffekte (Nagy & Horkay 1980) ein Eindringen in die zu untersuchende Polymerprobe – und damit eine unerwünschte Beeinflussung der Lösemittelaufnahme – vermieden werden. So finden sich in der Literatur auch lediglich vereinzelte Studien (Bass & Freger 2006, 2008), welche derartige Gas- und Flüssigphasenmessdaten einander vergleichend gegenüberstellen.

Im Rahmen der vorliegenden Arbeit soll dieser vielversprechende Ansatz nun weiterentwickelt und das Phasengleichgewicht des vernetzten Polymers gezielt bei reduzierter Lösemittelaktivität quantifiziert werden, um die zu treffenden Aussagen hinsichtlich Schröders Paradox auf eine möglichst breite und verlässliche Datenbasis zu stellen. Dabei soll neben dem Modellstoffsystem Polyvinylalkohol/Wasser insbesondere auch die Wasseraufnahme technischer Nafion®-Polymerelektrolytmembranen überprüft werden, da deren Sorptionsverhalten in der Literatur Gegenstand besonders intensiver Diskussionen ist.

Neben Abklärung der uneindeutigen Phasengleichgewichtscharakteristik erfordert die methodische Entwicklung und Bewertung der eingangs diskutierten Applikationen, welche ein vernetztes Polymer als funktionelle Baugruppe einsetzen, weiterhin Informationen über die Stofftransportvorgänge innerhalb des makromolekularen Netzwerks, worauf der nachfolgende Abschnitt eingeht.

1.2.4 Stofftransport

Ausgangspunkt für die Diskussion der Stofftransportcharakteristik porenfreier Polymernetzwerke ist das in der Literatur mittlerweile allgemein akzeptierte Lösungs-Diffusions-Modell (z.B. Lonsdale et al. 1965, Mason & Lonsdale 1990, Melin & Rautenbach 2007). Dieses fasst das vernetzte Polymer als kontinuierliche Phase auf, in welcher die Lösemittelkomponente in Lösung geht und diffusiv in Richtung des treibenden Gefälles transportiert wird, wobei weiterhin vorausgesetzt wird, dass sich an der Phasengrenze zwischen Polymer und umgebendem Fluid unmittelbar das chemische Gleichgewicht einstellt.

Zur Beschreibung der molekularen Stofftransportvorgänge in der vernetzten Polymerphase stehen dann verschiedene Ansätze zur Verfügung, eine gute Zusammenstellung findet sich z.B. bei Peppas & Lustig (1986). Obwohl dabei aufgrund ihres universellen Charakters verschiedentlich (z.B. Krishna & Wesselingh 1997, Melin & Rautenbach 2007) die verallgemeinerten Stefan-Maxwell-Gleichungen, welche neben Gradienten der Gemischzusammensetzung auch Druck, Temperatur, Gravitation sowie das elektrostatische Potential als mögliche Triebkräfte beinhalten (Peppas & Lustig 1986, Bird, Stewart & Lightfoot 2002), favorisiert werden, verwenden nur wenige Autoren tatsächlich den vollständigen Gleichungssatz (z.B. Enneking et al. 1993, Heintz & Stefan 1994 b, Ghoreyshi et al. 2002, Chen et al. 2010, Ribeiro et al. 2011). Um die Komplexität der Analyse zu reduzieren, werden vielmehr Vereinfachungen vorgenommen, welche letztlich zumeist in einen dem Fick'schen Gesetz äquivalenten Ausdruck münden (Peppas & Lustig 1986). Für Mehrkomponentensysteme werden dabei teilweise – der von Onsager (1945) vorgeschlagenen Formulierung folgend – Kopplungseffekte in Form von Kreuzdiffusionskoeffizienten berücksichtigt (z.B. Schaetzel et al. 2001, Mandal et al.

2011), wobei anstelle von Konzentrations- vereinzelt auch Aktivitätsgradienten verwendet werden (z.B. Yeom & Huang 1992, González & Uribe 2001).

Demgegenüber wird gerade für glasartige Polymere mitunter von einem diffusiven Verhalten berichtet, welches zunächst nicht ohne weiteres im Rahmen der regulären Fick'schen Kinetik zu interpretieren ist. Derartige Befunde werden gewöhnlich auf eine Beeinflussung des Lösemitteltransports durch die Relaxation der Polymermatrix zurückgeführt, in deren Folge eine Abhängigkeit des Diffusionskoeffizienten von der Konzentrationsgeschichte des Materials – und damit schlussendlich der Zeit – erwartet wird (z.B. Crank 1953, Frisch 1964, Park 1968, Durning 1985, Kim et al. 1996, Sanopoulou & Petropoulos 2001). Daneben kann die Koexistenz gequollener und lösemittelfreier Polymerzonen innere Spannungen hervorrufen, welche sich ebenfalls auf Diffusion und Oberflächenkonzentration auswirken (z.B. Crank 1953, Petropoulos 1984, Sanopoulou & Petropoulos 2001). Bei einer Überlagerung beider Effekte resultieren schließlich mathematische Modelle mit steigendem Komplexitätsgrad, welche zahlreiche Annahmen, nicht zuletzt bezüglich des Relaxationsverhaltens des Polymers, beinhalten und in aller Regel die Anpassung kompletter Parametersätze an geeignete Versuchsdaten erfordern, da nur selten verlässliche prädiktive Berechnungsmethoden bereitstehen (Bettens et al. 2010). Nach sorgfältiger Analyse kommen Doghieri et al. (1993) jedoch zu dem Schluss, dass ein Teil der vorgeschlagenen Modelle thermodynamisch inkonsistent ist und zu physikalisch unrealistischen Vorhersagen führt. Roques (1991, 1994) geht dabei noch einen Schritt weiter und vertritt die Auffassung, dass das elastische Relaxationsverhalten durchaus mit dem Fickschen Gesetz in Einklang zu bringen ist, sofern der Diffusionskoeffizient geeignet gewählt wird.

Für den Lösemitteltransport in semikristallinen Polymeren wird daneben eine Beeinflussung der Kinetik durch die charakteristische Zweiphasenstruktur postuliert. Dabei werden die Kristallite als für das Lösemittel undurchlässig betrachtet, so dass für die Diffusion ein reduzierter Querschnitt zur Verfügung steht und letztlich verlängerte Diffusionswege resultieren, was mathematisch durch Einführung einer Tortuosität erfasst wird (Peppas & Lustig 1986, Harland & Peppas 1989). So berücksichtigen Mallapragada et al. bei der numerischen Simulation der Trocknung semikristalliner PVA-Filme zusätzlich eine Kristallisationskinetik (Ngui & Mallapragada 1998, 1999, Wong, Altinkaya & Mallapragada 2004, 2005), wobei die Untersuchung in Ermangelung aussagekräftiger Messdaten sowie quantitativer Werte für die Modellparameter jedoch weitgehend auf eine Parameterstudie beschränkt bleibt.

Weitere Betrachtungen betreffen dann den Transport höhermolekularer Komponenten, insbesondere pharmazeutischer Wirkstoffe, in einer vollständig gequollenen Polymermatrix (z.B. Peppas & Reinhart 1983, Grassi et al. 2000), wobei der Schwerpunkt weniger auf der Diffusion des Lösemittels als vielmehr der Ableitung von Skalierungsgesetzen zur Korrelation der Diffusionsdaten des gelösten Stoffes liegt. Daneben wird die Sorptionskinetik vernetzter Polymere teilweise auch auf Basis eines von Tanaka aufgestellten Modells analysiert (Tanaka & Fillmore 1979, Arndt et al. 2009), welches die mit der Quellung einhergehende Auslenkung der Netzwerkpunkte abbildet und die spezifische Wechselwirkung zwischen Lösemittel und Polymer durch Einführung eines Reibungskoeffizienten erfasst. Dieser wiederum korreliert mit dem kollektiven Diffusionskoeffizienten, welcher die gemeinschaftliche Bewegung der Kettensegmente beschreibt und beispielsweise aus der dynamischen Lichtstreuung bestimmt wird. Während sich dieser Ansatz zwar zur strukturellen Charakterisierung unterschiedlicher Polymernetzwerke eignet, ist er für praktische Transportberechnungen ohne Bedeutung.

Unabhängig davon, welcher Ansatz schlussendlich zur Abbildung der molekularen Stofftransportprozesse gewählt wird, sind grundsätzlich quantitative Informationen über die Diffusionseigenschaften des Lösemittels in der Polymerphase bereitzustellen. In Polymersystemen weist der Diffusionskoeffizient dabei eine ausgeprägte Abhängigkeit von Temperatur und Lösemittelgehalt auf, zu deren Beschreibung sich die Freie-Volumen-Theorie etabliert hat (Fujita 1961, 1968, Vrentas & Duda 1977 a, b). Obwohl die benötigten Modellparameter dabei prinzipiell aus Reinstoffdaten und Gruppenbeitragsmethoden rein prädiktiv zugänglich sind, betonen bereits Zielinski und Duda (1992) explizit die Notwendigkeit experimenteller Diffusionsdaten zur verlässlichen Spezifizierung der Parameterwerte.

Diffusionskoeffizienten sind messtechnisch nicht direkt zugänglich, so dass zu ihrer experimentellen Bestimmung eine Reihe unterschiedlicher Ansätze vorgeschlagen wurde (z.B. Crank & Park 1968). Zu den gängigsten Verfahren zählt die Betrachtung der Kinetik von Sorption und seltener Desorption, wobei die Analyse fast ausnahmslos auf gravimetrischen Messungen beruht und lediglich vereinzelt auch von volumetrischen oder infrarot- bzw. fluoreszenzspektroskopischen Methoden berichtet wird (z.B. Buraphacheep et al. 1994, Evingür & Pekcan 2011). Ausgangspunkt für die quantitative Auswertung der aufgenommenen Verlaufskurven ist dabei die analytische Lösung des zweiten Fick'schen Gesetzes (Bird, Stewart & Lightfoot 2002), welche von Crank (1975) unter Maßgabe eines konstanten Diffusionskoeffizienten für ausgewählte Probengeometrien angegeben wurde. Im Regelfall folgt der gesuchte Diffusionskoeffizient dann mithilfe der zugehörigen Kurzzeitlösung aus der Anfangssteigung der Sorptionskurve, seltener wird auch der vollständige Kurvenverlauf simuliert (z.B. Buraphacheep et al. 1994, Perrin et al. 1996, Follain et al. 2010). Dabei ist gerade die verlässliche Bestimmung der Anfangssteigung mit deutlichen Unsicherheiten behaftet und erfolgt häufig allein nach Augenmaß ohne gesonderte Prüfung dahingehend, ob die Randbedingungen, welche der ursprünglichen Ableitung von Crank zugrunde liegen, für den spezifischen Fall eingehalten sind, was zu signifikant falschen Werten für den Diffusionskoeffizienten führen kann und damit Raum für Missinterpretationen bietet (Peters 2011). Die Abhängigkeit des Diffusionskoeffizienten vom Lösemittelgehalt der Polymerphase lässt sich schließlich aus einer Abfolge von Versuchen in hinreichend kleinen Konzentrationsintervallen gewinnen. Während dies zwar bei Gasphasenmessungen realisiert wird (z.B. Crank 1975, Perrin et al. 1996, Mamaliga et al. 2004), ist es gerade für vernetzte Polymere, wo die Sorptionskinetik häufig durch Eintauchen der Probe in das flüssige Lösemittel bestimmt wird, noch immer gängige Praxis, Diffusionskoeffizienten anzugeben, welche über das komplette Konzentrationsintervall – d.h. vom lösemittelfreien bis zum vollständig gequollenen Material – gemittelt sind (z.B. Khinnavar & Aminabhavi 1991, Brazel & Peppas 1999, Mateo et al. 2000, Mathew et al. 2002, Rao et al. 2007), was in Anbetracht der Tatsache, dass für derartige Systeme eine ausgeprägte Abhängigkeit der Diffusionseigenschaften vom Lösemittelgehalt erwartet wird, erhebliche Zweifel am Nutzen der so ermittelten Parameter für praktische Berechnungen aufkommen lässt.

Gerade für Polymermembranen sind Transportinformationen daneben auch aus Permeationsstudien zugänglich, was die experimentelle Analyse der transmembranen Permeationsströme bei exakt definierter Oberflächenkonzentration voraussetzt. Zu diesem Zweck wird die zu charakterisierende Membranprobe auf der Retentatseite mit dem gasförmigen bzw. dem flüssigen Lösemittel in Kontakt gebracht, während auf der Permeatseite entweder ein Vakuum angelegt (z.B. Heintz & Stefan 1994 b, Favre et al. 1994, Feng et al. 1997, Kusumocahyo et al. 2000, Nguyen et al. 2007, Chen et al. 2010, Mandal et al. 2011, Thiyagarajan et al. 2011, Wang et al. 2011) oder eine Inertgasströmung aufgeprägt wird (z.B. Nguyen et al. 1993, 1994, Shah et al. 2006, Follain et al. 2010, Setnickova et al. 2011). Dabei wird im Fall der Vakuum-Permeation die stationäre Permeationsrate betrachtet, wozu gewöhnlich das übertretende Lösemittel in einer Kühlfalle aufgefangen und periodisch ausgewogen, vereinzelt jedoch auch das Absinken des Flüssigkeitsspiegels der Vorlage erfasst wird (Feng et al. 1997). Für Lösemittelgemische ist zusätzlich die Zusammensetzung des Permeats zu bestimmen, was meist mittels gaschromatographischer Analyse (z.B. Mandal et al. 2011, Thiyagarajan et al. 2011, Wang et al. 2011), seltener auch über spezifische Titrationsmethoden (z.B. Kusumocahyo et al. 2000) erfolgt. Bei der Sweepgas-Permeation wird demgegenüber die instationäre Systemantwort bei sprunghafter Änderung der Feedkonzentration ausgewertet. Dazu wird im Regelfall das zeitliche Verhalten der Permeationsrate aufgezeichnet, welches unmittelbar aus dem Verlauf der Gasphasenzusammensetzung auf der Permeatseite zugänglich ist. Zur Analyse kommen hier vorrangig Gaschromatographie (z.B. Nguyen et al. 1994), Massenspektrometrie (z.B. Nguyen et al. 1993), Flammenionisationsdetektoren (z.B. Nguyen et al. 1993, Follain et al. 2010) sowie Taupunktspiegel (z.B. Follain et al. 2010) zum Einsatz. Alternativ ist es auch möglich, die Zusammensetzung der Lösemittelvorlage als Funktion der Zeit zu erfassen (z.B. Nguyen et al. 1994).

Die quantitative Analyse der experimentellen Permeationsdaten erfolgt dann – mit einigen wenigen Ausnahmen (z.B. Heintz & Stefan 1994 b, Chen et al. 2010) – auf Basis der Fick'schen Gesetze, für Lösemittelgemische vereinzelt auch unter Annahme einer diffusiven Kopplung (z.B. Mandal et al. 2011), welcher jedoch gerade bei selektiven Pervaporationsprozessen eine untergeordnete Bedeutung zukommt (Schaetzel et al. 2001, 2010). Eine ausführliche Darstellung der mathematischen Grundlagen findet sich u.a. bei Frisch (1957) und Shah et al. (2006). Obwohl in der Literatur wiederholt die Verwendung konzentrationsabhängiger Diffusionskoeffizienten angemahnt wird (z.B. Khinnavar & Aminabhavi 1991, Huang & Rhim 1991, Nguyen et al. 1994, Ghoreyshi et al. 2002), sind in den Auswerteroutinen aufgrund der erhöhten Komplexität Konzentrationseinflüsse bislang nicht konsequent verankert, was sich in fehlerhaften und mitunter widersprüchlichen Vorhersagen für Sorptionskurven (Follain et al. 2010) und Konzentrationsprofile (Thiyagarajan et al. 2011) niederschlägt. Zur Abbildung der Konzentrationsabhängigkeit wird zumeist eine Exponentialfunktion vorgeschlagen (z.B. Prager & Long 1951, Kusumocahyo et al. 2000, Shah et al. 2006, Nguyen et al. 2007, Mandal et al. 2011), vereinzelt erfolgt die Analyse auch ähnlich der Gasphasensorption durch Versuche in einer Abfolge hinreichend kleiner Konzentrationsinkremente (z.B. Setnickova et al. 2011). Daneben wird immer wieder gänzlich auf die explizite Spezifierung von Diffusionskoeffizienten verzichtet und stattdessen mit Permeabilitäten gearbeitet (z.B. Feng et al. 1997, Seader &

Henley 2006). Da diese jedoch Informationen über die diffusiven und sorptiven Eigenschaften des Polymernetzwerks vermengen und für nicht ideale Stoffsysteme zudem von den Betriebsparametern abhängen, eignet sich das Permeabilitätskonzept – wie von Mauviel et al. (2005) kritisch angemerkt – nur bedingt für verlässliche Auslegungsrechnungen.

Neben den bereits diskutierten Unzulänglichkeiten wird bei der Auswertung experimenteller Sorptions- und Permeationsdaten ferner nur selten der Stofftransport außerhalb der Polymerphase betrachtet (z.B. Heintz & Stefan 1994 b, Meuleman et al. 1999, Jiraratananon et al. 2002, Schneider & Rivin 2010), obwohl verschiedene Studien (z.B. Meuleman et al. 1999, Liu et al. 2004, Nguyen et al. 2007, Scharfer 2009, Schneider & Rivin 2010) zeigen, dass die – in aller Regel stillschweigende – Vernachlässigung externer Transportwiderstände zu einer signifikanten Beeinträchtigung der quantitativen Analyse führen kann. Dies betrifft neben (De-)Sorptionsversuchen in ruhender Gasphase (z.B. Hedenqvist et al. 1998, Evingür & Pekcan 2011) auch die Sweepgas-Permeation, insbesondere, wenn die Membran auf einem porösen Träger aufliegt (z.B. Nguyen et al. 1993, 1994, Setnickova et al. 2011), sowie grundsätzlich Untersuchungen mit Lösemittelgemischen. Hier kann es – abhängig von der experimentellen Konfiguration und den Stoffeigenschaften – zur Ausbildung signifikanter diffusiver Widerstände außerhalb der zu charakterisierenden Polymerprobe kommen, so dass die Fluidkonzentration an der Phasengrenze nicht zwingend der Zusammensetzung im Bulk entspricht und sich in direkter Folge eine abweichende Oberflächenbeladung des Polymers einstellt. Da diese unmittelbar in die Analyse einfließt, geht die Vernachlässigung derartiger Effekte mit einer Verzerrung der erhaltenen Parameterwerte einher, was sich nicht zuletzt in Diskrepanzen zwischen den verschiedenen Bestimmungsmethoden widerspiegelt (z.B. Rao et al. 2007, Friess et al. 2009).

Vor diesem Hintergrund wird deutlich, dass die angestrebte mathematische Beschreibung der Stofftransportvorgänge in vernetzten Polymersystemen zuallererst die Identifikation eines geeigneten Modellansatzes erfordert. Um dabei für die Praxis zu verlässlichen und gut handhabbaren Beziehungen zu gelangen, sind semiempirische Ansätze mit überschaubarer Parameterzahl vorzuziehen (Melin & Rautenbach 2007), welche die wesentlichen chemisch-physikalischen Phänomene über die entsprechenden Modellgleichungen implementieren. Zu deren Validierung bedarf es dann solider experimenteller Daten. Da die etablierten Versuchsanordnungen dabei ausschließlich Informationen über den integralen Lösemittelgehalt der Probe bzw. die ausgetauschten Stoffströme liefern, sollen in dieser Arbeit weiterführende Versuchskonzepte entwickelt und speziell die Konzentrationsprofile in der Polymerphase bestimmt werden, um so den unmittelbaren Vergleich zwischen berechneter und gemessener Konzentrationsverteilung zu ermöglichen. Bei der quantitativen Analyse ist dabei nicht nur konsequent die Konzentrationsabhängigkeit des Diffusionskoeffizienten zu erfassen, sondern insbesondere auch systematisch zu überprüfen, inwieweit äußere Transportwiderstände bei der Auswertung berücksichtigt werden müssen.

1.3 Zielsetzung der Arbeit

Zur Beantwortung der in Abschnitt 1.2 diskutierten Fragestellungen geht die vorliegende Arbeit nun von der Hypothese aus, dass die physikalisch-thermodynamischen Gesetzmäßigkeiten, welche für das Phasengleichgewichts- und Stofftransportverhalten unvernetzter Polymere ausschlaggebend sind, grundsätzlich auch für das korrespondierende vernetzte System Gültigkeit haben, so dass die mathematische Modellierung des Polymernetzwerks innerhalb des bestehenden theoretischen Gefüges erfolgt und schlussendlich auf Beziehungen aufbaut, welche den etablierten Ansätzen in Formulierung und Struktur analog sind.

Im Hinblick auf die Phasengleichgewichtscharakteristik des vernetzten Materials schließt dies nun insbesondere die Existenz eines Schröder'schen Paradoxons aus, so dass die Aufgabenstellung hier zunächst die vergleichende Charakterisierung der Lösemittelaufnahme aus der gasförmigen sowie der flüssigen Phase beinhaltet. Während Sorptionsisothermen in der Gasphase routinemäßig über einen weiten Aktivitätsbereich bestimmt werden, wird in der Flüssigphase fast ausnahmslos die Kontaktierung mit dem reinen Lösemittel bei $a_W = 1$ betrachtet. Damit bleibt auch die Diskussion von Schröders Paradox zumeist auf den Sättigungspunkt beschränkt, wo gerade die der Analyse immanente Unsicherheit am größten ist. Ziel der vorliegenden Arbeit ist deshalb die Entwicklung einer experimentellen Routine, welche es demgegenüber erlaubt, die Wasseraufnahme des vernetzten Polymers in Gas- und Flüssigphase über einen weiten Aktivitätsbereich zu quantifizieren, um die nachfolgende Diskussion so auf eine möglichst breite und verlässliche Datenbasis zu stellen.

Die Abklärung der Stofftransporteigenschaften des vernetzten Materials erfordert darüber hinaus die Bereitstellung verlässlicher Transportdaten und damit zuallererst die Ausarbeitung der entsprechenden experimentellen Routinen zu deren Bestimmung. Um der Analyse dabei einen bisher unerreichten Konzentrationsbereich zugänglich zu machen und mit den zu entwickelnden Prozeduren gleichzeitig einen Satz flexibler Werkzeuge zur Charakterisierung des Stofftransports in vernetzten Polymersystemen zu schaffen, wird in dieser Arbeit die Kombination aus stationären und instationären Betrachtungen angestrebt. Anhand eines Vergleichs der experimentellen Daten mit den Ergebnissen entsprechender Simulationsrechnungen soll dann insbesondere überprüft werden, ob sich der Stofftransport für das vernetzte Polymer – bei geeigneter Wahl der Randbedingungen und Modellparameter – in Analogie zum unvernetzten System beschreiben lässt, bevor abschließend die zugehörigen Transportkoeffizienten zu spezifizieren sind.

Grundlage für die erfolgreiche Bewältigung des diskutierten Arbeitsprogramms ist dabei die Schaffung der notwendigen messtechnischen Voraussetzungen. Mit Blick auf die angestrebte Analyse des Zusammenspiels zwischen der semikristallinen Mikrostruktur sowie dem Phasengleichgewichts- und Stofftransportverhalten des vernetzten Materials müssen neben Informationen über die Lösemittelbeladung zusätzlich strukturelle Parameter erfasst werden. Dazu ist eine Methode bereitzustellen, welche die nötige Dynamik bietet, um die semikristalline Polymermorphologie auch während eines überlagerten Stofftransportprozesses zugänglich zu machen. Gleichzeitig soll die Detektion räumlicher Gradienten möglich sein, was neben der zeitlichen eine hinreichend hohe örtliche Auflösung voraussetzt. Vor dem Hintergrund dieses Anforderungsprofils soll die konfokale Mikro-Raman-Spektroskopie, welche in Vorgängerarbeiten (Schabel 2004, Scharfer 2009) für die Konzentrationsanalyse etabliert wurde, weiterentwickelt und um geeignete Routinen zur Quantifizierung struktureller Kenngrößen ergänzt werden.

Eine Einführung in die apparativen Grundlagen sowie die implementierte spektroskopische Messtechnik schließt sich im folgenden Kapitel an.

2 Experimentelle Strategie

Als Ausgangspunkt für die zuverlässige Bewertung des Phasengleichge-
wichts- und Stofftransportverhaltens vernetzter Polymere sowie die Erfassung
möglicher struktureller Einflussgrößen wurden im Rahmen der vorliegenden
Arbeit mit der Entwicklung geeigneter Versuchsaufbauten zunächst die notwendigen experimentellen Randbedingungen geschaffen. Der nachfolgende
Vergleich von Experiment und Simulation ermöglicht dann weitergehende
Aussagen darüber, ob die für unvernetzte Polymersysteme etablierten Phasen-
gleichgewichts- und Stofftransportansätze auf das vernetzte Material übertra-
gen werden können.

Zur Quantifizierung der Lösemittelbeladung wurde dabei auf die in
Vorgängerarbeiten entwickelte konfokale Mikro-Raman-Spektroskopie
(Schabel 2004, Scharfer 2009) zurückgegriffen. Diese erlaubt es, die Zusammensetzung transparenter Mehrkomponentensysteme nicht-invasiv mit großer
Genauigkeit zu ermitteln. Aufgrund der hohen örtlichen (2-3 µm) und zeitlichen (1 s pro Messpunkt) Auflösung können die lokalen Lösemittelkonzen-
trationen in verschiedenen Ebenen einer Polymerprobe bestimmt werden. Aus
diesen Informationen lassen sich die Konzentrationsprofile der betreffenden
Lösemittel im Polymer gewinnen, wodurch Aussagen über die zugrunde liegenden Stofftransportvorgänge möglich sind.

Die folgenden Abschnitte geben einen Überblick über die eingesetzten
Versuchsaufbauten sowie die verwendete spektroskopische Messtechnik und
die Analyse der Versuchsdaten.

2.1 Aufbau des Versuchsstandes

Zur Aufklärung der Phasengleichgewichts- und Stofftransportcharakteristik
vernetzter Polymere müssen zunächst die bestehenden Versuchsanlagen auf
die geänderten Randbedingungen angepasst und gezielt durch neue Messauf-
bauten ergänzt werden, um den spezifischen Anforderungen der aktuellen Untersuchungen gerecht zu werden.

Abb. 2.1 zeigt die aus Untersuchungen zur Polymerfilmtrocknung her-
vorgegangene Inverse-Mikro-Raman-Spektroskopie (IMRS). Der Versuchsstand umfasst neben dem Raman-Spektrometer ein inverses Mikroskop mit
konfokaler Optik sowie einen über einen Doppelmantel vollständig temperierten Strömungskanal. Durch die Verwendung eines inversen Mikroskops und
die großzügige Öffnung des Kanals wird dabei ein freier Verfahrensraum

oberhalb der zu untersuchenden Polymerprobe geschaffen, welcher es erlaubt, verschiedene, speziell auf die jeweilige Fragestellung zugeschnittene Versuchsaufbauten in die bestehende Anlage zu integrieren. Eine detaillierte Beschreibung der im Rahmen dieser Arbeit entwickelten Messzellen findet sich in den entsprechenden Abschnitten der Kapitel 5 bis 7.

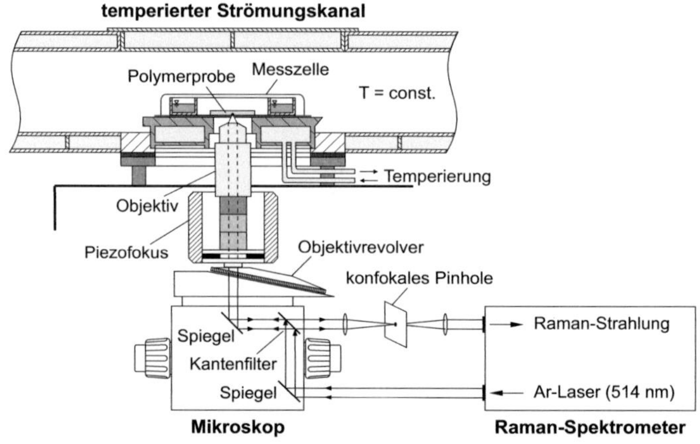

Abb. 2.1:   Versuchsstand mit konfokaler Raman-Messtechnik (inverser Aufbau) und Messzelle für Phasengleichgewichtsuntersuchungen.

Für die spektrale Analyse steht ein Argon-Ionen-Laser mit einer Wellenlänge von $\lambda = 514{,}53$ nm und einer Leistung von $P = 150$ mW zur Verfügung. Zur Anregung der Raman-Strahlung wird der monochromatische, parallele Laserstrahl über ein System von Spiegeln dem Objektiv zugeführt, welches das Laserlicht auf ein Messvolumen innerhalb der zu untersuchenden Polymerprobe fokussiert. Das Fokusvolumen kann dabei mithilfe eines Piezofokus axial verschoben werden, um Informationen aus verschiedenen Ebenen der Probe zu erhalten.

Die einfallende Laserstrahlung regt innerhalb des Messvolumens Molekülschwingungsübergänge an (vgl. Abschnitt 2.2.1). Sowohl die elastische (Rayleigh) als auch die inelastische (Raman) Streustrahlung werden vom Objektiv gesammelt und über eine Anordnung von Spiegeln einem Kantenfilter zugeführt. Dieser verfügt über zwei mehr oder minder scharf voneinander getrennte Spektralbereiche und reflektiert Licht unterhalb einer bestimmten Wellenlänge, während er für das langwelligere und damit energieärmere Licht durchlässig ist. Die Trennlinie des verwendeten Kantenfilters ist so auf die Wellenlänge des anregenden Lasers abgestimmt, dass die zur eintretenden Laserstrahlung frequenzverschobene, energieärmere Raman-Strahlung den Kantenfilter durchdringt, während die elastische Rayleigh-Streustrahlung fast vollständig reflektiert wird. Anschließend wird die Raman-Strahlung durch eine Lochblende, das konfokale Pinhole, räumlich gefiltert, so dass Strahlung, welche ihren Ursprung nicht in der Fokusebene des Objektivs hat, ausgeblendet wird.

Das Raman-Streulicht wird schließlich an einem optischen Gitter spektral zerlegt und von einem peltiergekühlten CCD-Detektor (Charge Coupled Device) erfasst. Dabei werden die auftreffenden Photonen in dotierten Silizium-Kristallen absorbiert und setzen durch den Photoeffekt elektrische Ladungen frei. Die Signale des CCD-Detektors werden von einer Messsoftware ausgelesen und als Spektrum dargestellt.

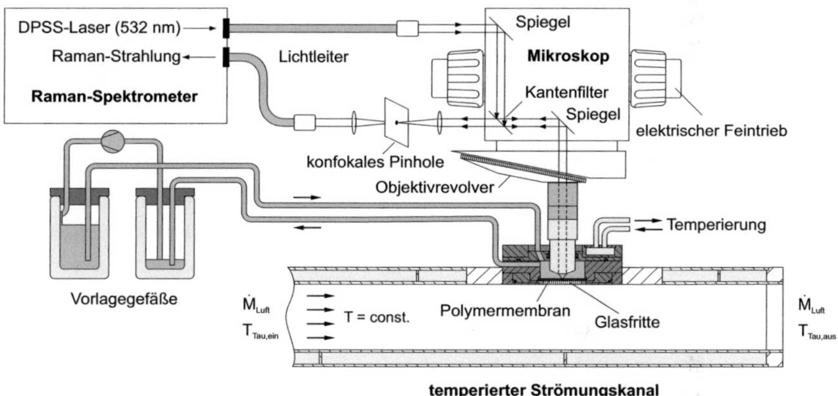

Abb. 2.2: Fasergekoppelter Versuchsstand – Strömungskanal mit konfokaler Raman-Messtechnik (<u>aufrechter</u> Aufbau) zur Untersuchung der Stofftransportvorgänge während der Membranpervaporation.

Als Erweiterung steht zusätzlich der in Abb. 2.2 dargestellte Versuchsaufbau zur Verfügung, welcher speziell auf die Anforderungen bei der Charakterisierung von Polymermembranen ausgerichtet ist. An das bestehende Raman-Spektrometer ist hier über Lichtleiter ein konfokales aufrechtes Mikroskop angeschlossen; zur Anregung der Raman-Strahlung dient ein Festkörperlaser (Diode Pumped Solid State (DPSS) Laser, $\lambda = 532$ nm, $P = 350$ mW).

In einer für Pervaporationsuntersuchungen typischen Anordnung liegt die zu untersuchende Polymermembran auf einer hochporösen Glasfritte auf und wird mittels einer variablen Trägerplatte so in den temperierten Strömungskanal eingebracht, dass sie von oben mit dem reinen, flüssigen Lösemittel i in Kontakt steht und auf ihrer Unterseite von konditionierter Luft überströmt wird. Das Objektiv taucht in den Probenraum oberhalb der Membran ein und dichtet gleichzeitig das Flüssigkeitsreservoir nach außen ab, wobei die axiale Verschiebbarkeit durch Verwendung einer speziellen Pneumatikstangendichtung gewährleistet wird. Die Positionierung des Fokuspunktes erfolgt in einem geschlossenen Regelkreis mit entsprechendem Encoder über den elektrischen Feintrieb des Mikroskops und erlaubt – bei einer mittleren Schrittgenauigkeit von $\pm 1\,\mu m$ – die Aufnahme von Spektren in verschiedenen Ebenen der Membran und so die Bestimmung von Konzentrationsprofilen (Scharfer 2009). Um beim Verschieben des Objektivs Druckänderungen und damit unerwünschte Bewegungen der Membran zu vermeiden, werden zwei Ausgleichsgefäße verwendet. Der hydrostatische Druckunterschied zwischen den beiden unterschiedlich hoch befüllten Gefäßen sorgt gleichzeitig für eine kontinuierliche, pulsationsfreie Umströmung des Objektivs und wirkt so nicht zuletzt auch Temperaturgradienten in der Flüssigphase oberhalb der Membran entgegen.

Mit Blick auf die angestrebte Bestimmung von Stofftransportparametern in vernetzten Polymersystemen wurde die Versuchsanlage im Rahmen dieser Arbeit grundlegend erweitert. Dabei wurde insbesondere die Möglichkeit geschaffen, zusätzlich zur spektroskopischen Analyse den über die Membranfläche gemittelten Lösemittelpermeationsstrom messtechnisch zu erfassen. Diese Kombination aus lokaler und integraler Messung bildet den Ausgangspunkt für die direkte Bestimmung des konzentrationsabhängigen Lösemitteldiffusionskoeffizienten in der Membran, welcher bei bekanntem Permeationsstrom direkt aus den gemessenen Konzentrationsprofilen zugänglich ist (vgl. Abschnitt 3.4).

Der im stationären Zustand in die Gasphase übertretende Lösemittelmassenstrom folgt aus einer Bilanz um den Strömungskanal zu:

$$\dot{M}_{i,p} = \dot{N}_{Luft} \cdot \left(\widetilde{Y}_{i,aus} - \widetilde{Y}_{i,ein} \right) \cdot \widetilde{M}_i \tag{2.1}$$

$\dot{M}_{i,p}$ Permeationsmassenstrom der Komponente i

$\dot{N}_{Luft}$ Stoffmengenstrom der trockenen Prozessluft

$\widetilde{Y}_i$ molare Beladung der Prozessluft mit Komponente i, $\widetilde{Y}_i = n_i / n_{Luft}$

$\widetilde{M}_i$ Molmasse der Komponente i.

Die Beladungsänderung des Luftstroms zwischen Ein- und Austritt des Strömungskanals wird dabei mithilfe von zwei Präzisionstaupunktspiegeln erfasst. Aus der gemessenen Taupunkttemperatur ergibt sich mit der entsprechenden Antoine-Gleichung (vgl. Anhang A.1) der Lösemittelpartialdruck und daraus die Beladung des Luftstroms:

$$\tilde{y}_i = \frac{p_i^*(T_{Tau})}{p_{ges}} = \frac{\tilde{Y}_i}{1+\tilde{Y}_i} \tag{2.2}$$

$\tilde{y}_i$ Molenbruch der Komponente i, $\tilde{y}_i = n_i/n_{ges}$

$p_i^*(T_{Tau})$ Sattdampfdruck der reinen Komponente i bei Taupunkttemperatur T_{Tau}

p_{ges} Gesamtdruck.

Bei der Verwendung von Wasser als Lösemittel kommt der Luftkonditionierung (Abb. 2.3) eine besondere Bedeutung zu. Um selbst minimale Wasserpermeationsströme zuverlässig detektieren zu können, muss der Taupunkt der eintretenden Luft so gewählt werden, dass er mit den vorhandenen Analysegeräten zwar noch erfasst werden kann, gleichzeitig jedoch eine hinreichend große – und damit sicher messbare – Änderung der Luftzusammensetzung zwischen Kanalein- und -austritt gewährleistet ist. Zur Einstellung des gewünschten Eintrittstaupunkts von etwa -60°C wird gereinigte und über ein Membranmodul entfeuchtete Druckluft ($T_{Tau} <$ -75°C) vorgelegt und mit einem feuchteren Luftstrom ($T_{Tau} \approx$ -25°C) versetzt. Am Austritt des Kanals wird die Gasströmung über einen Wendelmischer homogenisiert, um eine repräsentative Probennahme sicherzustellen, und ein Teilstrom zur Analyse dem zweiten Taupunktspiegel zugeführt. Um bei den vorliegenden tiefen Taupunkttemperaturen die Ansprechgeschwindigkeit der Messgeräte zu erhöhen und insbesondere auch eine Verfälschung der Messung durch hygroskopische Oberflächen auszuschließen, sind sämtliche Anlagenteile, die mit dem Prozessgas in Berührung stehen, in Edelstahl bzw. Polytetrafluorethylen (PTFE) ausgeführt.

Neben der Ein- und Austrittsbeladung muss zur Bestimmung des Permeationsstroms aus Gl. (2.1) auch der Luftdurchsatz bekannt sein. Dazu wird der Gasvolumenstrom $\dot{V}_{g,n}$ am Eingang des Strömungskanals mit einem Gasflussmonitor überwacht. Unter Berücksichtigung des Lösemittelgehalts am Eintritt folgt daraus der Stoffmengenstrom der trockenen Prozessluft zu:

$$\dot{N}_{Luft} = \tilde{\rho}_{g,n} \cdot \dot{V}_{g,n} \cdot \left(1 - \tilde{y}_{i,ein}\right) \tag{2.3}$$

$\widetilde{\rho}_{g,n}$ molare Gasdichte bei Normbedingungen
($T_n = 0°C$, $p_n = 1013{,}25$ mbar)

$\dot{V}_{g,n}$ Gasvolumenstrom bei Normbedingungen.

Die Taupunkttemperaturen am Ein- und Austritt des Kanals, der durchgesetzte Volumenstrom sowie der ebenfalls benötigte Gesamtdruck werden an einem Messrechner kontinuierlich aufgezeichnet, um so auch mögliche zeitliche Veränderungen des Permeationsstroms erkennen und bewerten zu können.

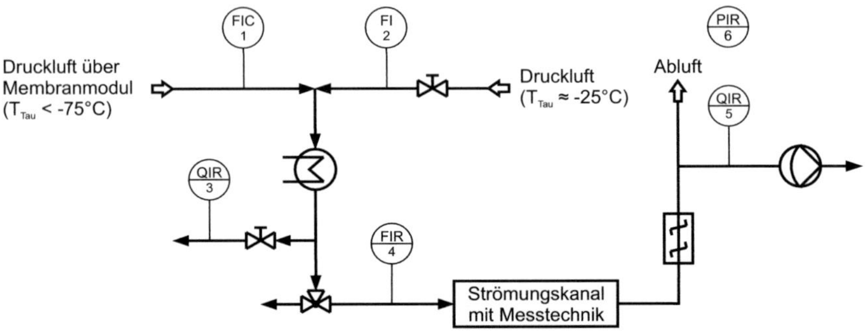

1 Gasflussregler (mks Instruments Typ 1179B)
2 Rotameter
3 Taupunktspiegel (Michell Instruments S4000)
4 Gasflussmesser (mks Instruments Typ 179B)
5 Taupunktspiegel (Michell Instruments S8000 Integrale)
6 Druckaufnehmer (mks Instruments Baratron® Typ 628B)

Abb. 2.3:   Fließbild der Pervaporationsanlage einschließlich Luftkonditionierung und Messwerterfassung.

Nach Vorstellung des apparativen Aufbaus geht der folgende Abschnitt nun auf die verwendete spektroskopische Messtechnik ein.

2.2   Messtechnik

2.2.1 Theoretische Grundlagen der Raman-Spektroskopie

Tritt monochromatisches Licht durch ein Gas, eine Flüssigkeit oder einen transparenten Festkörper hindurch, so wird es von den Atomen und Molekülen in geringem Umfang nach allen Seiten gestreut. Das Streulicht enthält neben der eingestrahlten Frequenz noch weitere Spektrallinien geringerer Intensität, deren Verschiebung charakteristisch für das durchstrahlte Medium ist. Dieser 1923 von Smekal theoretisch vorhergesagte und 1928 von Raman experimentell beobachtete Effekt wird als Raman-Effekt bezeichnet (siehe z.B. Wedler 1997, Scharfer 2009).

Eine quantenmechanische Betrachtung des Raman-Effektes zeigt, dass bei der Kollision zwischen einem Lichtquant mit der Energie $h \cdot v_0$ und einem Molekül entweder eine elastische Streuung auftritt, bei der sich lediglich der Impuls des Photons, nicht jedoch seine Energie ändert oder eine inelastische Streuung, welche mit dem Austausch von Energie verbunden ist. Bei der elastischen Rayleigh-Streuung behält das Photon somit seine Frequenz v_0 bei, während bei der inelastischen Raman-Streuung das Streulicht gegenüber der anregenden Strahlung frequenzverschoben ist. Dabei wird die Frequenz- bzw. die Wellenzahlverschiebung durch die Eigenfrequenz der angeregten Moleküle bestimmt und ist unabhängig von der Wellenlänge des einfallenden Lichtes.

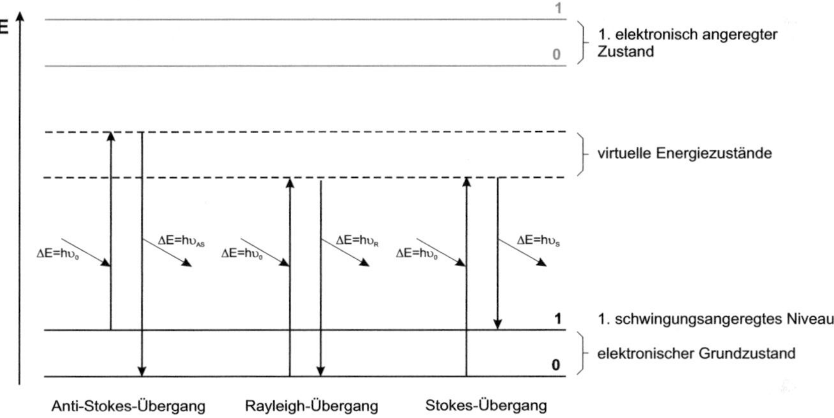

Abb. 2.4:   Schematische Darstellung des Raman-Effektes anhand der möglichen Molekülschwingungsübergänge (vgl. Skoog & Leary 1996).

Die bei der Streuung auftretenden Effekte können, wie in Abb. 2.4 schematisch dargestellt, mithilfe diskreter Energieniveaus veranschaulicht werden. Demzufolge vereinigen sich Photon und Molekül und bilden kurzzeitig ein schwingungsangeregtes Molekül in einem virtuellen Energiezustand. Dieses Molekül relaxiert sofort wieder, wobei das Photon in den Raum abgestrahlt wird. Kehrt das Molekül auf sein ursprüngliches Energieniveau zurück, so hat formal kein Übergang stattgefunden und es liegt Rayleigh-Streuung vor. Gibt das Molekül hingegen Energie an das Photon ab, so befindet es sich nach dem Streuvorgang auf einem tieferen Energieniveau und die Frequenz des Streulichtes ist größer als die des anregenden Lichtes ($v_{AS} > v_0$). Man spricht hier von einem Anti-Stokes-Übergang. Nimmt das Molekül hingegen Energie vom Photon auf, so relaxiert es in ein höheres Energieniveau. Die Frequenz des Streulichtes ist dann kleiner als die des anregenden Lichtes ($v_S < v_0$); es handelt sich um einen Stokes-Übergang.

Für die Intensität der Spektrallinien ist die Besetzung der jeweiligen Schwingungsniveaus maßgebend. Da sich bei Raumtemperatur nur eine geringe Anzahl an Molekülen im angeregten Zustand befindet, wird für die quantitative Analyse das stärker ausgeprägte Molekülschwingungsspektrum im Stokes-Bereich verwendet. Nur eines von etwa 10^7 Photonen wird Stokes-Raman gestreut, so dass diese Art der Spektroskopie eine monochromatische Lichtquelle hoher Strahlungsintensität erfordert. Da die Intensität der Streuung mit der vierten Potenz der eingestrahlten Wellenlänge abnimmt, bietet es sich an, einen möglichst kurzwelligen Laser zu verwenden. Dabei muss jedoch beachtet werden, dass Strahlung zu hoher Frequenz unerwünschte Elektronenübergänge (Fluoreszenz) anregen kann, welche die deutlich schwächere Raman-Strahlung überdecken.

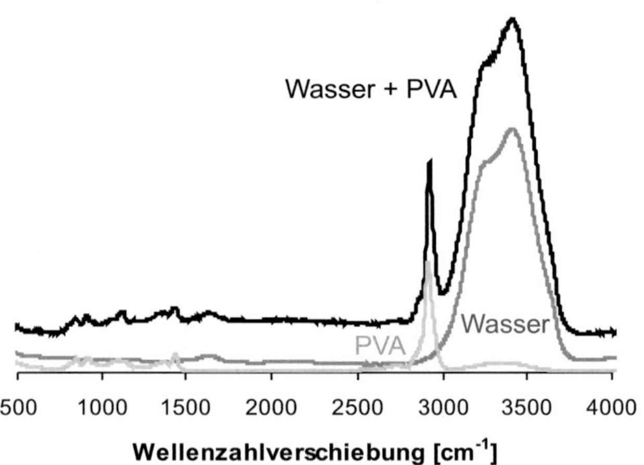

Abb. 2.5:   Raman-Spektrum für das binäre Stoffsystem Wasser/PVA sowie Reinstoffspektren der Gemischkomponenten.

Zur Charakterisierung der inelastischen Streustrahlung wird in einem Raman-Spektrum die Intensität des Raman-Signals über der Wellenzahlverschiebung gegenüber der einfallenden Strahlung, dem Raman-Shift, aufgetragen. Die streuenden Substanzen weisen in ihrem Spektrum dabei charakteristische Banden auf, anhand derer sie identifiziert werden können. Diese Peaks lassen sich den Schwingungs- und Rotationsbewegungen der zugrunde liegenden chemischen Bindungen zuordnen.

In Abb. 2.5 ist beispielhaft das Spektrum des binären Systems Wasser/PVA mit seinen kennzeichnenden Banden dargestellt. Das Signal der OH-Bindung, welches auf die Komponente Wasser hinweist, liegt in einem Bereich von 3200-3400 cm^{-1} Wellenzahlen. Für PVA liefern die aliphatischen CH-Bindungen im Wellenzahlbereich 2800-3000 cm^{-1} einen charakteristischen Peak.

Für die Untersuchung der Phasengleichgewichts- und Stofftransportcharakteristik in vernetzten Polymersystemen müssen die so erhaltenen Spektren schließlich quantitativ analysiert werden. Die dazu gewählte Vorgehensweise wird im folgenden Abschnitt erläutert.

2.2.2 Quantitative Analyse

Zur quantitativen Analyse der gemessenen Raman-Spektren wird der lineare Zusammenhang zwischen der Intensität des Raman-Signals und der Konzentration der betreffenden Komponente genutzt (Moritz 1999):

$$I_i = \underbrace{\frac{\partial \sigma_i}{\partial \Omega} \cdot \frac{c_i}{\widetilde{M}_i}}_{\substack{\text{stoffabhängige} \\ \text{Faktoren}}} \cdot \underbrace{N_A \cdot V \cdot \Omega_{obs} \cdot F^{-1} \cdot C \cdot I_0}_{\substack{\text{kons}\,\text{tan}\,\text{te} \\ \exp\,\text{erimentelle} \\ \text{Faktoren}}} \tag{2.4}$$

I_i Intensität der Raman-Strahlung der Komponente i

c_i Massenkonzentration der Komponente i

$\widetilde{M}_i$ Molmasse der Komponente i

N_A Avogadro-Konstante, $N_A = 6{,}022 \cdot 10^{23}$ mol^{-1}

V Beobachtungsvolumen

Ω_{obs} Beobachtungswinkel des Objektivs

F Projektionsfläche der Detektoröffnung auf das Beobachtungsvolumen

C Konstante zur Berücksichtigung der Effizienz des Detektorsystems

I_0 Intensität der Anregungsstrahlung.

Der differentielle Streuquerschnitt $\partial \sigma_i / \partial \Omega$ enthält Informationen über die spektralen Eigenschaften der chemischen Spezies. Er ist ein Maß für die

Wechselwirkung zwischen der anregenden Strahlung und dem streuenden Molekül und beschreibt das Streuverhalten bei den einzelnen Schwingungsübergängen (Moritz 1999, Strube 2001).

Bei der Untersuchung von Polymersystemen interessiert weniger die absolute Signalintensität einzelner Teilchenspezies als vielmehr das Verhältnis der Intensitäten ausgewählter Komponenten zueinander. Wird die Intensität der Komponente i auf die Intensität der Komponente j bezogen, so ergibt sich der folgende Ausdruck:

$$\frac{I_i}{I_j} = \frac{\left(\dfrac{\partial \sigma_i}{\partial \Omega} \cdot \dfrac{c_i}{\widetilde{M}_i}\right)}{\left(\dfrac{\partial \sigma_j}{\partial \Omega} \cdot \dfrac{c_j}{\widetilde{M}_j}\right)} \cdot \underbrace{\frac{N_A \cdot V \cdot \Omega_{obs} \cdot F^{-1} \cdot C \cdot I_0}{N_A \cdot V \cdot \Omega_{obs} \cdot F^{-1} \cdot C \cdot I_0}}_{=1}. \tag{2.5}$$

Mit der Definition einer Beladung von Komponente i zu Komponente j

$$X_{i/j} = \frac{m_i}{m_j} = \frac{m_i/V_{ges}}{m_j/V_{ges}} = \frac{c_i}{c_j} \tag{2.6}$$

kann Gleichung (2.5) umgeformt werden und es folgt für das Intensitätsverhältnis (Moritz 1999):

$$\frac{I_i}{I_j} = \left(\frac{\partial \sigma_i / \partial \Omega}{\partial \sigma_j / \partial \Omega}\right) \cdot \frac{\widetilde{M}_j}{\widetilde{M}_i} \cdot X_{i/j} = K_{i/j} \cdot X_{i/j}. \tag{2.7}$$

Ist der Proportionalitätsfaktor $K_{i/j}$ eine Konstante, so ist das Intensitätsverhältnis der Raman-Strahlung von Komponente i und Komponente j eine lineare Funktion der Beladung $X_{i/j}$. Zur quantitativen Analyse müssen die jeweiligen Proportionalitätsfaktoren bekannt sein. Sie können in Kalibrierungsmessungen aus Proben bekannter Zusammensetzung bestimmt werden. Dabei müssen für die erhaltenen Spektren insbesondere die Intensitätsverhältnisse I_i/I_j ermittelt werden.

Zur Bestimmung der gesuchten Intensitätsverhältnisse sind unterschiedliche Vorgehensweisen denkbar. So ist es zum einen möglich, die Flächen ausgewählter, komponentenspezifischer Raman-Banden aufeinander zu beziehen (Schabel 2004). Ein alternativer Ansatz, mit dem die Genauigkeit der Konzentrationsbestimmung um ein Vielfaches gesteigert werden konnte, wurde von Scharfer (2009) vorgeschlagen. Dabei werden die gemessenen Gemischspektren durch gewichtete Superposition der zugrunde liegenden Reinstoffspektren dargestellt. Sämtliche Spektren werden hier zunächst auf ihren

Maximalwert normiert und durch Abzug der zugehörigen Basislinie (engl.: baseline), welche das Raman-Signal vom Hintergrundrauschen abtrennt, korrigiert. Im Experiment liefert die spektrale Zerlegung der Streustrahlung über ein optisches Gitter und die anschließende Detektion mittels einer CCD-Kamera (vgl. Abschnitt 2.1) Intensitätswerte bei diskreten Wellenzahlen $I(\tilde{\nu}_k)$ ($\Delta\tilde{\nu}$ =const.). Innerhalb eines vorher festgelegten spektralen Bereichs wird dann für jede Wellenzahl $\tilde{\nu}_k$ die Gesamtintensität als Summe der Reinstoffintensitäten dargestellt. Für ein Stoffsystem mit n Komponenten ergibt sich so:

$$I_{ges}(\tilde{\nu}_k) = \sum_{m=1}^{n-1} \alpha_m \cdot I_{m,rein}(\tilde{\nu}_k) + \left(1 - \sum_{m=1}^{n-1} \alpha_m\right) \cdot I_{n,rein}(\tilde{\nu}_k). \tag{2.8}$$

Die n-1 unabhängigen Gewichtungsfaktoren α_m werden durch Minimierung der Fehlerquadratsumme zwischen dem berechneten und dem gemessenen Spektrum bestimmt. Die Minimierung der Fehlerquadratsumme erfolgt in Microsoft Excel mithilfe eines VISUAL BASIC-Programms, dem die entsprechenden Reinstoffspektren hinterlegt sind, unter Einbindung einer geeigneten FORTRAN-Unterroutine aus der NAG$^{©}$ Library (E04JYF). Aus den so erhaltenen Gewichtungsfaktoren lassen sich die gesuchten Intensitätsverhältnisse bestimmen:

$$I_i/I_j = \alpha_i/\alpha_j \ \text{ bzw. } \ I_i\Big/I_n = \alpha_i\Big/\left(1 - \sum_{m=1}^{n-1} \alpha_m\right). \tag{2.9}$$

Die Kalibrierungsmessungen in Abschnitt 4.2 zeigen, dass die gewählte Methode der Spektrenauswertung auch für die hier betrachteten vernetzten Polymersysteme hervorragend geeignet ist und die Bestimmung der lokalen Zusammensetzung mit hoher Genauigkeit erlaubt.

Nach der quantitativen Analyse müssen die Spektren ihrem jeweiligen Ursprungsort in der Polymerprobe zugeordnet werden, um Aussagen über die Verteilung der einzelnen Komponenten in der Membran treffen und damit Zusammensetzungsprofile erstellen zu können. Dabei ist jedoch zu beachten, dass es bei einem optischen Messverfahren wie der Raman-Spektroskopie durch Brechungseffekte im Strahlengang des Objektivs zu Abbildungsfehlern kommen kann. Solche Abbildungsfehler können zu einer Aufweitung des Fokuspunktes und einer Verschiebung der tatsächlichen gegenüber der nominellen Fokustiefe führen. Um derartige Fehler bei der Auswertung berücksichtigen – und gegebenenfalls korrigieren – zu können, ist zunächst eine genaue Betrachtung der stoffsystemspezifischen Ortsauflösung und Tiefeninformation notwendig.

2.2.3 Ortsauflösung und Tiefeninformation

Die Qualität der gesammelten Informationen hängt bei lichtmikroskopischen Untersuchungen in erster Linie von den optischen Eigenschaften des verwendeten Objektivs ab, wobei das Auflösungsvermögen durch die räumliche Ausdehnung des Fokuspunktes bestimmt wird. Für die im Rahmen dieser Arbeit durchgeführten Untersuchungen ist vor allem die axiale Auflösung entscheidend, da sich über die Filmdicke deutlich ausgeprägte Konzentrationsgradienten ausbilden können, während Veränderungen der Probenzusammensetzung in lateraler Richtung – zumindest auf einer der Membrandicke äquivalenten Längenskala – vernachlässigbar sind, so dass die untersuchten Proben senkrecht zur optischen Achse des einfallenden Laserstrahls als homogen betrachtet werden dürfen und die laterale Auflösung somit eine untergeordnete Rolle spielt.

Durchdringt der Laserstrahl auf seinem Weg vom Objektiv zum Probenvolumen Medien mit unterschiedlichen Brechungsindices, so kann es aufgrund von Brechungseffekten zu einer erheblichen axialen Aufweitung des Fokuspunktes kommen. Zusätzlich verschiebt sich die tatsächliche Lage des Fokusvolumens gegenüber der nominellen Fokustiefe. Um dennoch die Lage des untersuchten Probenvolumens genau angeben und die gemessenen Spektren ihrem jeweiligen Ursprungsort in der Polymerprobe zuordnen zu können, ist die exakte Kenntnis der tatsächlichen Fokustiefe zwingend erforderlich. Im Folgenden werden daher für ein Immersionsobjektiv Berechnungsgleichungen zur Bestimmung der axialen Ausdehnung sowie der Verschiebung des Fokusvolumens angegeben. Eine ausführliche Darstellung findet sich z.B. bei Everall (2000) und Schabel (2004).

Bei einem Immersionsobjektiv wird zwischen die Objektivlinse und die zu untersuchende Probe eine Immersionsflüssigkeit, häufig Öl oder Wasser, eingebracht. Das Immersionsobjektiv ist dabei so auf den Brechungsindex des jeweiligen Immersionsmediums abgestimmt, dass der Laserstrahl auf seinem Weg vom Objektiv zur Probe nicht gebrochen wird. Erst an der Phasengrenze zur Polymermembran wird der Strahlengang beeinflusst. Unter Vernachlässigung von Beugungseffekten berechnet sich die maximale axiale Aufweitung des Fokuspunktes (engl.: depth of focus, *d.o.f.*) zu:

$$d.o.f. = z_1 \cdot \left| \left(\frac{NA^2 \cdot (n^2 - 1)}{1 - NA^2} + n^2 \right)^{1/2} - n \right| \tag{2.10}$$

z_1	nominelle Fokustiefe

NA numerische Apertur, $NA = NA^{IM}/n_{D,IM}$

n Verhältnis der Brechungsindizes, $n = n_{D,Pr obe}/n_{D,IM}$.

Für die in Gl. (2.10) verwendete Definition der numerischen Apertur NA muss dabei der auf dem Immersionsobjektiv angegebene Wert NA^{IM} durch den Brechungsindex der Immersionsflüssigkeit $n_{D,IM}$ geteilt werden.

Aus Gl. (2.10) ist ersichtlich, dass die Aufweitung des Fokuspunktes linear mit der nominellen Fokustiefe zunimmt. Abhängig von der axialen Lage der Fokusebene und dem Verhältnis der Brechungsindizes im Strahlengang kann es so zu einer deutlichen Verschlechterung der Ortsauflösung kommen. Nur für ein Brechungsindexverhältnis von $n = 1$ verschwindet – unabhängig von der Fokustiefe – die axiale Aufweitung des Fokuspunktes ($d.o.f. = 0$). Um Abbildungsfehler zu minimieren, ist somit die Verwendung eines Immersionsobjektivs, welches auf den Brechungsindex der zu untersuchenden Probe abgestimmt ist, von besonderer Bedeutung. Für die im Rahmen dieser Arbeit durchgeführten Untersuchungen, bei denen sich der Brechungsindex der Probe zwischen dem des reinen Polymers ($n_{D,PVA} = 1{,}53$) und dem des reinen Lösemittels ($n_{D,W} = 1{,}33$) bewegt, stehen daher ein Ölimmersionsobjektiv ($n_{D,IM} = 1{,}51$) sowie ein Wasserimmersionsobjektiv ($n_{D,IM} = 1{,}33$) zur Verfügung.

Die Verschiebung der tatsächlichen gegenüber der nominellen Fokustiefe lässt sich unter Annahme einer Gaußverteilung für die Intensität des Laserstrahls ebenfalls bestimmen. Für das beleuchtete Gebiet ($d.o.f.$) kann dann eine Art Schwerpunkt der Ausleuchtung (engl.: centre of gravity, $c.o.g.$) definiert werden. Setzt man voraus, dass die zu analysierende Raman-Streuung proportional zur Intensität der anregenden Laserstrahlung auftritt und dass ferner die entstandenen Photonen nur dann durch das konfokale Pinhole den CCD-Detektor erreichen, wenn sie im selben Winkel wie der einfallende Strahl emittiert werden, so ergibt sich für den Schwerpunkt der Raman-Strahlung folgender Ausdruck (Everall 2000):

$$c.o.g. = z_1 \cdot \frac{\displaystyle\int_0^1 \left(m^2 \cdot \frac{NA^2 \cdot \left(n^2 - 1\right)}{1 - NA^2} + n^2 \right)^{1/2} \cdot m^2 \cdot exp\left\{ -\frac{2 \cdot m^2}{\phi^2} \right\} dm}{\displaystyle\int_0^1 m^2 \cdot exp\left\{ -\frac{2 \cdot m^2}{\phi^2} \right\} dm} \qquad (2.11)$$

z_1 nominelle Fokustiefe

NA numerische Apertur, $NA = NA^{IM}/n_{D,IM}$

m dimensionsloser Linsenradius, $m = r/r_{max}$

n Verhältnis der Brechungsindizes, $n = n_{D,Probe}/n_{D,IM}$

Φ Füllfaktor der Linse, hier $\Phi = 1$.

Zur Bestimmung der korrigierten Tiefeninformation (*c.o.g.*) aus Gl. (2.11) muss also der Brechungsindex der untersuchten Polymerprobe bekannt sein. Der Gemischbrechungsindex für die aktuelle Probenzusammensetzung ist dabei aus Mischungsregeln zugänglich, sofern für die Reinstoffe Dichte und Brechungsindex bei der jeweiligen Versuchstemperatur bekannt sind. Die entsprechenden Daten für Wasser wurden der Literatur entnommen, für PVA erfolgte die Bestimmung in Anbetracht unzureichender Referenzwerte in eigenen Messungen (vgl. Anhang A.2 bis A.4).

Für ein semikristallines Polymer wie PVA werden Dichte und Brechungsindex neben der Temperatur zusätzlich durch den Grad der Kristallinität beeinflusst. So hat Sakurada (1955) die Dichten des vollständig amorphen bzw. vollständig kristallinen Polymers zu $\rho_{PVA,a}^{25°C} = 1{,}269$ g/cm³ und $\rho_{PVA,cr}^{25°C} = 1{,}345$ g/cm³ bestimmt. Für den Reinstoffbrechungsindex gibt der Hersteller (Kuraray 2003) abhängig vom Kristallinitätszustand einen Wertebereich von $n_{D,PVA}^{20°C} = 1{,}52\text{-}1{,}53$ an. Um den Einfluss derart strukturabhängiger Reinstoffdaten auf die ermittelte Tiefeninformation beurteilen zu können, wurde für lösemittelfreie PVA-Proben eine Abschätzungsrechnung durchgeführt und die korrigierte Ortsinformation jeweils für den Grenzfall des vollständig amorphen bzw. vollständig kristallinen Materials bestimmt. Dabei ergeben sich für Membranen von 60 µm Dicke, was in etwa der doppelten realen Trockenfilmdicke entspricht, maximale Abweichungen in der korrigierten Tiefe von 2,00 µm für das Ölimmersions- und 1,47 µm für das Wasserimmersionsobjektiv. Diese Werte liegen unterhalb der mit den gewählten Geräteeinstellungen erreichten Ortsauflösung der Messtechnik von 3,0 µm für das Ölimmersions- und 3,7 µm für das Wasserimmersionsobjektiv (vgl. Anhang A.5). Zur Bestimmung der korrigierten Tiefeninformation aus Gl. (2.11) ist also die Verwendung mittlerer Stoffwerte für das Polymer gerechtfertigt, wodurch insbesondere keine zusätzlichen Informationen über den jeweiligen Kristallinitätszustand erforderlich sind.

Damit können die analysierten Spektren nun ihrem jeweiligen Ursprungsort in der Polymerprobe zugeordnet werden. Ein weiteres Phänomen ergibt sich bei der Untersuchung von Polymermembranen, welche mit einem flüssigen Lösemittel in Kontakt stehen, da die angrenzende Flüssigkeit – im Gegensatz zu einer Gasphase – einen zusätzlichen Beitrag zum Raman-Signal liefert und so die Bestimmung der Lösemittelkonzentration im Bereich der Phasengrenze beeinflusst. Die Korrektur der gemessenen Beladungsprofile wird im folgenden Abschnitt vorgestellt.

2.2.4 Korrektur der Konzentrationsprofile

Abb. 2.6 zeigt beispielhaft ein entsprechend der Abschnitte 2.2.2 und 2.2.3 analysiertes, tiefenkorrigiertes Beladungsprofil für eine mit Wasser gesättigte PVA-Probe, welche mit dem flüssigen Lösemittel in Kontakt steht. Als Maß für die Vernetzungsdichte der Membran ist zusätzlich der zugehörige Kristallinitätsgrad eingetragen. Dabei fällt auf, dass die gemessene Lösemittelbeladung an der Phasengrenze zur Flüssigkeit stark ansteigt, während die Kristallinität, deren Bestimmung unbeeinflusst durch die angrenzende Flüssigphase erfolgt, unverändert bleibt. Dies deutet darauf hin, dass es sich hier nicht um einen realen Konzentrationsgradienten handelt, wie er mit einer zum Rand der Membran absinkenden Vernetzungsdichte einhergeht, sondern vielmehr um ein experimentelles Artefakt, welches durch die räumliche Ausdehnung des Fokuspunktes bedingt ist. So sammelt ein räumlich ausgedehnter Fokuspunkt immer auch Informationen außerhalb seines Zentrums ein, wodurch es im Bereich der Phasengrenze zu einer Beeinflussung der gemessenen Lösemittelbeladung durch die umgebende Flüssigkeit kommt.

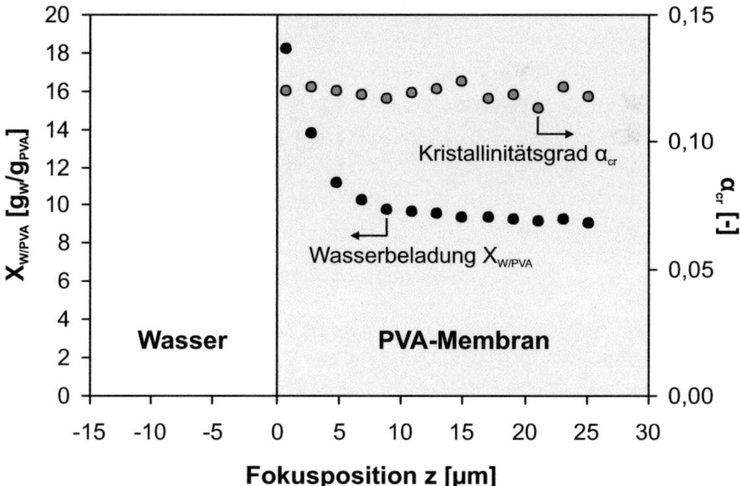

Abb. 2.6: Gemessene Wasserbeladung $X_{W/PVA}$ und zugehöriger Kristallinitätsgrad α_{cr} für Tiefenscans in eine mit Wasser gesättigte PVA-Membran.

Die von Scharfer (2009) angegebene Beziehung zur Berechnung der tatsächlichen Lösemittelbeladung reduziert sich für das hier betrachtete binäre System aus Wasser und PVA zu:

$$X_{W/PVA} = \Psi_{korr} \cdot X_{W/PVA,gem} - \left(1 - \Psi_{korr}\right) \cdot \frac{\rho_W}{\rho_{PVA}}. \tag{2.12}$$

Die Korrektur der gemessenen Lösemittelbeladung $X_{W/PVA,gem}$ erfordert demnach die Bestimmung einer Korrekturfunktion Ψ_{korr}, die für jede Fokusposition Aufschluss darüber gibt, welcher Anteil des detektierten Raman-Signals der Probe entstammt und welcher Anteil der angrenzenden Flüssigphase zuzuordnen ist. Dazu werden Informationen über die Form und die Intensitätsverteilung des Fokuspunktes bei der jeweiligen Blendeneinstellung benötigt, welche aus dem Verlauf der Signalintensität in einem entsprechenden Tiefenscan gewonnen werden können.

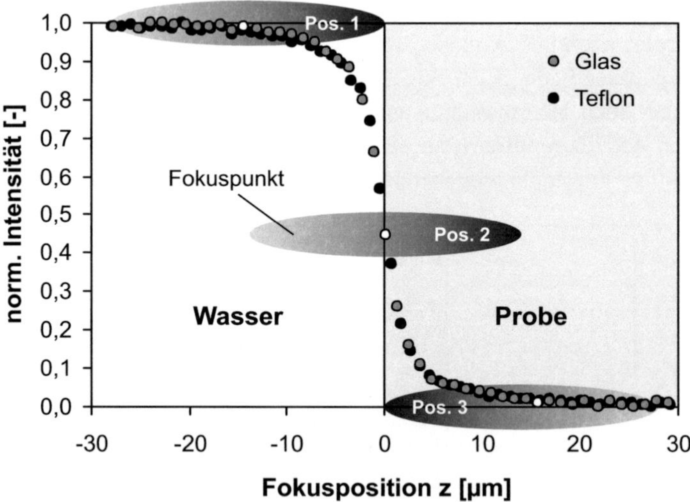

Abb. 2.7:   Intensitätsverlauf des Wassersignals bei Tiefenscans an Glas- und Teflonproben (Blendendurchmesser 200 µm) mit schematischer Darstellung des eintretenden Fokuspunktes.

Der Intensitätsverlauf des Wassersignals im Bereich der Phasengrenze wurde dabei zunächst für Materialien bestimmt, welche keine Wasseraufnahme zeigen, um so reale Lösemittelgradienten in der Probe als Ursache für den beobachteten Anstieg der Beladung sicher ausschließen zu können. Für die Messungen wurden Glas- und Teflonproben gewählt, welche im Bereich der

Wasserbande kein Eigensignal aufweisen. Die Intensität des Wassersignals ergibt sich dann durch Integration der Fläche unter dem Wasserpeak und ist in Abb. 2.7 über der – entsprechend dem jeweiligen Brechungsindex – tiefenkorrigierten Fokusposition aufgetragen, wobei die Intensitätswerte auf den Maximalwert normiert dargestellt sind. Abb. 2.7 zeigt, dass die Intensität des Wassersignals bereits bei einem Abstand zur Probenoberfläche von etwa 15 µm absinkt, wenn der räumlich ausgedehnte Fokuspunkt beginnt, in die Probe einzudringen. Tritt der Fokuspunkt nun zunehmend tiefer in den Feststoff ein, so werden Volumen und Intensität des Laserfokus in der Flüssigphase immer geringer und die Signalintensität nimmt weiter ab, bis sie schließlich den Wert null erreicht. Somit enthält der normierte Intensitätsverlauf die charakteristischen Informationen über die Volumen- und Intensitätsverteilung des in die Membran eindringenden Fokuspunktes in Abhängigkeit der Fokusposition.

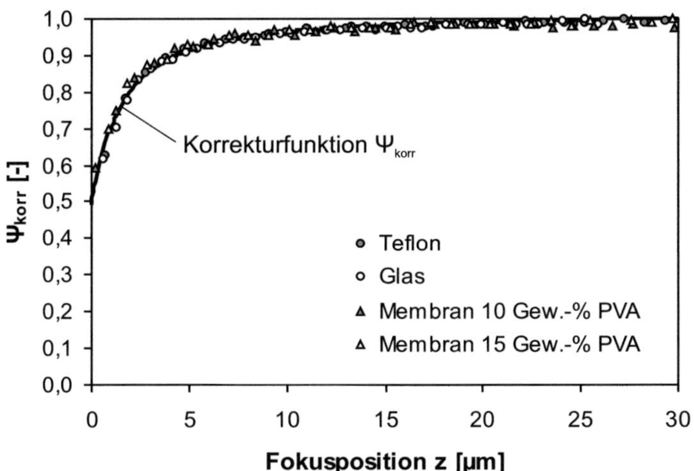

Abb. 2.8:   Bestimmung der Korrekturfunktion Ψ_{korr} aus Tiefenscans an verschiedenen Materialien (Blendendurchmesser 200 µm).

Zur Validierung der so ermittelten Verteilungsfunktion wurden zusätzlich PVA-Membranen unterschiedlicher Polymereinwaage (x_{PVA} = 0,10 bzw. x_{PVA} = 0,15) und damit unterschiedlicher Sättigungsbeladung vermessen. Die Faktoren, welche die Korrektur der gemessenen Wasserbeladung auf den im Innern der Membran vorliegenden Gleichgewichtswert bewirken, ergeben sich dabei für jeden Messpunkt aus Gl. (2.12). Abb. 2.8 zeigt, dass die ermittelten Korrekturfaktoren für alle betrachteten Probenmaterialien eine sehr gute

Übereinstimmung aufweisen. Somit wird die spektroskopische Analyse der Wasserbeladung für die (wasserfreien) Glas- und Teflonproben sowie die (wasserhaltigen) PVA-Membranen durch die angrenzende Flüssigphase in gleichem Maße beeinflusst, was wiederum für einen rein messtechnisch bedingten Effekt und gegen das Vorliegen tatsächlicher Konzentrationsgradienten in der Probe spricht. Aus den in Abb. 2.8 gezeigten Datensätzen wurde dann die gesuchte Korrekturfunktion für die in dieser Arbeit verwendete Blendenöffnung von 200 µm bestimmt:

$$\Psi_{korr}(z) = 1 - \left(\frac{1}{0,9800 \cdot (z+1)^{1,2390} + 0,9449} - 0,0143 \right), \qquad (2.13)$$

womit eine vollständige Korrektur der gemessenen Lösemittelbeladung im Randbereich der Probe möglich ist (vgl. Anhang A.6).

Nachdem mit der Bereitstellung geeigneter Versuchsaufbauten sowie der entsprechenden Routinen zur quantitativen Analyse der spektroskopischen Daten die Randbedingungen für die experimentelle Charakterisierung des Phasengleichgewichts- und Stofftransportverhaltens vernetzter Polymersysteme gegeben sind, wird im folgenden Abschnitt die Modellierung der durchgeführten Experimente erläutert. Der Vergleich von Messung und Simulation trägt dabei wesentlich zu einem umfassenden Verständnis der zugrunde liegenden Mechanismen bei und ist Basis für die Bewertung und Weiterentwicklung der implementierten Modelle.

3 Modellhafte Beschreibung des Stofftransports

Die modellhafte Beschreibung der Stofftransportvorgänge in einer vernetzten Polymerphase ist Ausgangspunkt für die systematische Entwicklung polymerer Funktionselemente, wie sie in Membrantrennverfahren, integrierten Sensor-Aktor-Einheiten oder Controlled-Release-Systemen zum Einsatz kommen (vgl. Kapitel 1), und erlaubt es, die Leistungscharakteristik des Systems unter veränderlichen Randbedingungen vorherzusagen. In Verbindung mit den entsprechenden experimentellen Informationen können dabei insbesondere auch ausgewählte Ansätze für Phasengleichgewicht und Stofftransport auf ihre Anwendbarkeit für das vernetzte Polymer/Lösemittel-System hin überprüft sowie die zugehörigen Stofftransportparameter spezifiziert werden.

Um nun das Stofftransportverhalten des vernetzten Polymersystems für einen Konzentrationsbereich, welcher vom lösemittelfreien Material bis zur vollständig gequollenen Polymermembran reicht, charakterisieren zu können, sind unterschiedliche, speziell auf den jeweiligen Einsatzbereich abgestimmte Versuchsanordnungen erforderlich (vgl. Kapitel 6), weshalb die nachfolgenden Betrachtungen auf der Analyse von Membranpervaporation, Gasphasensorption sowie Konzentrationsausgleich zwischen zwei unterschiedlich vorbeladenen Membranproben basieren (Abb. 3.1 a-c). Für die mathematische Beschreibung der betrachteten Stofftransportprozesse ist somit ein modular aufgebautes Simulationsmodell von Vorteil, welches flexibel auf die aktuellen Randbedingungen angepasst werden kann. Die Systematik, die der Modellierung der Transportvorgänge zugrunde liegt, soll im Folgenden anhand der für die experimentelle Analyse relevanten Konfigurationen erläutert werden.

Abb. 3.1 zeigt schematisch das der Simulation zugrunde liegende Modell einschließlich der erwarteten Konzentrationsverläufe. Sämtliche Versuchsaufbauten werden – wie in den entsprechenden Abschnitten der Kapitel 5 bis 7 ausgeführt – geeignet temperiert, so dass für die Simulation von isothermen Versuchsbedingungen ausgegangen wird. Aufgrund der Geometrie der untersuchten, sehr dünnen Polymerproben werden die im Allgemeinen dreidimensionalen Stoffströme vereinfachend als eindimensional senkrecht zur Filmoberfläche betrachtet. Da weiterhin mit dem reinen Lösemittel gearbeitet wird, treten auch bei der Membranpervaporation keine flüssigseitigen Stoffübergangswiderstände auf, so dass der Transportwiderstand für die hier betrachteten Anordnungen – je nach Versuchsbedingungen – in der Polymermembran bzw. der Gasphase liegt.

Der gasseitige Stofftransport ist über das thermodynamische Gleichgewicht an der Phasengrenze mit der Diffusion in der Membran verknüpft. Für vernetzte Polymere ist die Beschreibung des Phasengleichgewichts bislang noch mit Unsicherheiten behaftet. So wird in der Literatur für solche Systeme wiederholt von einer abweichenden Lösemittelaufnahme zwischen Flüssig- und korrespondierender Gasphase berichtet (Schröders Paradox, vgl. Abschnitt 1.2.3). Klärungsbedarf besteht dabei insbesondere hinsichtlich der Formulierung des Phasengleichgewichts von Polymeren, welche gleichzeitig mit einer Gas- und einer Flüssigphase in Kontakt stehen, wie es bei der Membranpervaporation der Fall ist. Im experimentellen Teil dieser Arbeit wird deshalb überprüft, ob die Verwendung identischer Ansätze zur Modellierung des gas- und flüssigseitigen Phasengleichgewichts gerechtfertigt ist.

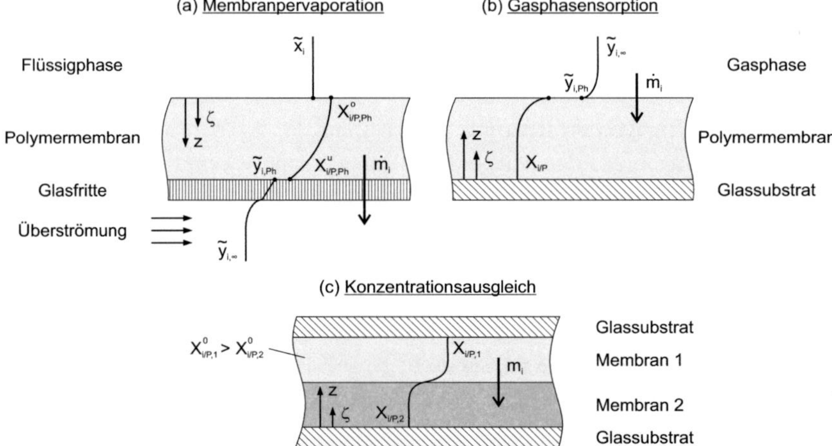

Abb. 3.1:   Schematische Darstellung des Simulationsmodells einschließlich der erwarteten Konzentrationsverläufe am Beispiel von (a) Membranpervaporation, (b) Gasphasensorption sowie (c) Lösemittelkonzentrationsausgleich zwischen zwei unterschiedlich vorbeladenen Membranen.

Für die Beschreibung der Diffusion in der Membran wird zunächst die Gültigkeit des Fick'schen Gesetzes vorausgesetzt und die getroffene Annahme später anhand der experimentellen Transportdaten validiert. Da sich die Untersuchungen in dieser Arbeit auf binäre Polymer/Lösemittel-Systeme konzentrieren, müssen keine Kreuzeffekte berücksichtigt werden. Die gesuchten (Haupt-)Diffusionskoeffizienten gehen dann aus der geeigneten Kombination von Messung und Rechnung hervor. Für die Membranpervaporation wurde nun zusätzlich die Möglichkeit geschaffen, den Lösemittelpermeationsstrom messtechnisch zu erfassen (vgl. Abschnitt 2.1), so dass der Diffusionskoeffizient auch direkt aus den experimentellen Beladungsprofilen zugänglich ist (vgl. Abschnitt 6.1). Die Quellung bzw. Schrumpfung der Polymermembran bei sich ändernder Lösemittelbeladung wird schließlich durch ein mitbewegtes Koordinatensystem sowie polymermassenbezogene Diffusionskoeffizienten berücksichtigt (Hartley & Crank 1949).

In den folgenden Abschnitten werden die zur Simulation der gemessenen Lösemittelbeladungsprofile implementierten Modellgleichungen vorgestellt. Kapitel 3.1 geht dabei zunächst auf die modellhafte Beschreibung des Stofftransports in der Gasphase ein.

3.1 Stofftransport in der Gasphase

Der Stofftransport in der Gasphase lässt sich mithilfe der Stefan-Maxwell-Gleichungen beschreiben, welche basierend auf einer molekularen Reibungs- und Stoßtheorie neben Diffusions- auch Konvektionsströme berücksichtigen (z.B. Bird, Stewart & Lightfoot 2002). Für ideale Gase eines n-Komponentensystems gilt demnach:

$$\frac{d\widetilde{y}_i}{dz} = \sum_{j=1}^{n} \frac{1}{\widetilde{\rho}_g \cdot D_{ij}^{SM}} \cdot \left(\widetilde{y}_i \cdot \dot{n}_j - \widetilde{y}_j \cdot \dot{n}_i \right) \tag{3.1}$$

$\widetilde{y}_{i,j}$ Molenbruch der Komponente i bzw. j in der Gasphase

z Wegkoordinate

$\widetilde{\rho}_g$ molare Gasdichte

D_{ij}^{SM} Stefan-Maxwell-Diffusionskoeffizient

$\dot{n}_{i,j}$ flächenbezogener Stoffstrom der Komponente i bzw. j.

Das Differentialgleichungssystem (3.1) lässt sich für binäre Systeme ($n = 2$) mit einseitiger Diffusion exakt lösen (Schlünder 1984) und es folgt für den flächenbezogenen Stoffstrom der Komponente i:

$$\dot{n}_i = \beta_{ig} \cdot \widetilde{\rho}_g \cdot ln\left(\frac{1 - \widetilde{y}_{i,\infty}}{1 - \widetilde{y}_{i,Ph}} \right) \tag{3.2}$$

β_{ig} Stoffübergangskoeffizient, $\beta_{ig} = D_{ig}^{SM}/S$

$\widetilde{y}_{i,\infty}$ Molenbruch der Komponente i in der Gasphase (Bulk)

$\widetilde{y}_{i,Ph}$ Molenbruch der Komponente i an der Phasengrenze.

Die Stoffübergangskoeffizienten β_{ig} sind für bestimmte Geometrien und Anströmbedingungen aus tabellierten Sherwood-Korrelationen der Form $Sh = f(Re, Sc, Geometrie)$ zugänglich, wobei der zur Evaluation benötigte binäre Gasdiffusionskoeffizient D_{ig}^{SM} nach der Gruppenbeitragsmethode von Fuller berechnet werden kann (vgl. Anhang A.7). Für eine laminar überströmte Platte gibt Brauer (1971) für den Fall, dass sich sowohl die Geschwindigkeits- als auch die Konzentrationsgrenzschicht unmittelbar ab der Plattenvorderkante ausbilden, die folgende Beziehung an:

$$Sh_x = 0{,}332 \cdot \sqrt{Re_x} \cdot \sqrt[3]{Sc_i} \tag{3.3}$$

Sh_x lokale Sherwood-Zahl, $Sh_x = \left(\beta_{ig,x} \cdot x\right)/D_{ig}^{SM}$

Re_x lokale Reynolds-Zahl, $Re_x = \left(u \cdot x\right)/\nu_g$

Sc_i Schmidt-Zahl, $Sc_i = \nu_g / D_{ig}^{SM}$

x Lauflänge

u Anströmgeschwindigkeit

ν_g kinematische Viskosität des Gases.

Es ist ersichtlich, dass sich der lokale Stoffübergangskoeffizient $\beta_{ig,x}$ mit zunehmender Lauflänge x gemäß $\beta_{ig,x} \propto 1/\sqrt{x}$ ändert. Für Polymermembranen, welche – ähnlich wie in Abb. 2.2 gezeigt – in einen Strömungskanal eingebracht und von konditionierter Luft frei überströmt werden, hängt der gasseitige Stoffübergang somit zunächst entscheidend von der lateralen Position in Strömungsrichtung ab. Von besonderer Bedeutung sind die Stofftransportverhältnisse in der Gasphase bei der direkten Bestimmung von Diffusionskoeffizientenverläufen aus der kombinierten Messung lokaler Lösemittelbeladungsprofile und integraler Permeationsströme (vgl. Abschnitt 2.1 und 6.1). So liegen unter der Randbedingung eines von der lateralen Position abhängigen Stoffübergangskoeffizienten lokal unterschiedliche Permeationsraten vor, welche vom gemessenen Gesamtdiffusionsstrom abweichen und bei der Bestimmung des Diffusionskoeffizienten zwingend berücksichtigt werden müssen. Auf den – je nach Versuchsanordnung signifikanten – Einfluss solch lokaler Stofftransporteffekte bei der Analyse der erhaltenen Messdaten wird auch in numerischen und experimentellen Untersuchungen zur konvektiven Trocknung dünner Polymerfilme (Krenn et al. 2011, Schmidt-Hansberg et al. 2011) hingewiesen.

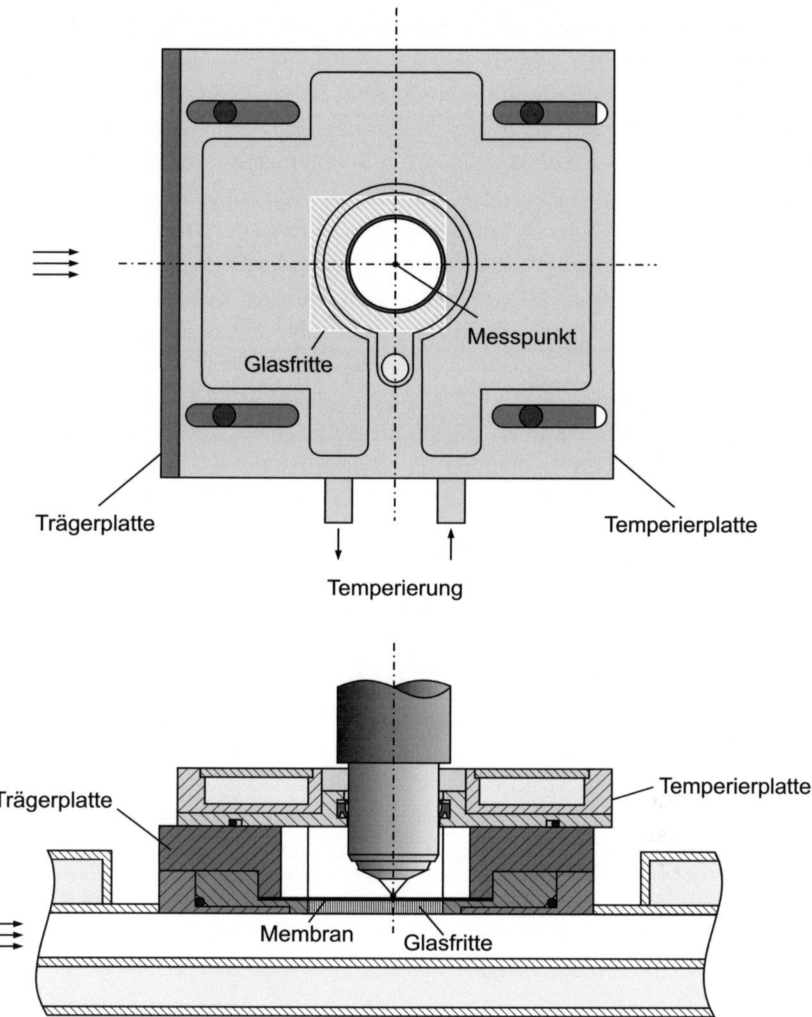

Abb. 3.2: Versuchsanordnung zur Bestimmung von Stofftransportparametern für luftüberströmte Polymermembranen. Detailzeichnung der Membraneinspannung mit Möglichkeit zur lateralen Variation der Messposition.

Im Rahmen dieser Arbeit wurden nun die notwendigen apparativen Voraussetzungen geschaffen, um den Einfluss des gasseitigen Stoffübergangs bei der Lösemittelpermeation durch luftüberströmte Polymermembranen zu analysieren und so die direkte Bestimmung des Diffusionskoeffizienten aus der parallelen Messung von Konzentrationsprofilen und Permeationsströmen auf eine experimentell und theoretisch abgesicherte Basis zu stellen. In der hierzu realisierten Versuchsanordnung (Abb. 3.2) wird dem System mittels einer porösen, bündig mit der Wand des Strömungskanals abschließenden Glasfritte, auf welcher die zu untersuchende Polymermembran aufliegt, ein zusätzlicher Stofftransportwiderstand aufgeprägt, um den gasseitigen Stoffübergang über die Membranfläche zu homogenisieren. Sobald der Stoffübergang außerhalb der Membran maßgeblich durch den Transportwiderstand der Sinterfilterplatte bestimmt wird, ist der Stofftransport keiner lokalen Variation mehr unterworfen und die lokale Diffusionsstromdichte entspricht der gemessenen flächenbezogenen Permeationsrate. Gleichzeitig wird mit der gewählten Anordnung ein für Pervaporationsmessungen charakteristischer Versuchsaufbau realisiert, wobei die Verwendung einer quadratischen anstelle einer kreisförmigen Fritte später die mathematische Behandlung deutlich vereinfacht (vgl. Abschnitt 6.1.1).

Die Einspannung der Membran ist hier konstruktiv so gestaltet, dass während der Pervaporation nun erstmals auch Lösemittelkonzentrationsprofile an unterschiedlichen lateralen Positionen aufgenommen werden können. Dazu kann die Temperierplatte, durch welche das Objektiv in das Lösemittelreservoir oberhalb der Membran eintaucht, mittels einer Bolzen/Langloch-Verbindung auf der fixen Trägerplatte verschoben werden. Sie ist zugleich so ausgeführt, dass eine um 90° gedrehte Montage möglich ist, was Messungen parallel und quer zur Anströmung erlaubt. Damit kann nun für verschiedene Messpositionen überprüft werden, inwieweit die sich einstellenden Konzentrationsprofile durch den gasseitigen Stoffübergang beeinflusst werden.

Nach den Ausführungen zum Stofftransport in der Gasphase geht der folgende Abschnitt auf die modellhafte Beschreibung des Phasengleichgewichts ein.

3.2 Phasengleichgewicht

Das thermodynamische Gleichgewicht an der Phasengrenze verknüpft die Diffusion des Lösemittels im Polymer mit dem Stofftransport in einer angrenzenden fluiden Phase. Darf das Verhalten der Gasphase als ideal betrachtet werden und ist weiterhin die Verdichtung der kondensierten Phase (Poynting-Korrektur) vernachlässigbar, was bei den hier vorliegenden moderaten Drücken ($p_{ges} \approx p_n = 1{,}013$ bar) in guter Näherung erfüllt ist, so gilt das Gesetz von Raoult-Dalton (z.B. Schaber 2004):

$$\widetilde{y}_{i,Ph} = \frac{p_i}{p_{ges}} = a_i\left(\widetilde{x}_{i,Ph}\right) \cdot \frac{p_i^*\left(T_{Ph}\right)}{p_{ges}} \tag{3.4}$$

$\widetilde{y}_i$ Molenbruch der Komponente i in der Gasphase

p_i Partialdruck der Komponente i

p_{ges} Gesamtdruck

a_i Aktivität der Komponente i in der Polymerphase

$\widetilde{x}_{i,Ph}$ Zusammensetzung der Polymerphase

p_i^* Sattdampfdruck der Komponente i.

Gl. (3.4) stellt damit den für die prädiktive Berechnung des Stoffaustauschs benötigten Zusammenhang zwischen der Zusammensetzung von Gas- und Polymerphase her. Gerade die Beschreibung des Phasengleichgewichtsverhaltens vernetzter Polymere ist dabei jedoch mit erheblichen Unsicherheiten behaftet, da für diese Materialien – wie in Kapitel 1.2.3 ausgeführt – wiederholt von einer abweichenden Lösemittelaufnahme bei Kontaktierung mit dem flüssigen gegenüber dem korrespondierenden gasförmigen Lösemittel berichtet wird (Schröders Paradox). Bei der nachfolgend vorgestellten Ableitung der Modellgleichungen werden derartige Effekte zunächst ausgeschlossen, d.h. es wird explizit vorausgesetzt, dass die betrachteten Polymermembranen <u>keine</u> Diskrepanz zwischen Gas- und Flüssigphasensorption aufweisen, so dass die Lösemittelaufnahme des Polymers allein von der Aktivität des Lösemittels abhängt, nicht jedoch von dessen Aggregatzustand. Die Überprüfung dieser Hypothese erfolgt später anhand umfassender experimenteller Untersuchungen, welche in Kapitel 5 vorgestellt werden.

Somit wird also eine Methode zur Berechnung der Lösemittelaktivität a_i in der kondensierten Phase benötigt. Für polymerbasierte Systeme hat sich dabei das semi-empirische Modell von Flory & Huggins (1953) etabliert, welches nach einer kurzen Diskussion der thermodynamischen Grundlagen im Folgenden erläutert werden soll.

3.2.1 Thermodynamische Grundlagen

Die freie Enthalpie G einer Mischphase ist gegeben durch:

$$G = \sum_i \mu_{0i} \cdot n_i + \Delta G_M \tag{3.5}$$

μ_{0i} chemisches Potential der reinen Komponente i

n_i　　　Stoffmenge der Komponente i.

Dabei erfasst die freie Mischungsenthalpie ΔG_M die Abweichung vom Verhalten eines idealen Gemisches bei isotherm-isobarer Mischung (z.B. Stephan et al. 2010). Gleichzeitig gilt für G auch die Euler-Gleichung:

$$G = \sum_i \mu_i \cdot n_i \,, \tag{3.6}$$

so dass für die freie Mischungsenthalpie unmittelbar folgt:

$$\Delta G_M = \sum_i \left(\mu_i - \mu_{0i} \right) \cdot n_i \,. \tag{3.7}$$

Das totale Differential von Gl. (3.7) führt bei p, $T = const.$ auf:

$$d\left(\Delta G_M \right) = \sum_i \left(\frac{\partial\left(\Delta G_M \right)}{\partial n_i} \right)_{p,T,n_{j \neq i}} \cdot dn_i = \sum_i \left(\mu_i - \mu_{0i} \right) \cdot dn_i + \sum_i n_i \cdot d\mu_i \,. \tag{3.8}$$

Mit der Gibbs-Duhem-Gleichung

$$- S \cdot \underbrace{dT}_{=0} + V \cdot \underbrace{dp}_{=0} - \sum_i n_i \cdot d\mu_i = 0 \tag{3.9}$$

und dem chemischen Potential μ_i der Komponente i in der Mischung

$$\mu_i = \mu_{0i} + \Re \cdot T \cdot ln\, a_i \tag{3.10}$$

folgt aus Gl. (3.8):

$$\sum_i \left(\frac{\partial\left(\Delta G_M \right)}{\partial n_i} \right)_{p,T,n_{j \neq i}} \cdot dn_i = \Re \cdot T \cdot \sum_i ln\, a_i \cdot dn_i \,. \tag{3.11}$$

Ein Koeffizientenvergleich der rechten und linken Seite ergibt schließlich:

$$\left(\frac{\partial\left(\Delta G_M \right)}{\partial n_i} \right)_{p,T,n_{j \neq i}} = \Delta \mu_M = \mu_i - \mu_{0i} = \Re \cdot T \cdot ln\, a_i \,. \tag{3.12}$$

Damit ist die gesuchte Aktivität des Lösemittels a_i zugänglich, sofern ein Ausdruck für die freie Mischungsenthalpie ΔG_M vorhanden ist, für welche weiterhin gilt:

$$\Delta G_M = \Delta H_M - T \cdot \Delta S_M \tag{3.13}$$

ΔH_M Mischungsenthalpie

ΔS_M Mischungsentropie.

3.2.2 Flory-Huggins-Theorie

Zur Quantifizierung der freien Mischungsenthalpie ΔG_M einer Polymerlösung betrachten Flory & Huggins die flüssige Phase als dreidimensionales Gitter, wobei das niedermolekulare Lösemittel i durch Einzelkugeln repräsentiert wird, während das langkettige Polymer P als Aneinanderreihung einzelner Segmente aufgefasst wird, welche hinsichtlich ihres Platzbedarfs mit den Lösemittelmolekülen austauschbar sind (Flory 1953). Aus statistischen Überlegungen zur Zahl der möglichen Konfigurationen für die Verteilung von N_i Lösemittel- und N_P Polymermolekülen auf die vorhandenen Gitterplätze erhalten Flory & Huggins zunächst einen Ausdruck für den kombinatorischen Anteil der Mischungsentropie $\Delta S_{M,comb}$:

$$\begin{aligned} \Delta S_{M,comb} &= -k \cdot \left(N_i \cdot ln\,\varphi_i + N_P \cdot ln\,\varphi_P \right) \\ &= -\Re \cdot \left(n_i \cdot ln\,\varphi_i + n_P \cdot ln\,\varphi_P \right) \end{aligned} \tag{3.14}$$

k Boltzmann-Konstante, $k = 1{,}381{\cdot}10^{-23}$ J/K

$N_{i,P}$ Zahl der Lösemittel- bzw. Polymermoleküle

$\varphi_{i,P}$ Volumenanteil der Komponente i bzw. P

$\Re$ allgemeine Gaskonstante, $\Re = 8{,}314$ J/(mol·K)

$n_{i,P}$ Stoffmenge der Komponente i bzw. P.

Die bei der Vermischung von Lösemittel und Polymer auftretenden energetischen Wechselwirkungen zwischen den binären Teilpaaren der Polymerlösung berücksichtigen Flory & Huggins über den Wechselwirkungsparameter $\chi_{i/P}$, welcher in den enthalpischen Beitrag ΔH_M eingeht:

$$\Delta H_M = \Re \cdot T \cdot \chi_{i/P} \cdot n_i \cdot \varphi_P \tag{3.15}$$

T absolute Temperatur

$\chi_{i/P}$ Flory-Huggins-Wechselwirkungsparameter.

Unter der Annahme, dass die Entropieänderung bei der Mischung vollständig durch die kombinatorische Mischungsentropie $\Delta S_{M,comb}$ erfasst wird, d.h.

$$\Delta S_M = \Delta S_{M,comb}, \tag{3.16}$$

ergibt sich die freie Mischungsenthalpie ΔG_M durch Kombination von Gl. (3.14) und Gl. (3.15) zu:

$$\Delta G_M = \Re \cdot T \cdot \left(\chi_{i/P} \cdot n_i \cdot \varphi_P + n_i \cdot ln\,\varphi_i + n_P \cdot ln\,\varphi_P \right), \tag{3.17}$$

woraus nach Gl. (3.12) durch Differentiation für die Lösemittelaktivität a_i folgt:

$$ln\, a_i = ln(1 - \varphi_P) + (1 - \frac{\widetilde{v}_i}{\widetilde{v}_P}) \cdot \varphi_P + \chi_{i/P} \cdot \varphi_P^2 \qquad (3.18)$$

$\widetilde{v}_{i,P}$ molares Volumen der Komponente i bzw. P.

Den bisherigen theoretischen Überlegungen zufolge sollte der Wechselwirkungsparameter $\chi_{i/P}$ in Gl. (3.18) umgekehrt proportional zur Temperatur und unbeeinflusst von der Konzentration der Polymerlösung sein. Tatsächlich berichtet jedoch bereits Flory (1953, 1970) von einer teilweise ausgeprägten Konzentrationsabhängigkeit des Parameters $\chi_{i/P}$ und weist dabei insbesondere darauf hin, dass der Entropieterm ΔS_M gemäß der in Gl. (3.16) getroffenen Annahme nur den kombinatorischen Anteil berücksichtigt, während mögliche zusätzliche Beiträge infolge spezifischer Wechselwirkungen zwischen benachbarten Lösungskomponenten vernachlässigt werden. Diese Beiträge werden implizit dem Wechselwirkungsparameter zugeschlagen, weshalb $\chi_{i/P}$ neben dem enthalpischen auch einen (konzentrationsabhängigen) entropischen Anteil enthält. Aus diesem Grund ist keine prädiktive Bestimmung des Flory-Huggins-Parameters möglich, so dass $\chi_{i/P}$ für praktische Berechnungen als empirischer, temperatur- und konzentrationsabhängiger Anpassparameter behandelt wird [1].

3.2.3 Quellung von Polymernetzwerken

Bei der Quellung eines Polymernetzwerks (Index NW) bewirkt nun die mit der Lösemittelaufnahme einhergehende Verstreckung der Polymerketten eine elastische Rückstellkraft, welche der Sorption entgegenwirkt. Zur Bestimmung der Enthalpieänderung $\Delta G_{M,NW}$ für die Quellung eines vernetzten Polymers wird deshalb die aus der Vermischung von Polymer und Lösemittel resultierende freie Mischungsenthalpie ΔG_M durch einen zusätzlichen Term ΔG_{el} ergänzt, welcher die elastische Reaktion des Netzwerks berücksichtigt (Flory 1953):

---

[1] Die umfangreichen gravimetrischen Sorptionsuntersuchungen des Instituts, welche sich mittlerweile auf eine Vielzahl unterschiedlicher Polymer/Lösemittel-Systeme erstrecken, zeigen für den betrachteten Temperaturbereich ($T \approx 20 - 80°C$) keinerlei Einfluss der Temperatur auf den Flory-Huggins-Wechselwirkungsparameter $\chi_{i/P}$ (z.B. Mamaliga 2004, Schabel 2004). Die Temperaturabhängigkeit des Phasengleichgewichts wird in diesem Fall vollständig durch die Temperaturabhängigkeit des Sattdampfdruckes $p_i^*(T)$ in $a_i = p_i / p_i^*(T)$ erfasst.

$$\Delta G_{M,NW} = \Delta G_M + \Delta G_{el} \tag{3.19}$$

bzw.

$$\Delta \mu_{M,NW} = \Delta \mu_M + \Delta \mu_{el}. \tag{3.20}$$

Ein Ausdruck für $\Delta \mu_M$ folgt dabei direkt aus Gl. (3.18), welche sich mit der Beziehung

$$\frac{\tilde{v}_i}{\tilde{v}_P} = \frac{\tilde{M}_i \cdot \rho_P}{\tilde{M}_P \cdot \rho_i} \tag{3.21}$$

für ein vernetztes Polymer ($\tilde{M}_P \to \infty$) vereinfacht zu:

$$\Delta \mu_M = \Re \cdot T \cdot ln\, a_i = \Re \cdot T \cdot \left(ln(1 - \varphi_P) + \varphi_P + \chi_{i/P} \cdot \varphi_P^2 \right). \tag{3.22}$$

Zur Quantifizierung des elastischen Beitrags $\Delta \mu_{el}$ stehen in der Literatur (z.B. Thiel et al. 1995) verschiedene Modelle zur Verfügung, wobei jedoch die Affine-Netzwerktheorie (Flory 1953) und die Phantom-Netzwerktheorie (James & Guth 1949) bei weitem die gebräuchlichsten sind und nach Flory (1976) zugleich die Grenzfälle für das Verhalten des realen Netzwerks darstellen. Beide Theorien setzen voraus, dass sich bei der Verknüpfung der Polymerketten ein spannungsfreies Netzwerk ausbildet, welches bei der nachfolgenden Verformung ein isotropes Verhalten aufweist. Die Affine-Netzwerktheorie geht nun weiter davon aus, dass die Vernetzungspunkte untereinander gekoppelt sind und sich bei der Deformation so bewegen, als ob sie in ein elastisches Kontinuum eingebettet wären. Demgegenüber betrachtet die Phantom-Netzwerktheorie die Vernetzungsstellen als unabhängig voneinander beweglich. Für ein tetrafunktionales Netzwerk ergeben sich dann die folgenden Ausdrücke:

$$\Delta \mu_{el}^{Affin} = \Re \cdot T \cdot \tilde{v}_i \cdot \frac{n_{el}}{V_0} \cdot \left(\left(\frac{V}{V_0} \right)^{1/3} - \frac{1}{2} \cdot \left(\frac{V}{V_0} \right) \right) \tag{3.23}$$

$$\Delta \mu_{el}^{Phantom} = \frac{1}{2} \cdot \Re \cdot T \cdot \tilde{v}_i \cdot \frac{n_{el}}{V_0} \cdot \left(\frac{V}{V_0} \right)^{1/3} \tag{3.24}$$

V Volumen des lösemittelhaltigen Netzwerks

V_0 Volumen des spannungsfreien Netzwerks.

n_{el} bezeichnet hier die Stoffmenge der elastisch aktiven Polymerketten, wobei eine Kette als Abschnitt zwischen zwei Verknüpfungspunkten definiert ist.

Beide Ansätze gehen von perfekten Polymernetzwerken aus, welche keinerlei Netzwerkfehler aufweisen. Gerade für die hier betrachteten physikalisch vernetzten Membranen beruht die mechanische Stabilität jedoch wesentlich auf der Ausbildung von Verschlaufungen, welche als geometrische Vernetzungspunkte agieren und so den Zusammenhalt der dreidimensionalen Struktur bewirken, was die Gültigkeit von Gl. (3.23) bzw. (3.24) in Frage stellt. Da der Aufbau des Netzwerks mit seinen spezifischen Fehlstellen experimentell nicht zugänglich ist, erscheint auch die Verwendung komplexerer Modelle mit weiteren Anpassparametern wenig sinnvoll. Zugleich weisen Favre et al. (1993) darauf hin, dass der zusätzliche elastische Term bei der Quellung eines vernetzten Polymers in einem guten Lösemittel einen ohnehin vernachlässigbaren Beitrag liefert.

Vor diesem Hintergrund wurde zur Korrelation der experimentellen Phasengleichgewichtsdaten in dieser Arbeit das einfache Flory-Huggins-Modell nach Gl. (3.22) gewählt und die Konzentrationsabhängigkeit des binären Wechselwirkungsparameters über eine an die Messdaten angepasste, empirische Korrelation erfasst. Die Zweckmäßigkeit dieser Vorgehensweise wird durch die dabei erzielte sehr gute Wiedergabe der Messdaten durch den implementierten Modellansatz bestätigt (vgl. Abschnitt 5.1.3).

Nachdem nun die wesentlichen Grundlagen für die Beschreibung des Sorptionsgleichgewichts vernetzter Polymere gelegt sind, geht der folgende Abschnitt auf die mathematische Modellierung der Lösemitteldiffusion in der Membran ein.

3.3 Lösemitteldiffusion im Polymer

3.3.1 Differentialgleichung und Referenzsystem

In einem ortsfesten, volumenbezogenen Koordinatensystem ist die Verteilung einer diffundierenden Komponente i für den Fall, dass sämtliche Stoffströme als eindimensional betrachtet werden können, gegeben durch:

$$\frac{\partial c_i}{\partial t} = \frac{\partial}{\partial z}\left(D_{ii}^{V} \cdot \frac{\partial c_i}{\partial z} \right) \qquad (3.25)$$

c_i Massenkonzentration der Komponente i

z Ortskoordinate im volumenbezogenen Koordinatensystem

D_{ii}^{V} Fick'scher Diffusionskoeffizient im volumenbezogenen Koordinatensystem.

Gl. (3.25) folgt unmittelbar aus einer Komponentenbilanz für das ruhende System unter Verwendung des Fick'schen Ansatzes für die Diffusion. Gerade für die Beschreibung instationärer Transportvorgänge in Polymermembranen ist die Darstellung in einem solchen ortsfesten Bezugssystem jedoch nur bedingt geeignet, da die Volumenänderung der Membran bei veränderlicher Lösemittelbeladung durch einen zusätzlichen zeitabhängigen Term in der Randbedingung berücksichtigt werden muss. Dies kann durch Verwendung eines mitbewegten, polymermassenbezogenen Koordinatensystems umgangen werden (Hartley & Crank 1949). Die Definition der Ortskoordinate ζ erfolgt dabei so, dass gleiche Inkremente von ζ die gleiche Masse an trockenem Polymer einschließen. Für die Kinetik der Lösemitteldiffusion in der Membran kann auch in einem polymermassenbezogenen Referenzsystem ein Fick'scher Ansatz verwendet werden, wenn die volumenbezogenen Diffusionskoeffizienten geeignet umgerechnet werden. Die Differentialgleichung der instationären Lösemitteldiffusion ergibt sich wieder aus einer differentiellen Massenbilanz um ein infinitesimal kleines Volumenelement in einer Gl. (3.25) ähnlichen Form:

$$\frac{\partial X_{i/P}}{\partial t} = \frac{\partial}{\partial \zeta}\left(D_{ii}^{P} \cdot \frac{\partial X_{i/P}}{\partial \zeta} \right) \tag{3.26}$$

$X_{i/P}$ Beladung des Polymers mit Komponente i

ζ Ortskoordinate im polymermassenbezogenen Koordinatensystem

D_{ii}^{P} Fick'scher Diffusionskoeffizient im polymermassenbezogenen Koordinatensystem.

Eine Normierung der Koordinate ζ des mitbewegten Bezugssystems auf die Dicke der trockenen Membran ($\zeta_{max} = z_{tr}$) führt schließlich zu:

$$\frac{\partial X_{i/P}}{\partial t} = \frac{1}{\zeta_{max}^{2}} \cdot \frac{\partial}{\partial(\zeta/\zeta_{max})}\left(D_{ii}^{P} \cdot \frac{\partial X_{i/P}}{\partial(\zeta/\zeta_{max})} \right). \tag{3.27}$$

Ein allgemeiner Zusammenhang zwischen den Ortskoordinaten z und ζ sowie den Fick'schen Diffusionskoeffizienten D_{ii}^{V} und D_{ii}^{P} im volumen- bzw. polymermassenbezogenen Referenzsystem ist dabei gegeben durch:

$$\frac{\partial \zeta}{\partial z} = \varphi_{P}^{1/n_z} \tag{3.28}$$

$$D_{ii}^{P} = \varphi_{P}^{1+1/n_z} \cdot D_{ii}^{V} \tag{3.29}$$

φ_{P} Volumenanteil des Polymers

n_z Isotropieparameter.

Bei der Umrechnung zwischen ortsfestem und mitbewegtem Bezugssystem muss insbesondere beachtet werden, dass sich die mit der Aufnahme bzw. Abgabe von Lösemittel einhergehende Volumenänderung der Polymerphase auf alle drei Raumrichtungen aufteilen kann und je nach Material und Vorgeschichte mehr oder weniger anisotrop erfolgt. Die Isotropie der Volumenänderung wird in Gl. (3.28) und (3.29) durch den Exponenten $1/n_z$ erfasst. Unter Ausschluss von Exzessvolumina (vgl. Anhang A.4) gilt für eine Polymerprobe im trockenen bzw. lösemittelbeladenen Zustand:

$$m_P = \rho_P \cdot V_{tr} = \rho_P \cdot \varphi_P \cdot V_{bel} \implies V_{tr} = \varphi_P \cdot V_{bel}, \tag{3.30}$$

woraus sich bei Einführung der drei Raumkoordinaten x, y und z ergibt:

$$K \cdot x_{tr} \cdot y_{tr} \cdot z_{tr} = \varphi_P \cdot K \cdot x_{bel} \cdot y_{bel} \cdot z_{bel}. \tag{3.31}$$

Mit der in Gl. (3.31) gewählten allgemeinen Formulierung, welche die Beschreibung der Membrangrundfläche als Rechteck ($K = 1$) bzw. als Ellipse ($K = \pi$) beinhaltet, ist es möglich, die Dimensionsänderungen in axialer Richtung sowie den beiden lateralen Richtungen getrennt voneinander zu betrachten. Um dabei Aussagen über die Isotropie treffen zu können, wird der Volumenbruch des Polymers wie folgt auf die drei Raumrichtungen aufgeteilt:

$$K \cdot x_{tr} \cdot y_{tr} \cdot z_{tr} = K \cdot \underbrace{\left(x_{bel} \cdot \varphi_P^{1/n_x} \right)}_{x_{tr}} \cdot \underbrace{\left(y_{bel} \cdot \varphi_P^{1/n_y} \right)}_{y_{tr}} \cdot \underbrace{\left(z_{bel} \cdot \varphi_P^{1/n_z} \right)}_{z_{tr}}. \tag{3.32}$$

Die Exponenten $1/n_i$ erfassen die Isotropie der Volumenänderung, als Schließbedingung muss ihre Summe Eins ergeben. Für $1/n_{x,y,z} = 1/3$ verteilt sich die Volumenänderung gleichmäßig auf alle drei Raumrichtungen, während sich bei $1/n_{x,y} = 0$ und $1/n_z = 1$ lediglich die Dicke der Membran ändert, ihre laterale Ausdehnung jedoch erhalten bleibt. Je nach Grad der Anisotropie sind beliebige Zwischenwerte möglich.

Der für die mathematische Modellierung der hier durchgeführten Versuche benötigte Parameter $1/n_z$ ist dabei direkt aus den experimentellen Daten zugänglich. Ein Zusammenhang zwischen der Dicke der lösemittelbeladenen Membran z_{bel} und der zugehörigen Trockendicke z_{tr} ist für einen instationären Versuch zu jedem Zeitpunkt durch die nachstehende Korrelation gegeben:

$$z_{tr} = z_{bel} \cdot \varphi_P^{1/n_z}, \tag{3.33}$$

woraus durch Logarithmieren und anschließendes Umformen folgt:

$$log(z_{bel}) = log(z_{tr}) - \frac{1}{n_z} \cdot log(\varphi_P). \tag{3.34}$$

Bei Auftragung von $log(z_{bel})$ über $log(\varphi_P)$ kann eine Ausgleichsgerade durch die Messwerte gelegt werden, aus deren Achsenabschnitt sich die Dicke der trockenen Membran z_{tr} ergibt. Die Geradensteigung liefert den gesuchten Exponenten $1/n_z$, welcher den Grad der Dimensionsänderung in axialer Richtung erfasst (vgl. Abschnitt 6.2.1 und Anhang A.14).

3.3.2 Fick'sche Diffusionskoeffizienten

Die Diffusionskoeffizienten in Polymer/Lösemittel-Systemen sind durch eine stark ausgeprägte Konzentrationsabhängigkeit gekennzeichnet und können – je nach Lösemittelgehalt und Temperatur – Werte zwischen denen von Flüssigkeiten ($\sim 10^{-9}$ m²/s) und denen von Feststoffen ($\sim 10^{-13} - 10^{-19}$ m²/s) annehmen. Zur Beschreibung derartiger Diffusionskoeffizientenverläufe hat sich die Freie-Volumen-Theorie etabliert, welche von Fujita (1961, 1968) auf Basis eines Hartkugelmodells (Cohen & Turnbull 1959) entwickelt und später von Vrentas & Duda (1977 a, b) weitergeführt und ergänzt wurde. Sind die Modellparameter, welche zumindest prinzipiell aus Reinstoffdaten und Gruppenbeitragsmethoden (Zielinski & Duda 1992) zugänglich sind, vollständig vorhanden, so ist die prädiktive Bestimmung des Diffusionskoeffizienten möglich. Da die Qualität der Vorhersage jedoch häufig unzureichend ist, wird wiederholt auf die Notwendigkeit experimenteller Diffusionsdaten als Grundlage für die Parameteranpassung hingewiesen, um so die Zuverlässigkeit der nachfolgenden Berechnungen zu gewährleisten.

Für die im Rahmen der vorliegenden Arbeit durchgeführten Untersuchungen ist vorrangig die Konzentrationsabhängigkeit des Diffusionskoeffizienten von Bedeutung. Bei konstanter Temperatur kann der aus der Freien-Volumen-Theorie hervorgehende Ausdruck in einen allgemeinen Exponentialansatz der Form

$$D_{ii}^V = exp\left\{ -\frac{A + B \cdot X_{i/P}}{1 + C \cdot X_{i/P}} \right\} \tag{3.35}$$

überführt werden (vgl. Anhang A.8), wobei die Formulierung hier in Übereinstimmung mit der zugehörigen Transportgleichung Gl. (3.27) über die Massenbeladung $X_{i/P}$ erfolgt. Auf diese Weise wird insbesondere eine Reduktion der Zahl unbekannter Parameter erreicht, wodurch sich Vorteile für die Parameterbestimmung aus experimentellen Diffusionsdaten ergeben.

3.4 Numerische Implementierung

Nachdem die mathematischen Modelle, welche zur simulativen Beschreibung der hier betrachteten Stofftransportprozesse benötigt werden, nun vollständig vorhanden sind, geht dieser Abschnitt auf die numerische Implementierung der aufgestellten Modellgleichungen ein. Dabei richtet sich die gewählte Lösungsmethodik danach, ob ein Versuch im stationären Zustand betrachtet wird oder ob eine zeitaufgelöste Messung abgebildet werden soll. Im Folgenden wird zunächst die Vorgehensweise zur Lösung der stationären Diffusionsgleichung erläutert.

3.4.1 Stationäre Lösung

Für den stationären Fall wird die linke Seite von Gl. (3.25) zu Null, so dass die Konzentrationsverteilung einer diffundierenden Komponente i für gegebene Randbedingungen aus der Lösung der nachstehenden Diffusionsgleichung folgt:

$$0 = \frac{d}{dz}\left(D_{ii}^{V}(c_i) \cdot \frac{dc_i}{dz} \right). \tag{3.36}$$

Ein Ausdruck für den Fick'schen Diffusionskoeffizienten $D_{ii}^{V}(c_i)$, welcher hier als Funktion der Lösemittelkonzentration c_i benötigt wird, geht mithilfe des Zusammenhangs

$$c_i = \frac{X_{i/P}}{\frac{1}{\rho_i} \cdot X_{i/P} + \frac{1}{\rho_P}} \tag{3.37}$$

durch mathematische Umformung direkt aus Gl. (3.35) hervor:

$$D_{ii}^{V}(c_i) = exp\left\{ -\frac{A' + B' \cdot c_i}{1 + C' \cdot c_i} \right\}, \tag{3.38}$$

wobei für die Parameter A', B' und C' gilt:

$$A' = A \tag{3.39}$$

$$B' = \frac{B}{\rho_P} - \frac{A}{\rho_i} \tag{3.40}$$

$$C' = \frac{C}{\rho_P} - \frac{1}{\rho_i}. \tag{3.41}$$

Zur Lösung der stationären Diffusionsgleichung (3.36) werden weiterhin zwei Randbedingungen benötigt, welche am Beispiel der Membranpervaporation (vgl. Abb. 3.1 a) erläutert werden sollen. In der gezeigten Versuchsanordnung steht die Membran an ihrer Oberseite mit dem reinen Lösemittel im Gleichgewicht, woraus für die erste Randbedingung folgt:

$$c_i(z = 0) = c_i^o = const. \quad \text{für } t \geq 0 . \tag{3.42}$$

Die Lösemittelkonzentration c_i^o am oberen Rand der Membran ist dabei prinzipiell aus der jeweiligen Raman-Messung zugänglich. Da jedoch infolge der räumlichen Ausdehnung des Fokuspunktes – wie in Abschnitt 2.2.4 ausgeführt – gerade die Bestimmung der Phasengrenzkonzentration mit einer gewissen Unsicherheit behaftet ist und ferner die Lösemittelaufnahme des Polymers je nach Membrancharge und Vorgeschichte variieren kann, wird c_i^o hier als Anpassparameter freigegeben, um so eine optimale Übereinstimmung zwischen Messung und Rechnung zu erzielen.

An der Membranunterseite muss der Diffusionsstrom aus Kontinuitätsgründen dem in die Gasphase übertretenden Lösemittelmassenstrom entsprechen, so dass sich für die zweite Randbedingung ergibt:

$$-D_{ii}^V \left(c_i \big|_{z=z_{max}} \right) \cdot \frac{dc_i}{dz} \bigg|_{z=z_{max}} = \dot{m}_i \quad \text{für } t \geq 0 . \tag{3.43}$$

Der Permeationsstrom $\dot{m}_i$ wird dabei – wie in Abschnitt 2.1 beschrieben – experimentell durch Analyse der Gasphasenzusammensetzung am Ein- und Austritt des Strömungskanals ermittelt.

Aus Gl. (3.36) folgt mit den Randbedingungen (3.42) und (3.43) nach zweimaliger Integration (vgl. Anhang A.9) schließlich eine implizite Bestimmungsgleichung für die Konzentrationsverteilung $c_i(z)$:

$$z = \frac{\int_{c_i}^{c_i^o} D_{ii}^V \left(c_i' \right) dc_i'}{\dot{m}_i} . \tag{3.44}$$

Für den hier gewählten Exponentialansatz $D_{ii}^V(c_i)$ kann das Integral in Gl. (3.44) analytisch nicht ausgewertet werden, weshalb die Integration numerisch über den Romberg-Algorithmus erfolgt (vgl. Anhang A.10).

Die gesuchten Parameter A', B' und C' sowie die Phasengrenzkonzentration c_i^o werden durch Minimierung der Fehlerquadratsumme zwischen den gemessenen und den berechneten Konzentrationsprofilen in der Membran ermittelt. Die Bestimmung des optimalen Parametersatzes erfolgt dabei in der Programmierungsumgebung VISUAL BASIC unter Einbindung einer entsprechenden FORTRAN-Unterroutine aus der NAG© Library (E04UFF), welche das Optimierungsproblem durch eine Sequential Quadratic Programming (SQP) Methode löst.

Eine ausführliche Diskussion der entwickelten Methodik zur Bestimmung von Diffusionskoeffizientenverläufen aus den in Pervaporationsversuchen erhaltenen Lösemittelbeladungsprofilen und Permeationsraten folgt in Abschnitt 6.1.

3.4.2 Instationäre Lösung

Zur modellhaften Beschreibung transienter Stofftransportprozesse in einem vernetzten Polymersystem muss die instationäre Transportgleichung (3.27) gelöst werden. Dazu werden wieder zwei Randbedingungen sowie zusätzlich eine Anfangsbedingung benötigt, welche hier am Beispiel der Lösemittelsorption in eine Polymermembran (vgl. Abb. 3.1 b) diskutiert werden. Wird eine zu Versuchsbeginn über die Membrandicke konstante Lösemittelbeladung vorausgesetzt, so folgt für die Anfangsbedingung:

$$X_{i/P}\left(t = 0; \ 0 \le \zeta \le \zeta_{max}\right) = X_{i/P,0}. \tag{3.45}$$

Aus Kontinuitätsgründen muss der Diffusionsstrom an der Membranoberseite dem nach Gl. (3.2) berechneten Massenstrom in der Gasphase entsprechen. Damit ergibt sich für die erste Randbedingung:

$$j_i^P\Big|_{\zeta=\zeta_{max}} = -D_{ii}^P \cdot \frac{1}{\hat{V}_P} \cdot \frac{\partial X_{i/P}}{\partial \zeta}\Big|_{\zeta=\zeta_{max}} = \dot{m}_i \ \text{für} \ t \ge 0, \tag{3.46}$$

wobei der Massenstrom in der Gasphase über das thermodynamische Gleichgewicht an der Phasengrenze von der Zusammensetzung an der Membranoberfläche abhängt. Da das Substrat für das Lösemittel undurchlässig ist, verschwinden an der Grenze zwischen Polymermembran und Trägermaterial die Massenströme und folglich auch die Beladungsgradienten:

$$j_i^P\Big|_{\zeta=0} = 0 \ \Leftrightarrow \ \frac{\partial X_{i/P}}{\partial \zeta}\Big|_{\zeta=0} = 0 \ \text{für} \ t \ge 0. \tag{3.47}$$

Aus den Gl. (3.27) sowie (3.45) bis (3.47) ergibt sich ein stark nichtlineares Differentialgleichungssystem mit impliziter Randbedingung. Die Lösung erfolgt wieder in VISUAL BASIC unter Einbindung eines geeigneten FORTRAN-Solvers aus der NAG© Library (D03PPF), welcher speziell auf diese Art von Differentialgleichungssystemen zugeschnitten ist (vgl. Schabel 2004, Scharfer 2009).

Die zur vollständigen Beschreibung des Stofftransports benötigten Fick'schen Diffusionskoeffizienten $D_{ii}^{V}(X_{i/P})$ werden auch hier durch Minimierung der Fehlerquadratsumme zwischen den gemessenen und den berechneten Beladungsprofilen bestimmt. Als Grundlage für die objektive Beurteilung der erhaltenen Simulation wurde dabei im Rahmen dieser Arbeit durch Implementierung einer zusätzlichen FORTRAN-Routine (E04UFF) die Möglichkeit geschaffen, die Fehlerquadratsumme unter Variation der Parameter A, B und C aus Gl. (3.35) schrittweise zu minimieren.

Um eine zuverlässige Parameterbestimmung zu gewährleisten, muss beim Vergleich der Simulationsergebnisse mit den experimentellen Konzentrationsdaten noch eine der spektroskopischen Messung inhärente Besonderheit bedacht werden. Abb. 3.3 a zeigt exemplarisch gemessene Lösemittelbeladungsprofile, wie sie bei der Analyse eines Ausgleichvorgangs an einer PVA-Membran erhalten werden. Aufgetragen ist dabei die lokale Lösemittelbeladung des Polymers über der zugehörigen Position in der Membran. Zur Aufnahme derartiger Tiefenprofile wird der Laserfokus – beginnend an der Filmunterseite (Position 0) – schrittweise durch die Polymerprobe bewegt. Aufgrund der endlichen Zeit, welche zur Positionierung des Laserfokus sowie zur Spektrenakkumulation benötigt wird, resultiert dabei zwischen den einzelnen Messpunkten eines Tiefenscans ein gewisser Zeitversatz. Während der Messung schreitet die Beladungsänderung der Membran jedoch bereits weiter voran, so dass eine Simulation der Konzentrationsprofile mit einer mittleren Zeit zwangsläufig zu Abweichungen gegenüber der Messung führt. Diese werden umso bedeutsamer, je mehr Zeit die Aufnahme der einzelnen Tiefenprofile erfordert und je höher die Dynamik des betrachteten instationären Stofftransportprozesses ist.

Um die spektroskopische Messung durch die Simulation möglichst getreu abbilden zu können, wurde in dieser Arbeit zur modellhaften Beschreibung der Versuchsdaten ein adaptierter Ansatz implementiert. Dazu wird – wie in Abb. 3.3 a beispielhaft für einen Tiefenscan gezeigt – zunächst jedem Messpunkt in der Membran die zugehörige Zeit, welche aus den Rohdaten der Messung zugänglich ist, zugeordnet. Für diese Zeitpunkte werden dann die entsprechenden Beladungsprofile berechnet. Diese sind für einige ausgewählte Zeiten in Abb. 3.3 b aufgetragen, wobei deutlich zu erkennen ist, wie die Beladungsänderung der Membran während der Aufnahme des Tiefenscans voranschreitet. Aus den so generierten Einzelprofilen wird schließlich das gesuchte Gesamtprofil zusammengesetzt, indem jeder Tiefenposition der zugehörige Beladungswert zugeordnet wird. Um dabei glatte Konzentrationsverläufe zu erhalten, können für eine geeignet festzusetzende Zahl an Stützstellen Zwischenwerte berechnet werden – so als würde sich der Fokuspunkt des Lasers nicht schrittweise, sondern mit konstanter Vorschubgeschwindigkeit durch den Film bewegen. Mit dieser Vorgehensweise wird eine gegenüber früheren Arbeiten verbesserte Abbildung der spektroskopischen Messung erreicht.

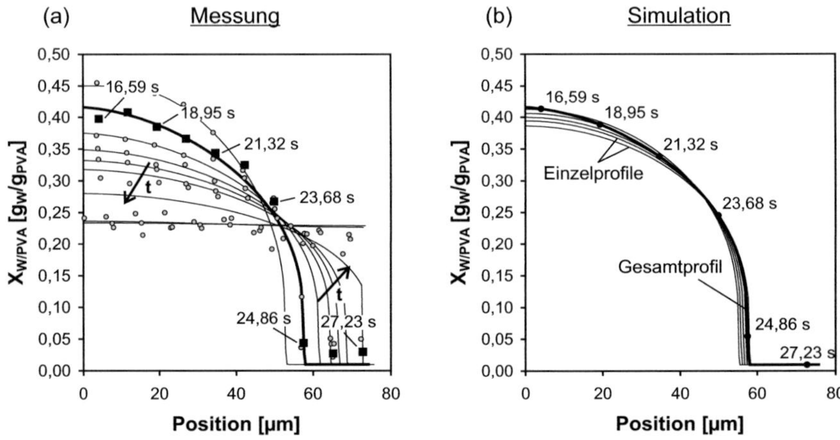

Abb. 3.3:   (a)   Spektroskopische Messung: Lösemittelbeladungsprofile in einer PVA-Membran. Aufgetragen ist die Lösemittelbeladung des Polymers $X_{W/PVA}$ über der zugehörigen Position in der Membran.

(b)   Simulation: Berücksichtigung des Zeitversatzes zwischen den Messpunkten eines Tiefenscans durch Konstruktion der Beladungsprofile aus Einzelprofilen.

Somit sind nun die Voraussetzungen für die modellhafte Beschreibung der experimentell betrachteten Stofftransportprozesse vollständig gegeben. Nach der ausführlichen Betrachtung der mathematischen Grundlagen werden in den folgenden Kapiteln die Untersuchungsergebnisse vorgestellt und diskutiert.

4 Versuchsvorbereitungen

Ausgangspunkt für die experimentelle Analyse der Phasengleichgewichts- und Stofftransportcharakteristik des vernetzten Materials ist die Präparation homogener Polymerproben definierter geometrischer Abmessung. Die Darstellung der betrachteten PVA-Membranen beruht dabei auf der thermisch induzierten Vernetzung der wässrigen Lösung unter Ausbildung kristalliner Bereiche, welche als Verknüpfungspunkte agieren und so den Zusammenhalt der dreidimensionalen Netzwerkstruktur bewirken (vgl. Abschnitt 1.2.2).

Weiterhin müssen die notwendigen Voraussetzungen zur Quantifizierung der Lösemittelbeladung des vernetzten Polymers geschaffen werden. In Vorbereitung auf die angestrebte Analyse des Zusammenspiels zwischen der semikristallinen Mikrostruktur sowie dem Phasengleichgewichts- und Stofftransportverhalten des vernetzten Materials muss zusätzlich eine entsprechende Routine zur quantitativen Auswertung der kristallinitätssensitiven Raman-Banden bereitgestellt werden.

Die folgenden Abschnitte gehen zunächst auf die Präparation des physikalisch vernetzten PVA-Probenmaterials ein, bevor dann die Kalibrierungsmessungen zur quantitativen Bestimmung von Lösemittelbeladung und Kristallinität diskutiert werden.

4.1 Probenpräparation

Transparente physikalisch vernetzte PVA-Membranen wurden aus einer Lösung des Polymers (Mowiol® 56-98; $\overline{M}_w^{PVA}$ = 195.000 g/mol; Hydrolysegrad 98,4 Mol.-%) in einem gemischten Lösemittel aus Wasser und Dimethylsulfoxid (DMSO, massenbezogenes Mischungsverhältnis 50:50) durch partielle Kristallisation bei -20°C gewonnen (Hyon et al. 1987, 1989).

Die Erzeugung von PVA-Kryogelen durch zyklisches Abkühlen und Aufheizen der wässrigen Lösung wurde erstmals von Peppas (1975) beschrieben. Gemäß dem in der Literatur heute allgemein akzeptierten Mechanismus sinkt mit abnehmender Temperatur die thermische Energie und damit die Beweglichkeit der PVA-Ketten, so dass zwischen den Molekülen Wechselwirkungskräfte, vermutlich Wasserstoffbrückenbindungskräfte, wirksam werden und sich in der Lösung lokal ein höherer Ordnungszustand einstellt. Es bilden sich supramolekulare Strukturen und schließlich kristalline Bereiche aus, welche als physikalische Verknüpfungspunkte agieren und so die dreidimensionale Netzwerkstruktur zusammenhalten (Hassan & Peppas 2000 a).

Homogene PVA-Lösungen mit einer Polymereinwaage von $x_{PVA} = 0{,}10$ werden bei 100°C unter Rühren gewonnen und bei 35°C zwischen zwei temperierte Glasplatten gegossen, wobei die Einstellung der Membrandicke über Glasobjektträger (~ 450 µm) als Abstandshalter erfolgt. Die Lösung wird dann mittels eines programmierbaren Thermostaten auf –20°C abgekühlt ($dT/dt = 27{,}5$°C/h) und für drei Stunden bei dieser Temperatur belassen (Hyon et al. 1987). Anschließend wird das System mit $dT/dt = 55$°C/h wieder auf 35°C aufgeheizt und eine Stunde dort gehalten. Der beschriebene Temperaturzyklus wird dabei insgesamt dreimal durchlaufen. Ausgehend von diesem Standardprotokoll können Membranen mit abweichender Polymereinwaage bzw. Dicke hergestellt werden, wenn es die jeweiligen experimentellen Randbedingungen erfordern (s.a. Jeck 2007).

Nach Beendigung der letzten Aufheizphase werden die so vernetzten Membranen durch Einlegen in vollentsalztes Wasser gewaschen, um das organische Lösemittel (DMSO) zu entfernen, und bis zu ihrer Verwendung bei 25°C aufbewahrt. Um eine Beeinflussung der Versuchsergebnisse durch inhomogenes Probenmaterial auszuschließen, werden die vollständig gequollenen Membranen grundsätzlich auf ihren Wassergehalt hin überprüft und – wenn nicht ausdrücklich anders gekennzeichnet – unmittelbar vor der Verwendung für 24 h bei 25°C unter Umgebungsfeuchte getrocknet.

4.2 Kalibrierung

Die quantitative Analyse der aufgenommenen Raman-Spektren setzt die Bestimmung der Kalibrierungsfaktoren $K_{i/j}$ aus Gl. (2.7) voraus, um aus dem gemessenen Intensitätsverhältnis der betreffenden Komponenten die lokale Zusammensetzung berechnen zu können. Die Kalibrierung des im Rahmen dieser Arbeit betrachteten Stoffsystems wird nun dadurch erschwert, dass für ein vernetztes Polymer keine Kalibrierlösungen variabler Lösemitteleinwaage angesetzt werden können, so dass die Herstellung von Kalibrierproben, welche den relevanten Konzentrationsbereich vollständig abdecken, nicht ohne weiteres möglich ist. Somit sind alternative Ansätze erforderlich, auf die in den folgenden Abschnitten detailliert eingegangen wird. Gleichzeitig erfordert auch die Analyse der kristallinitätssensitiven Raman-Banden die Bereitstellung einer entsprechenden Kalibriervorschrift.

4.2.1 Bestimmung der Lösemittelbeladung im System Wasser/PVA

Zur Analyse des Wassergehalts physikalisch vernetzter PVA-Membranen wurde zunächst der Kalibrierungsfaktor $K_{W/PVA}$ für das korrespondierende unvernetzte Stoffsystem ermittelt und anschließend dessen Gültigkeit für die Konzentrationsbestimmung im vernetzten System anhand unabhängiger Messungen überprüft.

Die Verwendung des unvernetzten Polymers erlaubt die vereinfachte Kalibrierung des interessierenden Konzentrationsbereichs durch spektrale Vermessung binärer Referenzlösungen bekannter Zusammensetzung. Die Homogenität der zu niedrigen Lösemittelbeladungen zunehmend viskosen Polymerlösungen wurde dabei durch Verwendung eines hinreichend niedermolekularen Polyvinylalkohols (Mowiol$^{®}$ 6-98, $\overline{M}_w^{PVA} = 47.000$ g/mol) sowie Erhitzen der Proben auf 100°C sichergestellt. Da hier bereits geringe Undichtigkeiten des Probenbehälters zu einem Lösemittelverlust und damit zu einer unerwünschten Veränderung der Zusammensetzung führen, wurde für jede Probe direkt vor der Messung durch erneute Wägung der tatsächliche Lösemittelgehalt bestimmt.

Zur Gewährleistung einer konsistenten Analyse wurde die Kalibrierung – im Einklang mit den nachfolgend durchgeführten Untersuchungen – bei einer Temperatur von 25°C vorgenommen und die binären Kalibrierlösungen während der Messung entsprechend temperiert. Auch die der Auswerteroutine hinterlegten Reinstoffspektren wurden bei 25°C aufgenommen, da gerade das Wasserspektrum eine ausgeprägte Temperaturabhängigkeit aufweist (Scharfer 2009). Die Reproduzierbarkeit der erhaltenen Spektren wurde durch zehnfache Vermessung der einzelnen Proben bestätigt, wobei weiterhin eine mögliche Beeinflussung der spektroskopisch ermittelten Wasserbeladung durch eine lokale Erwärmung der Polymerprobe infolge des Energieeintrags durch den Laser ausgeschlossen werden konnte, indem Laserleistung und Akkumulationszeit systematisch variiert wurden.

Aus Gl. (2.7) folgt für das binäre Stoffsystem Wasser/PVA die Beziehung

$$\frac{I_W}{I_{PVA}} = K_{W/PVA} \cdot X_{W/PVA}. \tag{4.1}$$

Die Auftragung von I_W/I_{PVA} über $X_{W/PVA}$ bestätigt die erwartete Proportionalität zwischen Intensitätsverhältnis und Lösemittelbeladung (Abb. 4.1); es ergibt sich eine Ursprungsgerade, aus deren Steigung die Kalibrierungskonstante zu

$K_{W/PVA} = 0,2700$ folgt. Damit lässt sich die Lösemittelbeladung für das System Wasser/PVA mit einer Genauigkeit von $\Delta X_{W/PVA}/X_{W/PVA} < 0,75\ \%$ angeben.

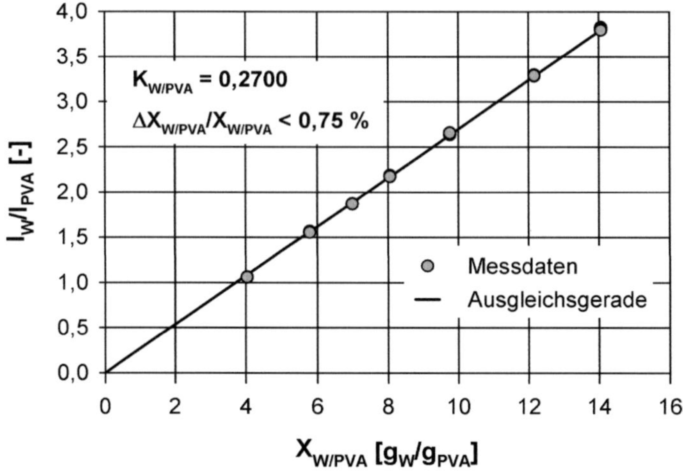

Abb. 4.1:   Kalibrierungsgerade für binäre Wasser/PVA-Lösungen. Die Symbole entsprechen den Messdaten; die durch Anpassung an die experimentellen Datenpunkte gewonnene Ausgleichsgerade ist als durchgezogene Linie eingetragen.

In einem nächsten Schritt muss nun noch überprüft werden, ob die Verwendung der so ermittelten Kalibrierungskonstante zur Analyse des Lösemittelgehalts der betrachteten physikalisch vernetzten PVA-Membranen gerechtfertigt ist. Dazu wurden Membranproben bei ausgewählten Gasphasenaktivitäten gequollen ($a_W = 0,75 - 0,996$; vgl. Abschnitt 5.1.1) und die Wasseraufnahme nach Abschluss der Gleichgewichtseinstellung gravimetrisch bestimmt. In Abb. 4.2 ist über der so erhaltenen Lösemittelbeladung jeweils das aus der zugehörigen spektroskopischen Messung ermittelte Intensitätsverhältnis aufgetragen. Zusätzlich wurde auch das vollständig gequollene Material ($a_W = 1$) vermessen. Der Vergleich der experimentellen Datenpunkte mit der zuvor ermittelten Kalibrierungsgeraden bestätigt, dass die Verwendung einer einheitlichen Kalibrierungskonstante für die Konzentrationsbestimmung in der Lösung sowie dem korrespondierenden physikalisch vernetzten System zulässig ist. Durch Zuhilfenahme binärer Referenzlösungen ist somit eine Möglichkeit gegeben, den experimentellen Aufwand zur Kalibrierung des vernetzten Systems deutlich zu reduzieren und zugleich die angestrebte Zuverlässigkeit einer Mehrpunktkalibrierung sicherzustellen, wobei die Zusammensetzung der Kalibrierproben gezielt so gewählt werden kann, dass der relevante Konzentrationsbereich vollständig abgedeckt ist.

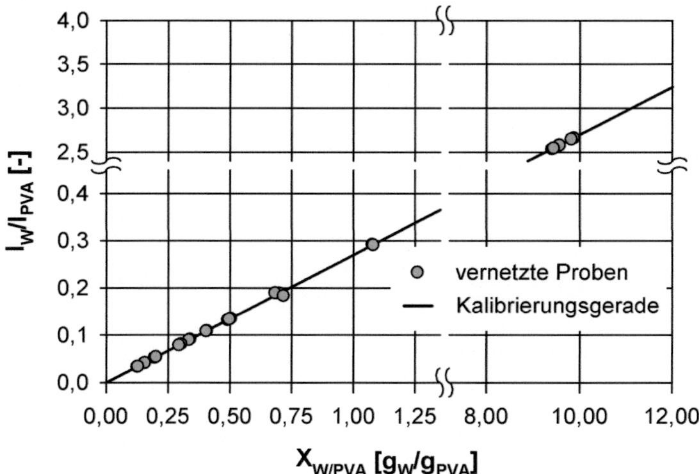

Abb. 4.2: Validierung der Kalibrierungsgeraden aus Abb. 4.1 für das physikalisch vernetzte System.

4.2.2 Bestimmung des Kristallinitätsgrades im System Wasser/PVA

Als Parameter zur quantitativen Charakterisierung der semikristallinen Polymerstruktur hat sich der Kristallinitätsgrad α_{cr} etabliert, welcher für PVA zumeist aus Dichtemessungen sowie kalorimetrischen und IR-spektroskopischen Methoden gewonnen wird (vgl. Abschnitt 1.2.2). Obwohl Iwamoto et al. bereits 1979 auf die Sensitivität des Raman-Signals gegenüber einer veränderlichen semikristallinen Polymerstruktur hingewiesen haben und die grundsätzliche Eignung des Raman-Spektrums für die quantitative Analyse bestätigen konnten, hat dieser Ansatz in der Literatur bislang keine breite Anwendung gefunden.

Das Raman-Spektrum von PVA spiegelt Variationen des Kristallinitätszustands in einem Bereich von $1000 - 1150\ \mathrm{cm}^{-1}$ Wellenzahlen wider, wo vier Banden sensitiv auf das kristalline Material reagieren (Abb. 4.3, vgl. Iwamoto et al. 1979). Da in diesem Frequenzintervall das Wasserspektrum keinen Beitrag zum Gesamtspektrum liefert und bei der Auswertung somit nicht berücksichtigt werden muss, eignet sich die Raman-Spektroskopie in besonderer

Weise zur Bestimmung des Kristallinitätsgrades wasserhaltiger PVA-Proben. Durch die mit dem konfokalen Aufbau erreichte hohe zeitliche und örtliche Auflösung können Veränderungen in der Kristallinität – wie eingangs gefordert – so auch parallel zu einem überlagerten Stofftransportprozess verfolgt werden, ohne dabei störend in den Versuch einzugreifen, um beispielsweise Material für eine Dichte- oder DSC-Analyse zu entnehmen. Gleichzeitig erlaubt die lokal aufgelöste Messung Aussagen über mögliche räumliche Gradienten in der Struktur und geht damit deutlich über die etablierten, rein integralen Bestimmungsmethoden hinaus.

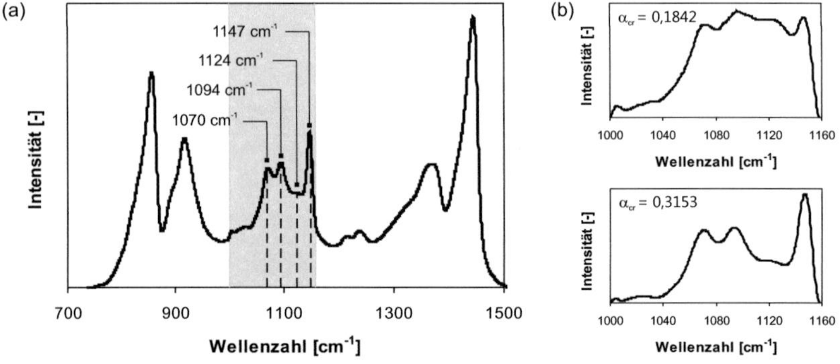

Abb. 4.3:   (a)   Kristallinitätssensitive Banden im Raman-Spektrum von PVA.

　　　　　 (b)   Vergleich der Spektren zweier Proben mit unterschiedlichen Kristallinitätsgraden α_{cr}.

Nach Gl. (2.7) gilt für das Verhältnis von kristalliner zu amorpher PVA-Komponente:

$$\frac{I_{cr}}{I_a} = K_{cr/a} \cdot X_{cr/a}, \tag{4.2}$$

wobei zwischen der Massenbeladung $X_{cr/a}$ und dem Kristallinitätsgrad α_{cr} der folgende Zusammenhang besteht:

$$\alpha_{cr} = \frac{m_{PVA,cr}}{m_{PVA,a} + m_{PVA,cr}} = \frac{X_{cr/a}}{1 + X_{cr/a}}. \tag{4.3}$$

Zur Kalibrierung werden nun die spektralen Informationen I_{cr}/I_a mit den zugehörigen Kristallinitätsdaten $X_{cr/a}$, welche in Referenzmessungen aus der Dichte des vernetzten Materials zugänglich sind, verknüpft (Abb. 4.4).

Um dabei einen möglichst weiten Kristallinitätsbereich abzudecken, wurden sowohl die physikalisch vernetzten Membranen als auch aus einer wässrigen Lösung (x_{PVA} = 0,10) gewonnene Filme vermessen. Sämtliche Proben wurden dabei zunächst 24 h bei 25°C unter Umgebungsfeuchte getrocknet und anschließend für weitere 24 h bei ausgewählten Temperaturen (25°C, 45°C, 65°C und 85°C) im Vakuumtrockenschrank ausgelagert, um unterschiedliche Kristallinitäten zu induzieren (z.B. Peppas 1976) und gleichzeitig die verbliebene Restfeuchte zu entfernen, welche sonst eine Verfälschung der Dichtemessung bewirkt.

Die Dichte der zu analysierenden PVA-Proben wurde in Anlehnung an ISO 1183-1:2004 durch Flotation in einem Gemisch aus getrocknetem Toluol/ Chloroform (SeccoSolv®, Merck KGaA, Darmstadt) bestimmt [2] und wie in der Literatur beschrieben über die Dichtewerte des vollständig amorphen bzw. vollständig kristallinen Materials umgerechnet (z.B. Sakurada et al. 1955, Miller 1999):

$$\alpha_{cr} = \frac{\dfrac{1}{\rho_{Probe}} - \dfrac{1}{\rho_{PVA,a}}}{\dfrac{1}{\rho_{PVA,cr}} - \dfrac{1}{\rho_{PVA,a}}}. \qquad (4.4)$$

ρ_{Probe} Dichte der analysierten Polymerprobe

$\rho_{PVA,a}$ = 1,269 g/cm³   Dichte des amorphen PVA

$\rho_{PVA,cr}$ = 1,345 g/cm³   Dichte des kristallinen PVA.

Bei der Spektrenauswertung muss noch bedacht werden, dass PVA in der festen Phase nicht vollständig kristallin vorliegt, sondern immer die charakteristische semikristalline Struktur aufweist. Während nun das Signal des amorphen Polymers durch Vermessen einer Polymerlösung gewonnen werden kann, ist das Spektrum des reinen kristallinen Materials nicht direkt zugänglich. Stattdessen wird der Auswerteroutine das Spektrum einer semikristallinen Probe bekannter Kristallinität $\alpha'_{cr} < 1$ hinterlegt und der von $\alpha_{cr} = 1$ abweichende Kristallinitätsgrad bei der Bestimmung des Intensitätsverhältnisses I_{cr}/I_a berücksichtigt, indem das experimentell ermittelte Verhältnis $(I_{s,cr}/I_a)_{gem}$ von semikristalliner zu amorpher Komponente wie folgt korrigiert wird:

---

[2]   Insbesondere konnte eine Beeinflussung der Dichtemessung durch die Anwesenheit von Restfeuchte oder das Eindringen des Flotationsmediums in das Polymer ausgeschlossen werden, indem die immergierten PVA-Proben zusätzlich spektroskopisch vermessen wurden. Die aufgenommenen Raman-Spektren ließen dabei keinerlei unerwünschte Lösemittelspuren in der Probe erkennen.

$$\frac{I_{cr}}{I_a} = \frac{\alpha'_{cr} \cdot \left(I_{s.cr}/I_a\right)_{gem}}{1 + \left(1 - \alpha'_{cr}\right) \cdot \left(I_{s.cr}/I_a\right)_{gem}} \, .$$
(4.5)

Die beschriebene Vorgehensweise liefert die in Abb. 4.4 gezeigte Kalibrierungsgerade, aus welcher sich die gesuchte Kalibrierungskonstante zu $K_{cr/a} = 1{,}0073$ ergibt, und erlaubt die Bestimmung des Kristallinitätsgrades α_{cr} mit einer mittleren Genauigkeit von $\Delta\alpha_{cr}/\alpha_{cr} < 2{,}5\,\%$. Jegliche Beeinflussung der spektroskopisch erhaltenen Kristallinitätsdaten durch den Energieeintrag des Lasers wurde dabei durch die systematische Variation von Integrationszeit, Schrittweite sowie der Wartezeit zwischen zwei aufeinanderfolgenden Messungen ausgeschlossen, um bereits im Vorfeld der strukturellen Analyse möglichen experimentellen Artefakten vorzubeugen.

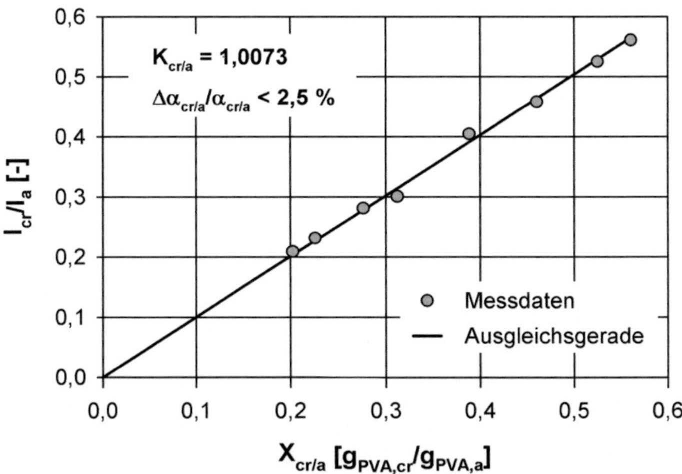

Abb. 4.4:   Kalibrierungsgerade zur spektroskopischen Bestimmung des Kristallinitätsgrades physikalisch vernetzter PVA-Membranen. Die Symbole entsprechen den Messdaten; die durch Anpassung an die experimentellen Datenpunkte gewonnene Ausgleichsgerade ist als durchgezogene Linie eingetragen.

Mit der Bereitstellung der entsprechenden Routinen für die Präparation des Probenmaterials sowie die spektroskopische Quantifizierung von Lösemittelbeladung und Kristallinität sind somit auch die Voraussetzungen für die experimentelle Analyse gegeben und das folgende Kapitel diskutiert zunächst die gewonnenen Erkenntnisse zum Phasengleichgewichtsverhalten des vernetzten Polymers.

5 Untersuchungen zum Phasengleichgewicht

Im Mittelpunkt der experimentellen Untersuchungen zum Phasengleichgewicht steht die vergleichende Charakterisierung der Wasseraufnahme des vernetzten Polymers bei Kontaktierung mit dem flüssigen Lösemittel sowie der korrespondierenden Gasphase. Eine Diskrepanz zwischen Gas- und Flüssigphasensorption, wie sie in der Literatur wiederholt dargelegt wird (Schröders Paradox, vgl. Abschnitt 1.2.3), würde sich dabei nicht zuletzt auf die mathematische Beschreibung des Phasengleichgewichts und somit auch auf die Modellierung der Stofftransportcharakteristik des vernetzten Materials auswirken.

Dabei ist die Struktur des betrachteten physikalisch vernetzten Polymers mit seiner charakteristischen Abfolge kristalliner und amorpher Bereiche von Natur aus transient (Reiter 2003), so dass die Definition des Gleichgewichtszustands noch einer zusätzlichen Erläuterung bedarf. Der Wassergehalt der zu charakterisierenden Membranen wird dann als konstant betrachtet, wenn er – im Rahmen der experimentellen Genauigkeit – auch über mehrere Wochen hin keine Variation aufweist und damit insbesondere in dem hier relevanten Zeitrahmen keiner systematischen Veränderung unterworfen ist, wobei längerfristige strukturelle Umlagerungen und damit einhergehende Änderungen der Wasserbeladung explizit nicht ausgeschlossen sind.

Die Untersuchung von Schröders Paradox bleibt in der Literatur fast ausnahmslos auf den Sättigungspunkt ($a_W = 1$) beschränkt. Da die Analyse jedoch gerade hier empfindlich auf mögliche Störgrößen wie eine unvollständige Absättigung der Gasphase reagiert (vgl. Abschnitt 5.1.2), soll in dieser Arbeit das Phasengleichgewicht des vernetzten Polymers gezielt bei reduzierter Lösemittelaktivität überprüft werden, um so auf Basis solider Messdaten Aussagen hinsichtlich Schröders Paradox treffen zu können.

Während Sorptionsdaten in der Gasphase durch Variation des Lösemittelpartialdrucks routinemäßig über einen weiten Aktivitätsbereich gewonnen werden, ist die Bestimmung der entsprechenden Gleichgewichtsbeladungen in der Flüssigphase experimentell anspruchsvoller und erfordert die Reduzierung der Lösemittelaktivität durch Zusatz eines Additivs, welches so zu wählen ist, dass ein Eindringen in die zu untersuchende Polymerprobe – und damit eine unerwünschte Beeinflussung der Lösemittelaufnahme – vermieden werden. In der Literatur finden sich so auch lediglich vereinzelte Studien

(Bass & Freger 2006, 2008), welche derartige Gas- und Flüssigphasenmessdaten einander vergleichend gegenüberstellen.

Im Rahmen dieser Arbeit wurde nun eine Methode entwickelt, welche es erlaubt, die Aktivität des flüssigen Lösemittels durch Zusatz eines niedermolekularen Polymers auf den gewünschten Wert abzusenken, um so die Wassersorption in Gas- <u>und</u> Flüssigphase systematisch über einen weiten Aktivitätsbereich zu quantifizieren. Die Analyse der Phasengleichgewichtscharakteristik physikalisch vernetzter PVA-Membranen wird dabei durch analoge Betrachtungen zur Wasseraufnahme in Nafion®-Polymerelektrolytmembranen ergänzt, um die erhaltenen Untersuchungsergebnisse anhand eines zweiten Polymer/Lösemittel-Systems zu validieren.

In den folgenden Abschnitten werden nun die gewonnenen Phasengleichgewichtsdaten vorgestellt und diskutiert.

5.1 Sorptionsgleichgewicht von Wasser in Polyvinylalkohol

Für das Sorptionsgleichgewicht vernetzter Polymere wird wiederholt von einer Beeinflussung durch die thermische Vorgeschichte des Membranmaterials berichtet, welche sich in der Struktur und damit schlussendlich der Lösemittelaufnahme des Polymers widerspiegelt (z.B. Zawodzinski et al. 1993, Hickey & Peppas 1995, Hassan & Peppas 2000 b). So wird auch die häufig beobachtete Diskrepanz zwischen Gas- und Flüssigphasenquellung teilweise auf Abweichungen in der Polymermorphologie zurückgeführt (Onishi, Prausnitz & Newman 2007), da den in der Literatur dokumentierten Sorptionsstudien nicht immer zwingend eine einheitliche Vorbereitung der Gas- und Flüssigphasenproben vorangeht.

Im Folgenden wird daher zunächst für physikalisch vernetztes PVA unterschiedlicher, aber klar definierter Vorgeschichte überprüft, inwieweit sich eine von der Membranvorbehandlung abhängige Polymerstruktur – charakterisiert durch ihren Kristallinitätsgrad α_{cr} – auf die Wasseraufnahme des Probenmaterials auswirkt, bevor in einem nächsten Schritt dann Gas- und Flüssigphasensorption miteinander verglichen werden. Der Fokus liegt dabei auf dem Bereich hoher Lösemittelaktivitäten ($a_W = 0{,}75 - 1$), für den die deutlichste Ausprägung der untersuchten Phänomene erwartet wird.

5.1.1 Einfluss der Membranvorbehandlung auf die Gasphasensorption

Um den Effekt der Polymervorgeschichte – und damit den Einfluss möglicher struktureller Verschiedenheiten – auf das Phasengleichgewicht physikalisch vernetzter PVA-Membranen messtechnisch zu erfassen, wurde im Rahmen dieser Arbeit eine Versuchsanordnung entwickelt, welche es durch spektroskopische Analyse erlaubt, zusätzlich zur Wasseraufnahme auch den Kristallinitätsgrad der Polymerproben zu quantifizieren, ohne dabei das empfindliche Sorptionsgleichgewicht zu stören.

Zur Bestimmung der Sorptionscharakteristik bei Kontaktierung mit dem gasförmigen Lösemittel wird die zu untersuchende Polymermembran wie in Abb. 5.1 schematisch dargestellt auf einen Glasobjektträger aufgebracht und mit einer Petrischale, welche gegenüber der Umgebung mit Schlifffett verschlossen ist, abgedeckt. Die Einstellung der Wasseraktivität erfolgt für den interessierenden Aktivitätsbereich ($a_W = 0{,}75 - 1$) mittels entsprechend konzentrierter wässriger Kochsalzlösungen. Da die Gasphase unter den vorliegenden Versuchsbedingungen ($T = 25°C$, Normaldruck) als ideal betrachtet werden kann, wird die Lösemittelaktivität gemäß

$$a_W = \frac{p_W}{p_W^*(T)} \tag{5.1}$$

allein durch den Wasserdampfpartialdruck p_W sowie die Sorptionstemperatur T bestimmt und ist damit unabhängig vom Gesamtdruck, d.h. auch unbeeinflusst durch den Luftanteil in der Sorptionszelle. Onishi, Prausnitz und Newman (2007) haben weiterhin gezeigt, dass eine Beeinflussung der Polymerphase durch die Anwesenheit von Luft ebenfalls ausgeschlossen werden kann.

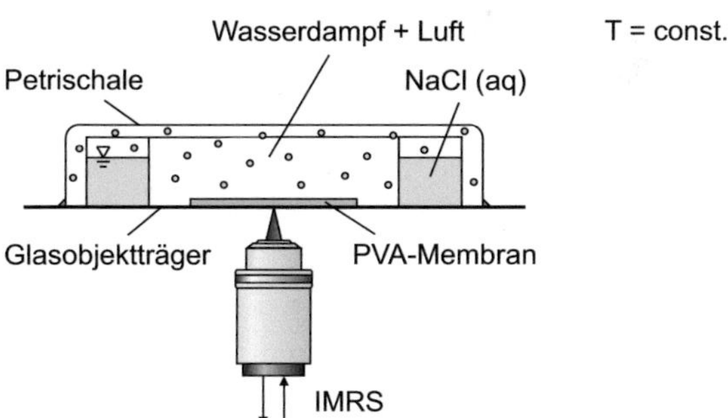

Abb. 5.1: Versuchsaufbau zur Analyse der Sorptionscharakteristik physikalisch vernetzter PVA-Membranen bei Kontakt mit dem gasförmigen Lösemittel.

Die Wasseraufnahme sowie die Kristallinität der Polymermembran werden mithilfe der in Abschnitt 2.2 vorgestellten Inversen-Mikro-Raman-Spektroskopie (IMRS) nicht-invasiv bestimmt. Die spektroskopische Vermessung der Proben wird dabei solange fortgeführt, bis die Messwerte – im Rahmen der experimentellen Genauigkeit – keine Veränderung mehr aufweisen. Daraufhin wird der Versuch beendet und die Dichte der Kochsalzlösung bestimmt (DMA 5000 Dichtemessgerät, Anton Paar GmbH, Graz, Österreich), um den tatsächlichen Salzgehalt und damit die aktuelle Wasseraktivität mit einer Genauigkeit von $\Delta a_W < 0{,}001$ zu spezifizieren. Eine Übersicht über die verwendeten Beziehungen zur Korrelation von Lösungsdichte, Salzgehalt und Aktivität findet sich im Anhang in Abschnitt A.11.

Validierung der experimentellen Methodik

Zur Validierung der beschriebenen experimentellen Vorgehensweise wurde zunächst die Wasseraufnahme der physikalisch vernetzten PVA-Membranen spektroskopisch analysiert und die erhaltenen Werte mit gravimetrisch bestimmten Sorptionsdaten verglichen. Um dabei eine Verzerrung der Versuchsergebnisse durch inhomogenes Probenmaterial auszuschließen und reproduzierbare Ausgangsbedingungen für die Sorption zu schaffen, wurden die vollständig gequollenen Polymermembranen vor Versuchsbeginn zunächst auf ihren Wassergehalt hin überprüft ($X_{W/PVA} = 9{,}2293 \pm 0{,}6960$ g$_W$/g$_{PVA}$) und anschließend für 24 h bei 25°C unter Umgebungsfeuchte getrocknet.

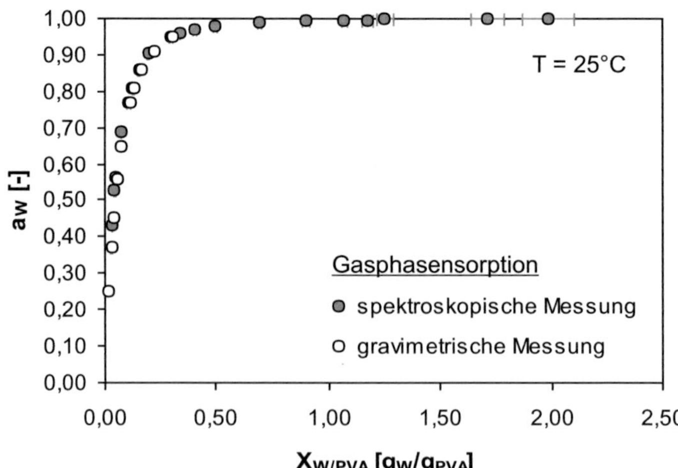

Abb. 5.2:   Sorptionsisotherme für physikalisch vernetzte PVA-Membranen bei Kontakt mit dem gasförmigen Lösemittel. Vergleich von spektroskopischer und gravimetrischer Messung; $T = 25$°C.

Abb. 5.2 zeigt die bei 25°C in der Gasphase bestimmte Sorptionsisotherme. Aufgetragen ist die Wasseraktivität a_W über der zugehörigen Lösemittelbeladung $X_{W/PVA}$ in der Polymerphase. Die Gleichgewichtseinstellung wurde in regelmäßigen Zeitabständen überprüft und der lokale Wassergehalt der Polymerprobe jeweils an fünf unterschiedlichen lateralen Positionen bestimmt, wodurch die hohe Homogenität des Probenmaterials bestätigt werden konnte. Nach Erreichen einer – im Rahmen der experimentellen Genauigkeit – konstanten Wasserbeladung wurde der Versuch für einen Zeitraum von etwa zwei Wochen fortgeführt. Um auch die Reproduzierbarkeit der Messung sicherzustellen, wurden die Untersuchungen ferner für jeden Aktivitätswert parallel an vier Proben durchgeführt, so dass jeder Datenpunkt dem Mittelwert aus durchschnittlich 60 Einzelmessungen entspricht. Die eingetragenen Fehlerbalken zeigen die Standardabweichung des Mittelwerts an und verdeutlichen, dass die erhaltenen Sorptionsdaten eine ausgezeichnete Reproduzierbarkeit aufweisen. Auch bei den betrachteten hohen Wasseraktivitäten von bis zu $a_W = 0{,}9995$ wurde auf der Membranoberfläche keine Kondensation beobachtet.

Zur Validierung der spektroskopischen Analyse wurden mithilfe einer magnetgekuppelten Sorptionswaage (Mamaliga et al. 2004, Schabel 2004) ergänzend gravimetrische Messungen durchgeführt. Die Lösemittelaktivität in der Gasphase der Sorptionszelle wird hier über einen unabhängig temperierten Verdampfer eingestellt, wobei der messtechnisch zugängliche Aktivitätsbereich auf $a_W \leq 0{,}95$ beschränkt ist, da bei hohen Lösemittelaktivitäten bereits minimale Temperaturfluktuationen zum Auskondensieren von Lösemittel führen. Der in Abb. 5.2 gezeigte Vergleich mit der etablierten gravimetrischen Messtechnik bestätigt, dass die im Rahmen dieser Arbeit entwickelte spektroskopische Methode hervorragend zur nicht-invasiven Bestimmung des Sorptionsgleichgewichts vernetzter Polymere geeignet ist.

Einfluss der Membranvorbehandlung auf das Sorptionsgleichgewicht

Nachdem nun eine Methode zur zuverlässigen Analyse der Wasseraufnahme des vernetzten Materials vorhanden ist, kann der Einfluss der Membranvorbehandlung auf das Sorptionsgleichgewicht charakterisiert werden. Dazu wurden für jeweils vier ausgewählte Aktivitäten neben den bis hierhin analysierten bei 25°C unter Umgebungsfeuchte getrockneten Proben auch alternativ vorbehandelte PVA-Membranen betrachtet. So wurden zum einen die bei 25°C getrockneten Membranen für weitere 24 h bei einer Temperatur von 85°C im Trockenschrank ausgelagert (ausgelagerte Proben). Zusätzlich wurden – ausgehend von in flüssigem Wasser ($a_W = 1$) vollständig gequollenen, ansonsten unbehandelten Membranen – Desorptionsexperimente durchgeführt (<u>unbehandelte Proben</u>).

Abb. 5.3 (a) zeigt die bei 25°C in der Gasphase erhaltenen Sorptionsdaten. Es ist deutlich zu erkennen, dass für den gesamten betrachteten Aktivitätsbereich die Wasseraufnahme der vorbehandelten Membranen gegenüber derjenigen der unbehandelten Proben reduziert ist. Da die Vernetzung der betrachteten PVA-Membranen auf der Ausbildung kristalliner Bereiche beruht, welche die einzelnen Polymerketten miteinander verknüpfen und so den Zusammenhalt der dreidimensionalen Struktur bewirken, liegt die Vermutung nahe, dass durch entsprechende Vorbehandlung der Membranen ein Anstieg der Kristallinität induziert wird, woraus eine stärker vernetzte Polymerstruktur mit einer geringeren Wasseraufnahme resultiert.

Zur Überprüfung dieser Annahme wurde neben der Wasserbeladung auch die Morphologie der Membranproben analysiert, um zu beurteilen, inwieweit die thermische Vorgeschichte des Polymers die sich ausbildende Mikrostruktur beeinflusst. Eine geeignete Kenngröße zur Charakterisierung der semikristallinen Polymerstruktur ist dabei wie oben ausgeführt der Kristallinitätsgrad α_{cr}, welcher direkt aus dem Raman-Spektrum der jeweiligen Probe zugänglich ist (vgl. Abschnitt 4.2.2) und es so erlaubt, einen möglichen Einfluss der Vorbehandlung auf die Membranmorphologie – und in der Folge die Lösemittelaufnahme – messtechnisch zu erfassen.

Abb. 5.3 (b) vergleicht nun die zu den verschiedenen Wasseraktivitäten gehörigen Kristallinitätsgrade α_{cr}. Der Einfluss der Vorbehandlung auf das Phasengleichgewichtsverhalten des physikalisch vernetzten Materials soll hier zunächst rein qualitativ charakterisiert werden, eine eingehende Diskussion der beobachteten strukturellen Veränderungen folgt dann in Kapitel 7. Aus Abb. 5.3 ist direkt ersichtlich, dass die unbehandelten Membranen bei identischer Gasphasenaktivität gegenüber den getrockneten Proben über eine höhere Wasseraufnahme bei gleichzeitig reduzierter Kristallinität verfügen. Offensichtlich bewirkt die Trocknung des Polymers also wie oben postuliert einen Anstieg der Kristallinität, wobei die entstandenen Kristallite auch bei der nachgeschalteten Wassersorption nicht vollständig ausschmelzen, sondern in der gequollenen Membran vielmehr als zusätzliche Vernetzungspunkte zur Verfügung stehen. Daraus resultiert eine dichter vernetzte Polymerstruktur mit der beobachteten reduzierten Wasseraufnahme. Selbst bei der Quellung in reinem flüssigen Wasser ($a_W = 1$) bleibt ein Teil der gebildeten Kristallite erhalten und der Wassergehalt der vollständig beladenen Membran sinkt von $X_{W/PVA} = 9{,}4583 \pm 0{,}1452$ g$_W$/g$_{PVA}$ vor der Trocknung auf einen Wert von $X_{W/PVA} = 8{,}9493 \pm 0{,}1174$ g$_W$/g$_{PVA}$ für das getrocknete und wiedergequollene Material ab.

Durch die Wärmebehandlung bei 85°C steigt die Kristallinität gegenüber den vorgetrockneten Polymerproben weiter an. Mit steigender Temperatur nimmt die in der trockenen Membran stark eingeschränkte Mobilität der Polymerketten zu, wodurch strukturelle Umlagerungen begünstigt werden und die Kristallinität des trockenen Films ansteigt (Peppas & Merrill 1976). Die durch die Auslagerung anfänglich zusätzlich vorhandenen Kristallite verfügen jedoch über eine nur unzureichende Stabilität und schmelzen bei der Sorption mit steigender Lösemittelaktivität zunehmend aus, so dass bei der höchsten hier betrachteten Aktivität ($a_W = 0{,}995$) bereits kein Einfluss der Wärmebehandlung auf Wassergehalt und Kristallinität mehr zu erkennen ist, sondern sich vielmehr die entsprechenden Gleichgewichtswerte der getrockneten Proben einstellen. Somit spielt die der Trocknung nachgeschaltete Auslagerung – gerade bei den hier besonders relevanten hohen Lösemittelaktivitäten – eine untergeordnete Rolle und die Membranstruktur sowie infolgedessen die Lösemittelaufnahme bei der Sorption werden maßgeblich durch den Trocknungsprozess bestimmt.

Die beobachteten Abhängigkeiten unterstreichen nachdrücklich die Bedeutung der thermischen Vorgeschichte bei der Bestimmung und dem Vergleich von Phasengleichgewichtsdaten vernetzter Polymere und machen damit insbesondere auch die Notwendigkeit zur gewissenhaften Einhaltung eines definierten Vorbehandlungsprotokolls deutlich, um gerade bei der angestrebten Charakterisierung von Gas- und Flüssigphasensorption eine Verfälschung der Messdaten durch experimentelle Artefakte – und damit unzulässige Schlüsse hinsichtlich Schröders Paradox – zu vermeiden. Aus diesem Grund wurden die nachfolgend eingesetzten PVA-Membranen sämtlich gemäß der in Abschnitt 4.1 festgeschriebenen Routine präpariert, im vollständig gequollenen Zustand auf ihre Gleichgewichtsbeladung hin überprüft, um die Homogenität des Probenmaterials sicherzustellen, und vor ihrer Verwendung für 24 h bei 25°C unter Umgebungsfeuchte getrocknet.

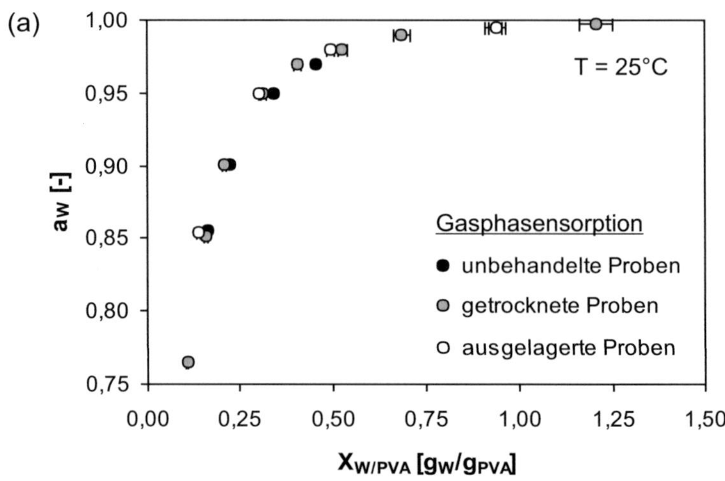

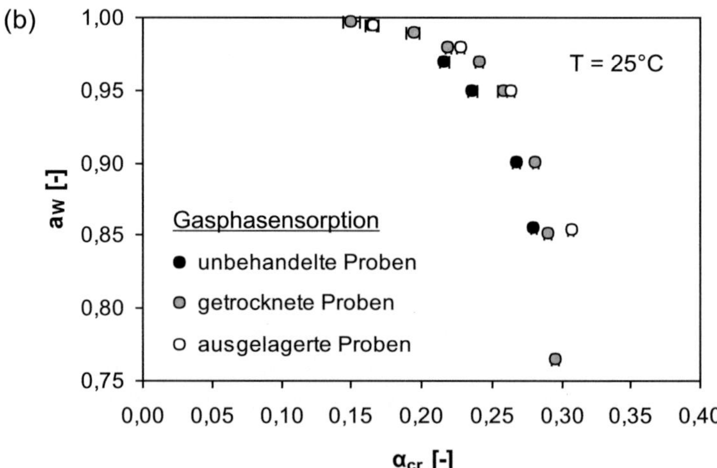

Abb. 5.3:   Einfluss der Vorbehandlung auf das Phasengleichgewichtsverhalten physikalisch vernetzter PVA-Membranen; $T = 25°C$, Messung in der Gasphase.

(a)   Sorptionsdaten für unbehandelte, getrocknete und ausgelagerte Polymerproben.

(b)   Vergleich der zugehörigen Kristallinitätsgrade α_{cr}.

5.1.2 Vergleich von Gas- und Flüssigphasensorption [3]

Die vergleichende Charakterisierung der Gas- und Flüssigphasensorption geht von der Hypothese aus, dass das Phasengleichgewicht der Polymermembran bei identischer Vorbehandlung des vernetzten Materials unbeeinflusst davon ist, ob das Lösemittel in der gasförmigen oder der flüssigen Phase vorliegt. Die Überprüfung dieser Annahme erfordert demnach zunächst die Entwicklung einer Routine, welche es erlaubt, Sorptionsisothermen auch für die Kontaktierung der Polymerprobe mit dem flüssigen Lösemittel zu bestimmen, was im Vergleich zu den bisher betrachteten Gasphasenmessungen erhöhte Anforderungen an die experimentelle Prozedur stellt. Die Variation der Lösemittelaktivität erfordert hier den Zusatz einer additiven Komponente, welche aufgrund von Größenausschlusseffekten bzw. geeigneter abstoßender Wechselwirkungen nicht in die zu untersuchende Membranprobe eindringen kann, so dass jegliche Beeinflussung der Lösemittelaufnahme durch die Anwesenheit unerwünschter Stoffe innerhalb des Polymernetzwerks ausgeschlossen ist.

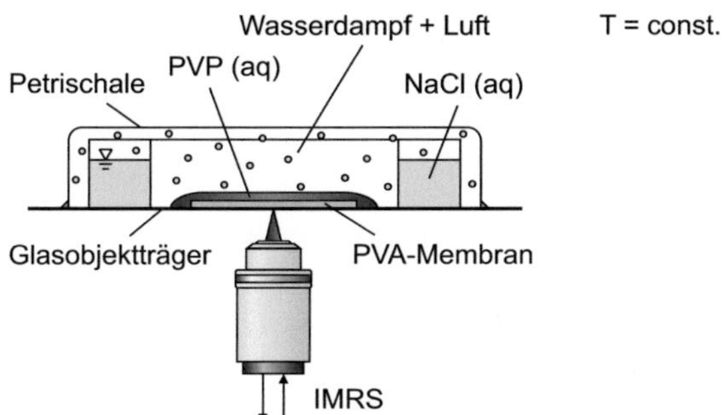

Abb. 5.4: Versuchsaufbau zur Analyse der Sorptionscharakteristik physikalisch vernetzter PVA-Membranen bei Kontakt mit dem flüssigen Lösemittel.

Zur Quantifizierung des Sorptionsgleichgewichts in der Flüssigphase soll die Wasseraktivität – und in der Folge die Gleichgewichtsbeladung der Polymermembran – gegenüber dem reinen flüssigen Lösemittel ($a_W = 1$) durch Zusatz eines wasserlöslichen, makromolekularen Additivs (Polyvinylpyrrolidon, PVP) reduziert werden (Nagy & Horkay 1980). Die trockene PVA-Membran wird dabei – wie in Abb. 5.4 schematisch dargestellt – mit der wässrigen PVP-Lösung überschichtet und die Aktivität in der Sorptionszelle wieder über entsprechend konzentrierte Kochsalzlösungen eingestellt. Die

---

[3] Die Ergebnisse sind im J. Membr. Sci. 337 (2009) 291-296 publiziert.

Wasserbeladung des vernetzten Polymers wird dann analog zu den oben beschriebenen Gasphasenmessungen mithilfe der IMRS bestimmt. Die spektroskopische Analyse weist dabei gegenüber einer einfachen gravimetrischen Bestimmungsmethode den entscheidenden Vorteil auf, dass die Messung durch den Flüssigkeitsfilm, welcher der Membran anhaftet, nicht verfälscht wird. Auch sind anders als bei der Ermittlung der Lösemittelaufnahme aus der Volumenänderung des Polymers (Bass & Freger 2006, 2008) keine zusätzlichen Annahmen hinsichtlich der auftretenden Exzessvolumina oder der Isotropie der Volumenänderung nötig.

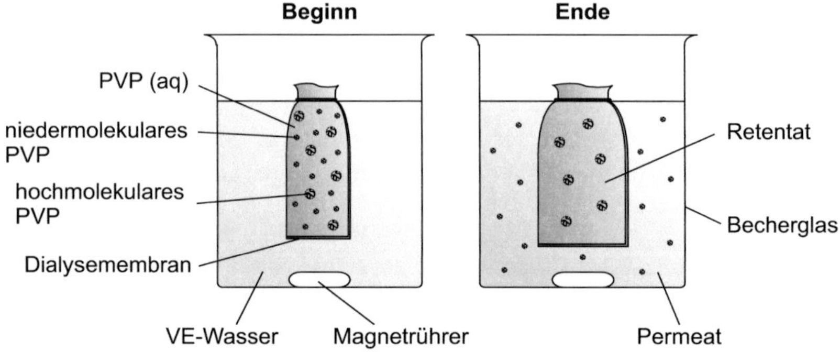

Abb. 5.5:   Versuchsaufbau zur Abtrennung von niedermolekularem Polyvinylpyrrolidon (PVP) mittels Dialyse.

Bei Sorptionsuntersuchungen in der Flüssigphase muss nun besonders sorgfältig darauf geachtet werden, dass die zur Reduktion der Aktivität zugesetzte Komponente nicht in die zu charakterisierende Polymerprobe eindringt und so ungewollt das Sorptionsgleichgewicht beeinflusst. Da kommerziell erhältliches PVP grundsätzlich eine Molmassenverteilung [4] aufweist, wird vor der eigentlichen Verwendung zunächst der störende niedermolekulare Anteil abgetrennt, um ein mögliches Eindringen der kurzen Polymerketten in die zu untersuchende Polymermembran zu vermeiden. Die Fraktionierung erfolgt dabei mittels Dialyse unter Verwendung selbst gefertigter PVA-Schlauchmembranen (Abb. 5.5). Durch eine Reduktion der Polymereinwaage bei der Präparation ($x_{PVA,0} = 0{,}075$ statt $x_{PVA,0} = 0{,}10$) wird eine gegenüber dem später

---

[4]   Das zur Reduktion der Wasseraktivität eingesetzte Polyvinylpyrrolidon des Grades K 90 verfügt laut Analysenzertifikat des Lieferanten (Carl Roth GmbH & Co., Karlsruhe) über eine Molmasse von 700.000 – 1.500.000 g/mol.

vermessenen Material losere Netzwerkstruktur mit höherer PVP-Permeabilität erreicht. Zur Herstellung der Dialyseschläuche werden die trockenen, rechteckig zugeschnittenen PVA-Membranen der Länge nach gefaltet und an zwei Rändern verschweißt. Die zu fraktionierende PVP-Lösung wird dann solange gegen destilliertes Wasser dialysiert, bis im Permeat mittels Brechungsindexmessung kein PVP mehr nachgewiesen werden kann.

Um den Erfolg der dialytischen Abtrennung des unerwünschten niedermolekularen PVP-Anteils experimentell zu überprüfen, wurden aus dem unbehandelten sowie dem dialysierten Polymer wässrige Lösungen vergleichbarer Konzentration vorbereitet und mit Proben der zu charakterisierenden PVA-Membran ins Gleichgewicht gebracht. Der PVP-Gehalt in der Membran sowie der umgebenden Flüssigphase wurde dann mithilfe der hoch ortsauflösenden IMRS analysiert (Abb. 5.6).

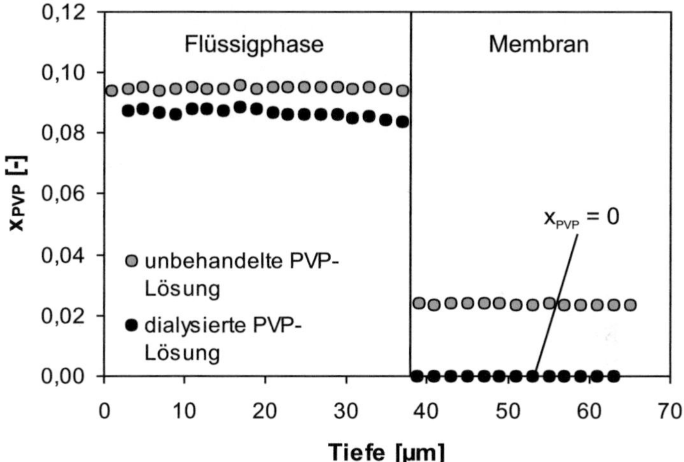

Abb. 5.6: Dialytische Abtrennung des niedermolekularen PVP-Anteils. Quellung von PVA-Membranproben in wässrigen Lösungen aus unbehandeltem bzw. dialysiertem PVP.

Aufgetragen in Abb. 5.6 ist dabei der lokal vorliegende Massenanteil x_{PVP} für das binäre Teilsystem Wasser/PVP. Es ist deutlich zu erkennen, dass bei Verwendung von dialysiertem PVP zur Aktivitätsabsenkung keine ungewollte Penetration in die Membran erfolgt. Auch die während der nachfolgenden Sorptionsuntersuchungen erhaltenen Spektren weisen keine unerwünschten Spuren von PVP innerhalb des PVA-Netzwerks auf. Offensichtlich wird also ein Eindringen der durch die Dialysemembran (Polymereinwaage $x_{PVA,0} = 0{,}075$) zurückgehaltenen, langkettigen PVP-Moleküle in die nachfolgend untersuchten, engmaschigeren PVA-Membranen (Polymereinwaage $x_{PVA,0} = 0{,}10$) durch Größenausschluss erfolgreich vermieden. Somit eignet sich die dialytische Fraktionierung sehr gut zur Abtrennung des permeierenden PVP-Anteils, so dass nun die Voraussetzungen für die angestrebte Charakterisierung des Sorptionsgleichgewichts in der flüssigen Phase vollständig gegeben sind.

Sorptionsgleichgewicht in Gas- und Flüssigphase

Das Sorptionsgleichgewicht der physikalisch vernetzten PVA-Membranen bei Kontaktierung mit dem flüssigen Lösemittel wurde in Analogie zu den Gasphasenmessungen für eine Temperatur von 25°C quantifiziert. Abb. 5.7 vergleicht die ermittelten Sorptionsisothermen und zeigt dabei eindrücklich, dass die in beiden Phasen erhaltenen Sorptionsdaten keinen Hinweis auf das Vorliegen eines Schröder'schen Paradoxons liefern, sondern vielmehr eine hervorragende Übereinstimmung aufweisen.

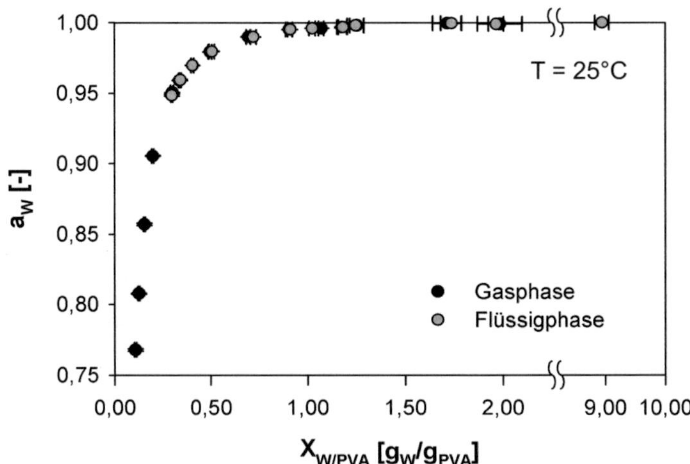

Abb. 5.7:   Sorptionsisotherme für physikalisch vernetzte PVA-Membranen. Vergleich von Gas- und Flüssigphasenmessung; $T = 25°C$.

Aus Abb. 5.7 ist insbesondere auch ersichtlich, dass die Sorptionsisotherme im Bereich hoher Lösemittelaktivitäten nahe $a_W = 1$ sehr flach verläuft. Somit erfordert gerade die Analyse der Gasphasensorption am Sättigungspunkt eine hohe experimentelle Sorgfalt, da hier bereits geringfügige

Abweichungen in der Aktivität eine deutliche Veränderung der Lösemittelaufnahme bewirken, so dass eine – auch nur minimal – unvollständige Absättigung der Gasphase ein Auftreten von Schröders Paradox vortäuschen kann. Gerade hier bewährt sich nun die in dieser Arbeit konzipierte experimentelle Methode, welche eine Charakterisierung der Lösemittelaufnahme auch bei reduzierter Aktivität vorsieht und es damit erlaubt, den Vergleich von Gas- und Flüssigphasensorption auf einen erweiterten Bereich auszudehnen, während die in der Literatur beschriebenen Messungen (vgl. auch Abschnitt 1.2.3) fast ausnahmslos auf den Sättigungspunkt beschränkt bleiben, wo die der Analyse immanente Unsicherheit am größten ist.

Das nachfolgende Beispiel soll einen Eindruck davon vermitteln, wie empfindlich die Wasseraufnahme der hier betrachteten PVA-Membranen auf minimale Variationen der Lösemittelaktivität reagiert. Wird etwa die <u>Aktivität</u> – ausgehend von reinem Wasser – um <u>1 ‰</u> gesenkt, so nimmt die <u>Gleichgewichtsbeladung</u> des vernetzten Materials von $X_W = 8{,}9493$ g$_W$/g$_{PVA}$ bei $a_W = 1$ auf $X_W = 1{,}9664$ g$_W$/g$_{PVA}$ bei $a_W = 0{,}999$ ab, was einer Reduktion um immerhin <u>78 %</u> entspricht. Bei Einstellung der Gasphasenaktivität über einen unabhängig temperierten Verdampfer wie bei der gravimetrischen Sorptionsapparatur, welche für die in Abschnitt 5.1.1 vorgestellten Referenzmessungen verwendet wurde, müsste dabei eine Temperaturdifferenz zwischen Verdampfer und Sorptionszelle von lediglich $\Delta T = 0{,}018°C$ exakt eingehalten werden, weshalb der messtechnisch zugängliche Aktivitätsbereich für eine derartige Anordnung nach oben limitiert ist. Demgegenüber erlaubt die hier realisierte Methode der Aktivitätseinstellung über geeignet gewählte Salzlösungen die Durchführung von Sorptionsversuchen bis zu den besonders interessierenden hohen Lösemittelaktivitäten. Die Messzellen werden dabei sowohl während der Gleichgewichtseinstellung als auch der spektroskopischen Messung vollständig auf $25 \pm 0{,}1°C$ temperiert, wodurch sich die Wasseraktivität für den relevanten Bereich mit einer maximalen Unsicherheit von $\Delta a_W/a_W < 0{,}1$ ‰ spezifizieren lässt.

Bei Gewährleistung identischer Randbedingungen hinsichtlich der Sorptionstemperatur sowie der thermischen Vorgeschichte des Membranmaterials hängt die Wasseraufnahme der physikalisch vernetzten PVA-Proben demnach nur von der Aktivität der fluiden Phase ab, nicht jedoch von deren Aggregatzustand. Damit liefert die vergleichende Charakterisierung von Gas- und Flüssigphasensorption <u>keinen Hinweis auf Schröders Paradox</u> und bestätigt so die eingangs aufgestellte Hypothese. Zugleich sind nun die Vorausset-

zungen für die mathematische Korrelation der experimentellen Phasengleichgewichtsdaten gegeben, auf welche der nachfolgende Abschnitt eingeht.

5.1.3 Mathematische Modellierung

Die angestrebte Modellierung der experimentell analysierten Stofftransportprozesse erfordert unabhängige Informationen über das Phasengleichgewichtsverhalten des vernetzten Materials, um gezielt die implementierten
Stofftransportansätze zu bewerten und die zugehörigen Transportparameter zu
spezifizieren. Nachdem bei identischer thermischer Vorgeschichte der zu charakterisierenden PVA-Membranen eine Diskrepanz zwischen Gas- und Flüssigphasenquellung ausgeschlossen wurde, können die bei Kontaktierung mit
dem gasförmigen bzw. dem flüssigen Lösemittel erhaltenen Sorptionsdaten
nun über einen <u>einheitlichen</u> Phasengleichgewichtsansatz korreliert werden.
Zu diesem Zweck wurde das in Abschnitt 3.2 vorgestellte semi-empirische
Modell von Flory & Huggins gewählt, welches sich für die mathematische
Behandlung unvernetzter Polymerlösungen etabliert hat.

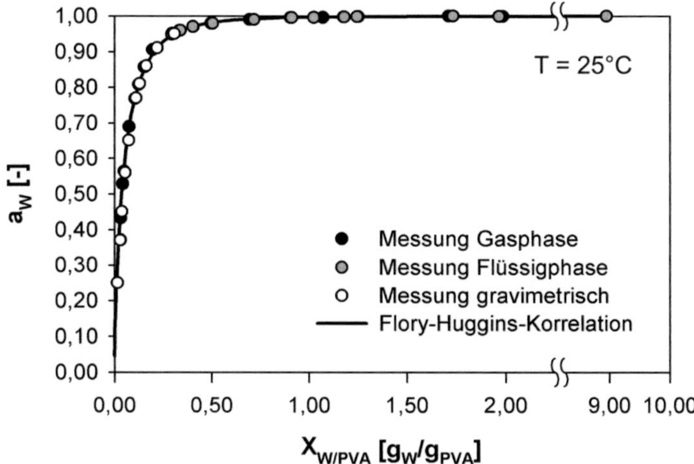

Abb. 5.8:   Sorptionsisotherme für physikalisch vernetzte PVA-Membranen sowie
Korrelation der Messdaten nach dem Modell von Flory & Huggins;
$T = 25°C$.

Abb. 5.8 vergleicht die experimentell ermittelten Sorptionsdaten mit
der Korrelation nach Flory & Huggins; aufgetragen ist dabei wieder die Wasseraktivität a_W über der zugehörigen Lösemittelbeladung $X_{W/PVA}$ der PVA-

Membran. Es ist unmittelbar ersichtlich, dass die Wasseraufnahme des Polymernetzwerks – im Gegensatz zur Lösemittelsorption in eine unvernetzte Polymerlösung – durch die elastischen Rückstellkräfte der Molekülketten limitiert ist, so dass der Lösemittelgehalt für $a_W = 1$ einen maximalen Wert von $X_{W/PVA} \approx 9$ g$_W$/g$_{PVA}$ erreicht. Dennoch wird bei der Modellierung des Sorptionsgleichgewichts – wie in Abschnitt 3.2 ausgeführt – auf einen elastischen Ergänzungsterm verzichtet, wobei die erzielte hervorragende Übereinstimmung zwischen Messung und Rechnung die gewählte Vorgehensweise bestätigt.

Zur Berechnung des Phasengleichgewichts nach Flory & Huggins wird der Wechselwirkungsparameter $\chi_{W/PVA}$ benötigt, welcher mit Gl. (3.22) direkt aus den experimentellen Sorptionsdaten zugänglich ist. Die dabei erhaltenen Werte sind in Abb. 5.9 der gängigen Praxis folgend (z.B. Schuld & Wolf 1999) über dem Polymervolumenbruch φ_{PVA} aufgetragen. Es ist ersichtlich, dass $\chi_{W/PVA}$ eine ausgeprägte Konzentrationsabhängigkeit aufweist, welche über die nachstehende empirische Korrelation erfasst wird:

$$\chi_{W/PVA} = 5{,}9340 - 5{,}4556 \cdot \left(1 - \varphi_{PVA}\right)^{0{,}0725}; \quad 0{,}08 < \varphi_{PVA} < 0{,}96. \quad (5.2)$$

Dabei nimmt der Wechselwirkungsparameter mit dem Polymergehalt der kondensierten Phase zu und zeigt somit qualitativ das Verhalten, welches für die Mehrzahl der analysierten Polymer/Lösemittel-Systeme beobachtet wird (Schuld & Wolf 1999).

Ein quantitativer Vergleich des hier ermittelten Wechselwirkungsparameters mit der einschlägigen Literatur ist aufgrund der oben diskutierten strukturellen Einflüsse auf das Phasengleichgewicht grundsätzlich mit einer gewissen Unsicherheit behaftet. Zur Orientierung sind in Abb. 5.9 dennoch zusätzlich zu den eigenen Messdaten auch die Werte für $\chi_{W/PVA}$ eingetragen, welche Sakurada (1959) aus gravimetrischen Wassersorptionsstudien an niederkristallinen PVA-Filmen gewonnen hat ($T = 30°C$). Beide Datensätze weisen eine – zumindest qualitativ übereinstimmende – Konzentrationsabhängigkeit auf. Für $\varphi_{PVA} < 0{,}25$ ist weiterhin eine von McKenna & Horkay (1994) bestimmte Korrelation dargestellt, welche auf der Analyse von Quellungsdruck und Elastizitätsmodul chemisch vernetzter PVA-Hydrogele vergleichbarer Primärkettenlänge basiert ($T = 25°C$) und eine auch quantitativ sehr gute Übereinstimmung mit den hier erhaltenen Daten aufweist, was auf einen mit steigendem Wassergehalt zunehmend untergeordneten Einfluss struktureller Parameter hindeutet. Der Literaturvergleich bestätigt somit – über die bereits diskutierte gravimetrische Validierung hinaus – die Eignung der im Rahmen dieser Arbeit etablierten spektroskopischen Methode zur nicht-invasiven Bestimmung von Phasengleichgewichtsdaten in vernetzten Polymersystemen.

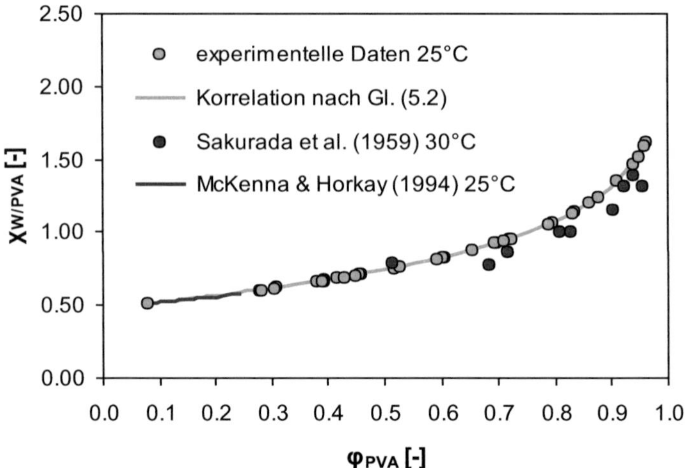

Abb. 5.9: Flory-Huggins-Wechselwirkungsparameter $\chi_{W/PVA}$ in Abhängigkeit des Polymervolumenbruchs φ_{PVA}. Experimentelle Daten und empirische Korrelation sowie Vergleich mit Literaturwerten; $T = 25°C$.

Nachdem nun insbesondere die vergleichende Analyse von Gas- und Flüssigphasensorption unter sorgfältig definierten Randbedingungen keinen Anhaltspunkt für das in der Literatur kontrovers diskutierte Phänomen des Schröder'schen Paradoxons liefert und die Phasengleichgewichtsdaten erfolgreich über das etablierte Flory-Huggins-Modell korreliert werden können, sollen die für das Modellstoffsystem Wasser/PVA erhaltenen Untersuchungsergebnisse im Folgenden anhand der gerade auch technisch besonders relevanten Nafion[®]-Polymerelektrolytmembranen überprüft werden.

5.2 Sorptionsgleichgewicht von Wasser in Nafion$^{®}$ [5]

Als protonenleitender Polymerelektrolyt erfährt Nafion$^{®}$ ein besonderes Interesse für den Einsatz als Separatormembran in Niedertemperaturbrennstoffzellen. Gerade für mobile Endanwendungen wird dabei die direkte Umsetzung flüssiger Brennstoffe favorisiert, wie sie bei der katalytischen Oxidation niederer Alkohole in einer Direkt-Alkohol-Brennstoffzelle realisiert wird. In einer derartigen Konfiguration steht die Polymermembran auf der Anodenseite mit der wässrigen Alkohollösung in Kontakt, während sie auf der Kathodenseite von konditionierter Luft überströmt wird (z.B. Scharfer 2009). Da die Leistungscharakteristik des Membranmaterials, nicht zuletzt seine Ionenleitfähigkeit, direkt an den Wassergehalt des vernetzten Materials gekoppelt ist, erfordert die zuverlässige Vorausberechnung der ausgetauschten Stoffströme die genaue Kenntnis des Sorptionsgleichgewichts – sowohl bei Kontakt mit dem flüssigen als auch mit dem korrespondierenden gasförmigen Lösemittel. Eine mögliche Diskrepanz zwischen Gas- und Flüssigphasenquellung wirkt sich für derartige Anordnungen demnach besonders kritisch aus, so dass gerade Nafion$^{®}$ und die chemisch verwandten sulfonsäurebasierten Ionomere, für welche in der Literatur wiederholt von einem Schröder'schen Paradoxon berichtet wird, Gegenstand intensiver Forschungsanstrengungen sind (vgl. Abschnitt 1.2.3).

Die nachfolgend vorgestellten Untersuchungen gehen von Nafion$^{®}$ 115 (Alfa Aesar GmbH & Co. KG, Karlsruhe) mit einem Äquivalentgewicht (engl.: equivalent weight, EW) von 1100 g/mol und einer nominellen Trockendicke von ~125 μm aus. Um dabei eine Beeinträchtigung der Analyse durch uneinheitliches Probenmaterial auszuschließen und identische Voraussetzungen für die Charakterisierung von Gas- und Flüssigphasensorption zu gewährleisten, wurden die zu untersuchenden Nafion$^{®}$-Proben zunächst gemäß der gängigen Literaturmethode (z.B. Scharfer 2009) vorbehandelt, wobei sorgfältig darauf geachtet wurde, dass das verwendete Membranmaterial ein- und derselben Ursprungscharge entstammt. Die vorbehandelten und vollständig gequollenen Nafion$^{®}$-Membranen wurden dann bis zum Erreichen einer konstanten Wasserbeladung bei $T = 25°C$ und $a_W = 0{,}75$ in der Gasphase vorgetrocknet und anschließend mit dem gasförmigen bzw. dem flüssigen Lösemittel der gewünschten Aktivität kontaktiert.

---

[5] Die Ergebnisse sind im J. Membr. Sci. 373 (2011) 74-79 publiziert.

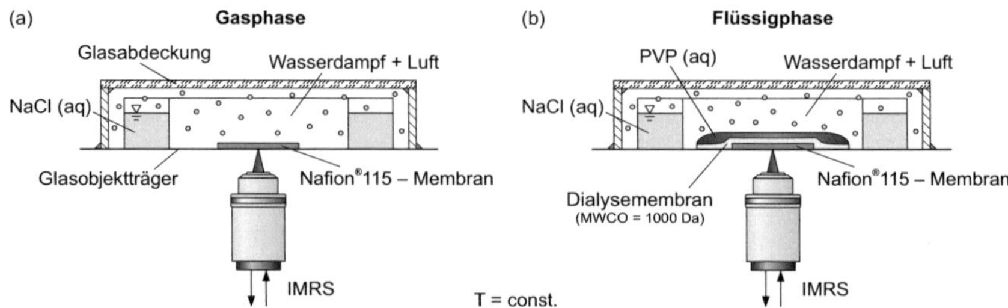

Abb. 5.10: Versuchsaufbau zur Analyse der Sorptionscharakteristik von Nafion®-Polymerelektrolytmembranen bei Kontakt mit dem (a) gasförmigen sowie dem (b) flüssigen Lösemittel.

Abb. 5.10 zeigt den hierfür verwendeten Versuchsaufbau. Die Analyse der Gasphasensorption erfolgt für Nafion® analog zu den oben beschriebenen Untersuchungen an physikalisch vernetzten PVA-Membranen. Die Aktivität des Lösemittels in der Gasphase wird wieder über wässrige NaCl-Lösungen der entsprechenden Salzeinwaage eingestellt und die Wasseraufnahme der Membranproben mithilfe der IMRS quantifiziert, wobei auf die in einer vorangegangenen Arbeit (Scharfer 2009) erstellte Kalibrierung zurückgegriffen werden konnte. Zur Charakterisierung der Wasseraufnahme des Ionomers bei Kontakt mit dem flüssigen Lösemittel ist ein gegenüber dem oben implementierten Versuchsprotokoll modifizierter Ansatz nötig. Um Flüssigphasenaktivitäten von $a_W < 1$ zu realisieren, soll das flüssige Lösemittel auch hier mit PVP versetzt werden. Da das verwendete Nafion® 115 direkt in Form verbrauchsfertiger Membranen bezogen wird, ist es nicht ohne weiteres möglich, die Maschenweite des vernetzten Materials so einzustellen, dass die dialytische Abtrennung des permeierenden niedermolekularen PVP-Anteils gewährleistet ist. Um dennoch jegliche Beeinflussung der Lösemittelaufnahme durch die Anwesenheit unerwünschter Komponenten innerhalb des Nafion®-Netzwerks sicher auszuschließen, werden kommerzielle Dialyseschläuche auf Cellulosebasis (ZelluTrans V Series, Carl Roth GmbH & Co., Karlsruhe) eingesetzt. Dabei wird das zur Aktivitätsabsenkung verwendete PVP zunächst über Dialysemembranen mit einer Ausschlussgrenze (engl.: molecular weight cut off, *MWCO*) von 25.000 Da geeignet fraktioniert (vgl. Anhang A.12). Zwischen die derartig vorbehandelte PVP-Lösung und die zu untersuchende Nafion®-Probe wird dann wie in Abb. 5.10 (b) gezeigt eine Dialysemembran mit niedrigerer Ausschlussgrenze (*MWCO* = 1000 Da) eingebracht, welche über eine gleichfalls reduzierte PVP-Permeabilität verfügt. Die Einstellung der gewünschten Lösemittelaktivität erfolgt wie gehabt über die entsprechend konzentrierten NaCl-Referenzlösungen; die Wasseraufnahme des vernetzten Materials ist wieder mittels IMRS zugänglich. Die während der nachfolgenden Sorptionsmessungen erhaltenen Spektren lassen dabei keine Spuren von PVP in der Membran erkennen, so dass mit der für Nafion$^{®}$ erarbeiteten experimentellen Routine nun eine flexible, universell einsetzbare Methode zur quantitativen Analyse der Flüssigphasensorption in vernetzten Polymersystemen zur Verfügung steht.

5.2.1 Sorptionsgleichgewicht in der Gasphase

Zur Bewertung der implementierten experimentellen Methodik wurde zunächst das Sorptionsgleichgewicht in der Gasphase betrachtet und die spektroskopisch erhaltene Wasseraufnahme mit den entsprechenden Literaturdaten verglichen. Abb. 5.11 zeigt die für Nafion$^{®}$ bei 25°C bestimmte Gasphasensorptionsisotherme. Aufgetragen ist dabei die Lösemittelaktivität a_W über der zugehörigen Wasserbeladung der Ionomermembran $X_{W/Nafion}$.

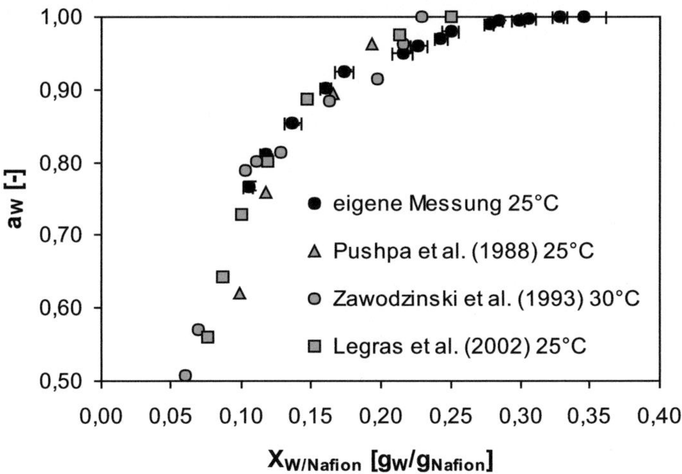

Abb. 5.11: Sorptionsisotherme für Nafion$^{®}$ bei Kontakt mit dem gasförmigen Lösemittel; $T = 25°C$. Vergleich der eigenen Messung mit Literaturdaten.

Die Gleichgewichtseinstellung wurde in regelmäßigen Zeitabständen überprüft und der lokale Lösemittelgehalt der Membranprobe wieder an jeweils fünf unterschiedlichen lateralen Positionen bestimmt, um eine Beeinflussung der Messergebnisse durch inhomogenes Probenmaterial auszuschließen. Nach Erreichen einer im Rahmen der experimentellen Genauigkeit konstanten Wasserbeladung wurde der Versuch für einen Zeitraum von etwa zwei Wochen fortgeführt. Um weiterhin die Reproduzierbarkeit der Messung sicherzustellen, wurden für jeden Aktivitätswert parallel drei Nafion®-Proben analysiert, so dass die in Abb. 5.11 aufgenommenen Datenpunkte dem Mittelwert aus durchschnittlich 45 Einzelmessungen entsprechen. Die zur Veranschaulichung der experimentellen Streuung ebenfalls eingetragenen Fehlerbalken verdeutlichen dabei, dass die erhaltenen Sorptionsdaten – wie für die zuvor betrachteten physikalisch vernetzten PVA-Membranen – eine ausgezeichnete Reproduzierbarkeit aufweisen.

Zur Validierung der spektroskopisch ermittelten Sorptionsisothermen sind in Abb. 5.11 zusätzlich Messdaten aus der einschlägigen Literatur eingetragen, wobei besonders sorgfältig darauf geachtet wurde, Studien auszuwählen, welche möglichst vergleichbare Protokolle zur Vorbehandlung des Membranmaterials aufweisen. Für einen quantitativen Vergleich der einzelnen Datensätze müssen dennoch mögliche Variationen in der Polymervorgeschichte bedacht werden, welche sich in einer abweichenden Lösemittelaufnahme niederschlagen können. Der Vergleich zeigt, dass lediglich im Bereich hoher Lösemittelaktivitäten ($a_W > 0{,}95$; vgl. auch Abschnitt 5.2.2), wo indes nur sehr wenige Datenpunkte als Referenz zur Verfügung stehen, eine gegenüber der Literatur erhöhte Wasserbeladung gemessen wird, die ansonsten erzielte Übereinstimmung – gerade im Hinblick auf die generelle Streuung der zusammengestellten Sorptionsdaten – jedoch sehr gut ist, was den gewählten Ansatz zur quantitativen Analyse des Phasengleichgewichts für den Polymerelektrolyt Nafion® bestätigt.

5.2.2 Sorptionsgleichgewicht in der Flüssigphase

Zum Vergleich mit den bis hierhin diskutierten Gasphasenmessungen wurde in einem nächsten Schritt das Phasengleichgewicht der Nafion®-Membran bei Kontaktierung mit dem flüssigen Lösemittel bestimmt ($T = 25°C$). Abb. 5.12 zeigt die ermittelten Sorptionsisothermen und bestätigt, dass bei identischen Randbedingungen – nicht zuletzt hinsichtlich der Membranvorbehandlung – auch die für Nafion® erhaltenen Gleichgewichtsdaten <u>keine</u> Diskrepanz zwischen Gas- und Flüssigphasensorption erkennen lassen.

Für Lösemittelaktivitäten $a_W \to 1$ wird wieder ein vergleichsweise flacher Verlauf der Sorptionsisotherme beobachtet, so dass die Wasseraufnahme der Polymermembran gerade in der Nähe des Sättigungspunktes empfindlich auf minimale Fluktuationen der Aktivität reagiert. Wird etwa die Lösemittelaktivität von $a_W = 1$ um 1 ‰ auf $a_W = 0,999$ abgesenkt, so reduziert sich die Gleichgewichtsbeladung bereits um 5 % von $X_{W/Nafion} = 0,3459$ g$_W$/g$_{Nafion}$ auf $X_{W/Nafion} = 0,3287$ g$_W$/g$_{Nafion}$. Somit bewirken schon geringfügige Abweichungen der Aktivität vom Sollwert – gerade bei Gasphasenmessungen am Sättigungspunkt – signifikante Variationen der Lösemittelbeladung, welche fälschlicherweise als Schröders Paradox interpretiert werden können.

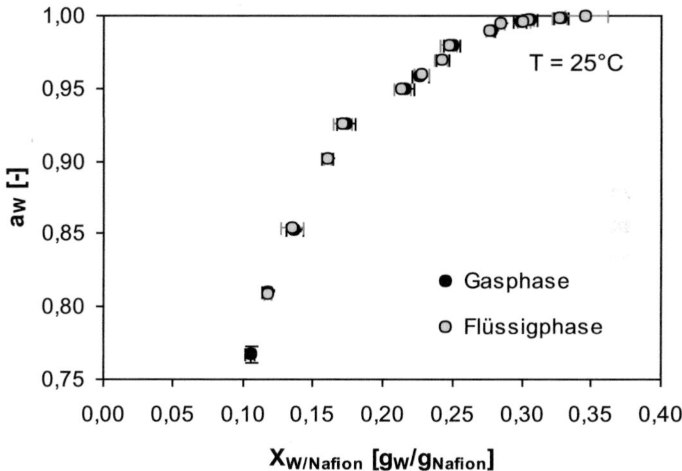

Abb. 5.12: Sorptionsisotherme für Nafion®. Vergleich von Gas- und Flüssigphasenmessung; $T = 25°C$.

Demnach bestätigt die vergleichende Analyse des Sorptionsverhaltens in Gas- und Flüssigphase, dass die Gleichgewichtsbeladung identisch vorbehandelter Nafion®-Ionomermembranen allein durch die eingestellte Wasseraktivität definiert ist, unabhängig davon, ob das Lösemittel in der flüssigen oder der gasförmigen Phase vorgelegt wird, und liefert somit keinen Anhaltspunkt für die Existenz eines Schröder'schen Paradoxons, was insbesondere auch die für das Modellstoffsystem Wasser/PVA erhaltenen Untersuchungsergebnisse validiert.

Während Schröders Paradox in der Literatur lange als gegebenes Faktum hingenommen wurde und sich die Forschungsbestrebungen vorrangig auf die Identifikation möglicher Erklärungsansätze konzentriert haben, mehrt sich in jüngster Zeit die Zahl der Untersuchungen, welche die scheinbare Diskrepanz zwischen Gas- und Flüssigphasenquellung auf experimentelle Unzulänglichkeiten zurückführen (z.B. Cornet et al. 1998, Onishi et al. 2007, Peron et al. 2010, Schneider & Rivin 2010, vgl. auch Abschnitt 1.2.3). Hier schließt nahtlos die vorliegende Arbeit an, welche im Gegensatz zu den vorangegangenen Studien jedoch nicht auf den Sättigungspunkt ($a_W = 1$) beschränkt bleibt, sondern mit der systematischen Erstellung von Sorptionsisothermen in Gas- und Flüssigphase vielmehr das Ausbleiben von Schröders Paradox erstmalig auch bei reduzierter Lösemittelaktivität nachweisen konnte.

Nachdem nun die Phasengleichgewichtscharakteristik des vernetzten Materials mittels einer geeignet konzipierten experimentellen Routine abgeklärt wurde und für das gewählte Modellstoffsystem Wasser/PVA sowie die zur Validierung der Untersuchungsergebnisse zusätzlich betrachteten Nafion®-Membranen – bei Einhaltung der gebotenen Randbedingungen – insbesondere ein Schröder'sches Paradoxon ausgeschlossen werden konnte, sind somit die notwendigen Voraussetzungen zur Analyse der Stofftransportvorgänge in der Polymermembran gegeben.

6 Untersuchungen zum Stofftransport

Ziel der nachfolgend vorgestellten Untersuchungen zum Stofftransport ist es, die Lösemittelverteilung in der Polymermembran unter definierten Randbedingungen zu analysieren und durch den Vergleich der experimentell erhaltenen mit numerisch berechneten Lösemittelbeladungsprofilen zu überprüfen, inwieweit das in Abschnitt 3 erörterte Modell die Stofftransportvorgänge in einem vernetzten Polymer abbilden kann. Die Untersuchungsergebnisse werden dabei insbesondere auch im Hinblick auf die Stofftransportkoeffizienten diskutiert, welche aus den zugrundegelegten Modellgleichungen abgeleitet werden können.

Um die Stofftransportcharakteristik des vernetzten Polymersystems für einen Konzentrationsbereich, welcher von der vollständig gequollenen Polymermembran bis zum lösemittelfreien Material reicht, analysieren zu können, hat sich die Kombination unterschiedlicher, speziell auf den jeweiligen Einsatzbereich zugeschnittener Versuchsanordnungen bewährt (Müller 2011, vgl. Abb. 6.1).

Zur Bewertung des Lösemitteltransports in einer gequollenen Polymermembran bietet sich dabei die <u>stationäre Analyse</u> der Transportvorgänge während der Pervaporation an, auf Basis derer eine durch Phasengleichgewicht und gasseitigen Stoffübergang unbeeinflusste Evaluation von Modellgleichungen und Stofftransportparametern möglich ist. Da die Lösemittelpermeation – wie bereits in früheren Untersuchungen an frei überströmten Polymerelektrolytmembranen (Scharfer 2009) – auch für das hier betrachtete System durch die Reihenschaltung der Transportwiderstände im Polymer sowie der angrenzenden Gasphase kontrolliert wird, sinkt der Lösemittelgehalt an der Membranunterseite erwartungsgemäß nicht vollständig auf Null ab, so dass die Betrachtungen zu niedrigen Lösemittelbeladungen hin limitiert sind (hier: $X_{W/PVA,min} \approx 2 \text{ g}_W/\text{g}_{PVA}$).

Erweitert wird der analytisch zugängliche Konzentrationsbereich deshalb durch die <u>instationäre Analyse</u> geeignet gewählter Ausgleichsvorgänge. Da für das betrachtete Modellstoffsystem Wasser/PVA dabei insbesondere unabhängig gewonnene Informationen über das Phasengleichgewicht sowie ein mathematischer Ansatz zur Korrelation der experimentellen Daten zur Verfügung stehen (vgl. Kapitel 5), sind Stofftransportkoeffizienten auch aus der zeitaufgelösten Analyse der Gasphasensorption zugänglich, indem gemessene und berechnete Beladungsprofile gegeneinander abgeglichen werden.

Aufgrund des flachen Verlaufs der Sorptionsisotherme im Bereich hoher Lösemittelaktivitäten ist die experimentell handhabbare Gasphasenaktivität auf $a_{W,max} \approx 0{,}95$ beschränkt, wodurch hier eine maximale Lösemittelbeladung des Polymers von $X_{W/PVA,max} \approx 0{,}30$ g_W/g_{PVA} erzielt werden kann. Somit leistet die Betrachtung des Sorptionsprozesses einen spezifischen Beitrag zur Abklärung der Stofftransportcharakteristik der niedrig beladenen Polymermembran.

Um die Analyse der Stofftransporteigenschaften auch für den verbleibenden Bereich mittlerer Lösemittelbeladungen auf eine experimentell abgesicherte Basis stellen zu können, wird in einem weiteren Versuchsteil der instationäre Ausgleich der Lösemittelbeladung zwischen zwei übereinander geschichteten, unterschiedlich vorbeladenen Membranproben verfolgt. Diese Herangehensweise erlaubt es, das jeweils abzudeckende Konzentrationsintervall variabel festzulegen, ist jedoch aufgrund der experimentellen und apparativen Randbedingungen im Gegenzug auch mit etwas größeren Unsicherheiten behaftet.

In den folgenden Abschnitten werden die zur Analyse der Stofftransportcharakteristik vernetzter Polymersysteme implementierten Konzepte diskutiert und abschließend die aus stationärer und instationärer Analyse erhaltenen Diffusionskoeffizienten einander vergleichend gegenübergestellt.

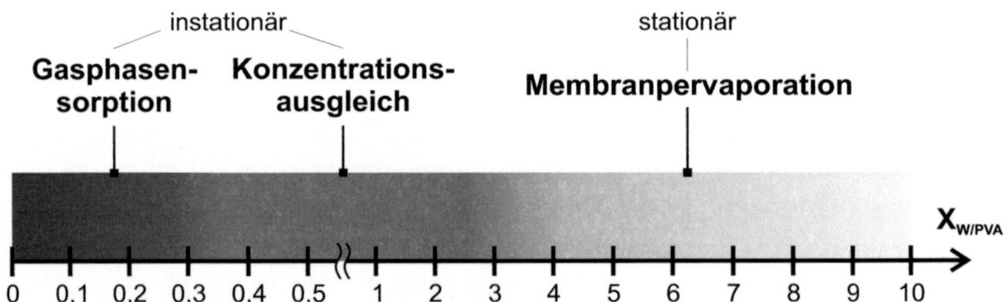

Abb. 6.1:   Der Konzentrationsstrahl gewährt einen Überblick über die in dieser Arbeit implementierten experimentellen Konzepte zur Analyse der Stofftransportcharakteristik des vernetzten Polymers einschließlich der ihnen zugeordneten Konzentrationsintervalle.

6.1 Stationäre Analyse [6]

Die stationäre Analyse des Pervaporationsprozesses wird den Anforderungen, welche sich bei der Charakterisierung des Stofftransportverhaltens stark gequollener Polymermembranen ergeben, in besonderer Weise gerecht und zeichnet sich nicht zuletzt dadurch aus, dass die Bewertung der zugrundegelegten Modellgleichungen – und infolgedessen die Bestimmung der gesuchten Transportparameter – bei geeigneter Wahl der Randbedingungen unbeeinflusst durch das Phasengleichgewicht und den gasseitigen Stoffübergang erfolgt. Unter der Annahme rein Fick'scher Diffusion in der Membran sind die Diffusionskoeffizienten direkt aus den spektroskopisch ermittelten Konzentrationsprofilen zugänglich, wenn zusätzlich auch der durch die Membran permeierende Lösemittelmassenstrom bekannt ist. Dann gilt:

$$\dot{m}_{i,p}\big|_x = -D_{ii}^V \cdot \frac{\partial c_i}{\partial z}\bigg|_x \quad \Rightarrow \quad D_{ii}^V = -\frac{\dot{m}_{i,p}}{\partial c_i / \partial z}\bigg|_x . \tag{6.1}$$

Zur experimentellen Analyse der Stofftransportvorgänge während der Pervaporation wird die zu charakterisierende Polymermembran – wie in Abb. 2.2 gezeigt – mittels einer Trägerplatte in einen temperierten Strömungskanal eingebracht und steht von oben mit dem flüssigen Lösemittel in Kontakt, während sie auf der Unterseite von konditionierter Luft überströmt wird. Um Stofftransportkoeffizienten nun auch losgelöst vom Phasengleichgewicht quantifizieren zu können, wurde in dieser Arbeit die Möglichkeit geschaffen, zusätzlich zur spektroskopischen Analyse der sich einstellenden Lösemittelbeladungsprofile auch die Permeationsrate messtechnisch zu erfassen. Dazu wird der Lösemittelgehalt der Gasphase am Ein- und Austritt des Strömungskanals mittels zweier Präzisionstaupunktspiegel bestimmt, woraus sich unter Zuhilfenahme von Gl. (2.1) der – über die Membranfläche gemittelte – Lösemitteldiffusionsstrom $\dot{m}_{i,p}$ ergibt. Dieser entspricht jedoch nur dann dem lokalen Massenstrom $\dot{m}_{i,p}\big|_x$ am Messpunkt, wenn die Lösemittelpermeation – wie in Abschnitt 3.1 ausgeführt – nicht durch einen von der jeweiligen lateralen Position abhängigen Stofftransportwiderstand in der Gasphase beeinflusst wird.

Vor einer Analyse der Stofftransportcharakteristik des vernetzten Polymers und der darauf aufbauenden Spezifizierung von Transportkoeffizienten

---

[6] Die Ergebnisse sind im J. Membr. Sci. 417-418 (2012) 154-162 publiziert.

steht daher die detaillierte Betrachtung der für die Lösemittelpermeation maßgeblichen Transportwiderstände mit dem Ziel, einen der Messung überlagerten ortsabhängigen Stoffübergang in der Gasphase sicher auszuschließen. Zur Reduktion möglicher lokaler Stofftransporteffekte wird dem System durch Einbringen einer porösen Glasfritte [7], auf welcher die zu charakterisierende Polymermembran aufliegt, gezielt ein zusätzlicher Stofftransportwiderstand aufgeprägt. Um dabei zu überprüfen, ob die Ausbildung der Lösemittelkonzentrationsprofile in der Membran für diese Konfiguration tatsächlich unabhängig von der jeweiligen lateralen Position erfolgt, wurde bei der Konstruktion der Messzelle (vgl. Abb. 3.2) die Möglichkeit vorgesehen, das Objektiv parallel und quer zur Richtung der Anströmung zu verfahren, so dass nun erstmalig Beladungsprofile an verschiedenen Positionen der Membran aufgenommen werden können.

6.1.1 Stofftransport in der Gasphase

Abb. 6.2 zeigt schematisch das der Beschreibung der Membranpervaporation zugrundegelegte Modell, wonach die Permeation des Lösemittels in der hier realisierten Versuchsanordnung durch die Reihenschaltung der Stofftransportwiderstände in der Membran $R_{Membran}$, der Glasfritte R_{Fritte} sowie der sich ausbildenden laminaren Grenzschicht $R_{g,lam}$ kontrolliert wird.

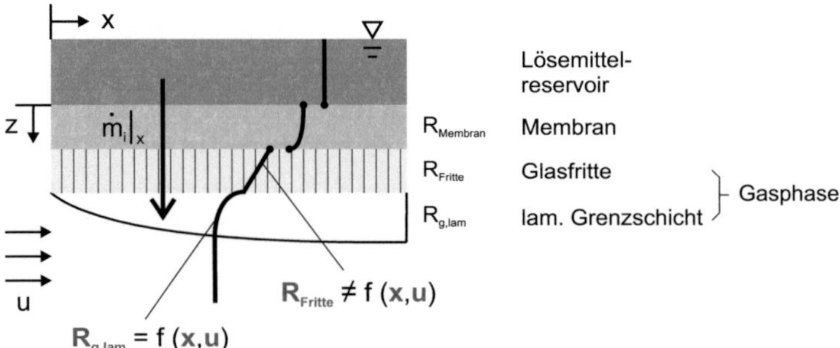

Abb. 6.2: Modell der Membranpervaporation einschließlich der für die Lösemittelpermeation maßgeblichen Transportwiderstände R_i.

---

[7] Der eingesetzte Sinterfilter der Porositätsklasse 4 verfügt laut Hersteller über ein Porenvolumen von 42% bei einer Nennweite der Poren von 10 – 16 µm. Nach ISO 4793 entspricht dies der Porositätsklasse P16. Die Dicke der Glasfritte wurde in Anbetracht der konstruktiven und fertigungstechnischen Randbedingungen zu 2 mm gewählt.

Der diffusive Widerstand der laminaren Grenzschicht hängt dabei nach Gl. (3.3) sowohl von der Überströmgeschwindigkeit u als auch von der Lauflänge x ab, so dass lokal unterschiedliche Lösemittelpermeationsraten $\dot{m}_{i,p}\big|_x$ erwartet werden. Wird der Stoffübergang außerhalb der Membran jedoch maßgeblich durch den Transportwiderstand der Sinterfilterplatte bestimmt, so ist der Stofftransport keiner lokalen Variation unterworfen. Die lokale Diffusionsstromdichte entspricht dann der integral gemessenen flächenbezogenen Permeationsrate ($\dot{m}_{i,p}\big|_x = \dot{m}_{i,p}$) und die Ausbildung der Beladungsprofile in der Membran erfolgt unabhängig von der jeweiligen lateralen Position, so dass die Bestimmung des Lösemitteldiffusionskoeffizienten aus der Kopplung des integralen, über die Membranfläche gemittelten Permeationsstroms und der lokal aufgenommenen Konzentrationsprofile zulässig ist. Daher wird im Folgenden zunächst überprüft, unter welchen Randbedingungen der gasseitige Stoffübergang durch den Transportwiderstand der Glasfritte kontrolliert ist.

Variation der Überströmgeschwindigkeit

Der Widerstand für den Stoffübergang in der Gasphase $R_{g,ges}$ setzt sich gemäß der obigen Modellvorstellung additiv aus den Transportwiderständen der Glasfritte R_{Fritte} sowie der laminaren Grenzschicht $R_{g,lam}$ zusammen:

$$R_{g,ges} = R_{Fritte} + R_{g,lam} = \underbrace{\frac{\mu \cdot s_{Fritte}}{D_{W,g}}}_{1/\beta_{Fritte}} + \underbrace{\frac{s_{g,lam}}{D_{W,g}}}_{1/\beta_{g,lam}} = \frac{1}{\beta_{g,ges}} \tag{6.2}$$

μ Umwegfaktor

s_{Fritte} Dicke der Glasfritte ($s_{Fritte} = 2$ mm)

$s_{g,lam}$ Dicke der laminaren Grenzschicht aus Gl. (3.3)

$D_{W,g}$ Diffusionskoeffizient von Wasser in der Gasphase.

Da die Grenzschichtdicke für eine laminar überströmte Platte der Beziehung $s_{g,lam} \propto 1/\sqrt{u}$ folgt, steht zu erwarten, dass der diffusive Widerstand der laminaren Grenzschicht mit steigender Überströmgeschwindigkeit zunehmend hinter den Transportwiderstand der Glasfritte zurücktritt. Daher wurde in einem ersten Schritt für die vorab festgelegte Versuchstemperatur von $T = 25°C$ der Luftdurchsatz variiert. Abb. 6.3 zeigt die Lösemittelbeladungsprofile, welche sich bei der Wasserpermeation durch eine PVA-Membran im Zentrum der Probe einstellen. Aufgetragen ist dabei die lokale Lösemittelbeladung des Polymers über der entsprechend Abschnitt 2.2.3 tiefenkorrigierten

Position in der Membran. Die Probe steht an ihrer Oberseite (Position 0) mit dem flüssigen Lösemittel in Kontakt; an der Membranunterseite tritt das Lösemittel in die Gasphase über.

Es ist zu erkennen, dass ab einer Überströmgeschwindigkeit von etwa $u \approx 0{,}34$ m/s eine weitere Erhöhung des Luftdurchsatzes nicht zur Ausbildung steilerer Beladungsgradienten in der Membran führt. Der oben skizzierten Modellvorstellung folgend wird daher erwartet, dass der Widerstand für den gasseitigen Stoffübergang unter diesen Randbedingungen maßgeblich in der Sinterfilterplatte liegt, welche dem System – unabhängig von der Strömungsgeschwindigkeit – die für den Stofftransport maßgebliche Grenzschichtdicke aufprägt, weshalb der diffusive Widerstand in der Gasphase durch weitere Erhöhung der Überströmgeschwindigkeit nicht mehr reduziert werden kann.

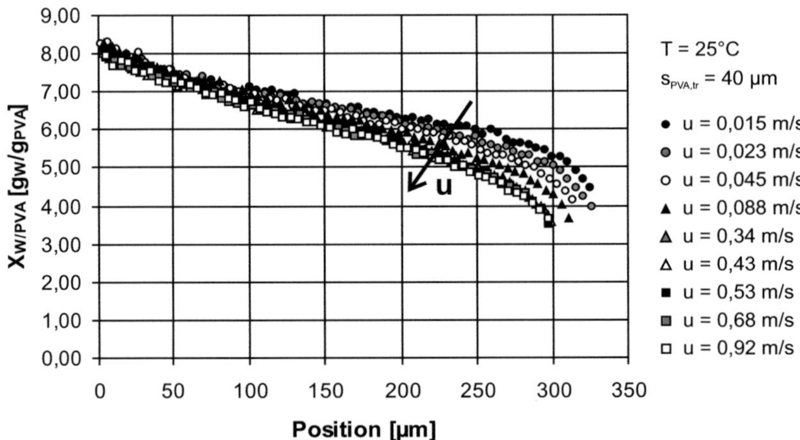

Abb. 6.3:   Beladungsprofile während der Wasserpermeation durch eine luftüberströmte PVA-Membran bei Variation der Überströmgeschwindigkeit; $T = 25$°C, Messung im Zentrum der Membran.

Aus den gemessenen Permeationsströmen $\dot{m}_{W,p}$ können nun weiterhin mithilfe der in Abschnitt 3.1 eingeführten Kinetik für den Stofftransport in der Gasphase,

$$\dot{m}_{W,p}\Big|_x = \beta_{g,exp} \cdot \widetilde{\rho}_g \cdot \widetilde{M}_W \cdot ln\left(\frac{1 - \widetilde{y}_{W,\infty}}{1 - \widetilde{y}_{W,Ph}}\right), \qquad (6.3)$$

Stoffdurchgangskoeffizienten $\beta_{g,exp}$ bestimmt werden, wobei die folgenden Vereinfachungen getroffen werden:

- $a_{W,Ph} = 1$, d.h. $\tilde{y}_{W,Ph} = p_W^*(T)/p_{ges}$, was nach Abschnitt 5.1.3 für den hier relevanten Beladungsbereich mit $X_{W/PVA,min} \approx 2$ g$_W$/g$_{PVA}$ und einer zugehörigen Lösemittelaktivität von $a_W > 0,9995$ zulässig ist.

- $\tilde{y}_{W,\infty} \ll \tilde{y}_{W,Ph}$, was bei den vorliegenden Eintrittstaupunkten von $T_{Tau,ein} < -75°C$ ebenfalls gerechtfertigt ist.

Bei der Bestimmung des für die Berechnung benötigten Lösemittelmassenstroms $\dot{m}_{W,p}\big|_x$ müssen dabei noch zwei Grenzfälle unterschieden werden:

- Für $\underline{R_{g,lam}} \ll R_{Fritte}$ wird der gasseitige Stoffübergang durch den Transportwiderstand der Glasfritte kontrolliert und der am Messpunkt lokal auftretende Permeationsstrom entspricht dem integral gemessenen, d.h. es gilt $\dot{m}_{W,p}\big|_x = \dot{m}_{W,p}$.

- Für $\underline{R_{g,lam}} \gg R_{Fritte}$ dominiert hingegen der diffusive Widerstand der laminaren Grenzschicht den Stofftransport in der Gasphase und es liegen lokal unterschiedliche Permeationsraten vor, so dass hier gilt $\dot{m}_{W,p}\big|_x \neq \dot{m}_{W,p}$.

Für den zweiten Grenzfall muss daher zunächst der lokale Massenstrom am Messpunkt bestimmt werden. Mit den oben getroffenen Annahmen ergibt sich für das Verhältnis des lokalen Diffusionsstroms zur gemessenen Gesamtpermeationsrate:

$$\frac{\dot{m}_{W,p}\big|_x}{\dot{m}_{W,p}} = \frac{\beta_g\big|_x}{\beta_g} , \tag{6.4}$$

woraus mit Gl. (3.3) für eine quadratische Probe der Kantenlänge L folgt:

$$\frac{\dot{m}_{W,p}\big|_x}{\dot{m}_{W,p}} = \frac{0,332 \cdot \sqrt{Re_x} \cdot \sqrt[3]{Sc_W} \cdot D_{W,g}/x}{1/L^2 \cdot \int_0^L \int_0^L 0,332 \cdot \sqrt{Re_x} \cdot \sqrt[3]{Sc_W} \cdot D_{W,g}/x \, dx \, dy} . \tag{6.5}$$

Mit der Definition für Re_x lässt sich Gl. (6.5) vereinfachen zu:

$$\frac{\dot{m}_{W,p}\big|_x}{\dot{m}_{W,p}} = \frac{x^{-0,5}}{1/L^2 \cdot \int_0^L \int_0^L x^{-0,5} \, dx \, dy} \tag{6.6}$$

und nach Integration folgt schließlich für das gesuchte Massenstromverhältnis am Messpunkt ($x = L/2$):

$$\frac{\dot{m}_{W,p}\big|_x}{\dot{m}_{W,p}} = \frac{1}{\sqrt{2}} \approx \underline{\underline{0,7071}}, \tag{6.7}$$

d.h. der flächenbezogene Diffusionsstrom am Messpunkt beträgt im Grenzfall einer vollständigen Limitierung des gasseitigen Stoffübergangs durch die sich ausbildende laminare Grenzschicht etwa 71 % der experimentell ermittelten Gesamtpermeationsrate.

In Abb. 6.4 sind die für beide Grenzfälle bestimmten Stoffdurchgangskoeffizienten $\beta_{g,exp}$ über dem zugehörigen Stoffübergangskoeffizienten $\beta_{g,lam}$ aufgetragen, welcher bei der jeweiligen Überströmgeschwindigkeit nach Gl. (3.3) für die Referenzgeometrie der laminar überströmten Platte erwartet wird. Dabei ist deutlich zu erkennen, dass die Glasfritte eine Erhöhung des Stofftransportwiderstands und damit einen gegenüber der frei überströmten Membran reduzierten Stoffübergang bewirkt ($\beta_{g,exp} < \beta_{g,lam}$). Zusätzlich eingetragen ist der nach Gl. (6.2) für die Reihenschaltung der Transportwiderstände in Glasfritte und laminarer Grenzschicht <u>prädiktiv</u> berechnete Verlauf des Stoffdurchgangskoeffizienten, wobei der Umwegfaktor μ der porösen Sinterfilterplatte in erster Näherung über die Beziehung (Gnielinski et al. 1993)

$$\mu = \frac{1}{\Psi} \tag{6.8}$$

abgeschätzt wurde mit dem vom Hersteller angegebenen Porenvolumenanteil von $\Psi = 0,42$. Die auf Basis dieses Modells berechneten Werte bewegen sich dabei zwischen den beiden aus den experimentellen Permeationsdaten zugänglichen Grenzfällen.

Für niedrige Strömungsgeschwindigkeiten, d.h. kleine $\beta_{g,lam}$, dominiert der Widerstand der laminaren Grenzschicht den Stoffübergang außerhalb der Membran und die berechneten Stoffdurchgangskoeffizienten $\beta_{g,Modell}$ streben gegen die entsprechenden Werte für die laminar überströmte Platte. Ebenso zeigt sich mit abnehmender Überströmgeschwindigkeit eine – gerade auch im Hinblick auf die der Berechnung zugrundeliegenden Vereinfachungen – sehr gute Übereinstimmung mit den für diesen Grenzfall ($R_{g,lam} \gg R_{Fritte}$) experimentell erhaltenen Daten $\beta_{g,exp}$.

Für höhere Luftdurchsätze und damit steigende $\beta_{g,lam}$ wird der gasseitige Stoffübergang zunehmend durch den Transportwiderstand der Sinterfilterplatte kontrolliert und die aus Gl. (6.2) berechneten Werte für den Stoffdurchgangskoeffizienten $\beta_{g,Modell}$ gehen in die für diesen Grenzfall ($R_{g,lam} \ll R_{Fritte}$)

experimentell abgeleiteten Daten $\beta_{g,exp}$ über. Sobald der Widerstand für den gasseitigen Stoffübergang maßgeblich in der Glasfritte liegt, führt eine weitere Erhöhung des Luftdurchsatzes zu keiner wesentlichen Steigerung des Stoffübergangs mehr, da R_{Fritte} unabhängig von der eingestellten Strömungsgeschwindigkeit ist, und der Stoffdurchgangskoeffizient strebt einem Grenzwert entgegen.

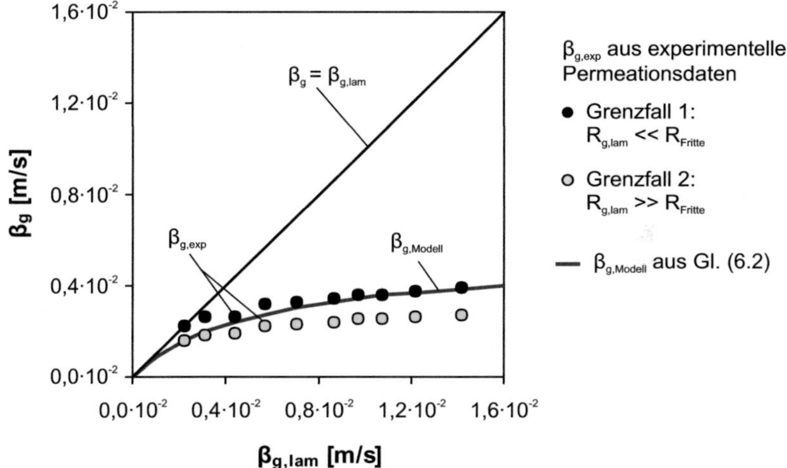

Abb. 6.4: Analyse des gasseitigen Stoffübergangs: Vergleich der aus den experimentellen Permeationsdaten ermittelten und den nach Gl. (6.2) prädiktiv berechneten Stoffdurchgangskoeffizienten.

Somit folgen die aus den experimentellen Permeationsdaten bestimmten Stoffdurchgangskoeffizienten $\beta_{g,exp}$ für die diskutierten, analytisch zugänglichen Grenzfälle dem erwarteten, in Gl. (6.2) mathematisch festgeschriebenen Verlauf und bestätigen so die der Analyse zugrundegelegte Modellvorstellung, nach welcher der Stoffübergang in der Gasphase für die betrachtete Konfiguration durch die Reihenschaltung der Transportwiderstände in der Glasfritte und der sich ausbildenden laminaren Grenzschicht beschrieben werden kann.

Um die zuverlässige Bestimmung von Diffusionskoeffizientenverläufen aus der angestrebten Kopplung integraler Permeationsraten und lokaler Konzentrationsprofile zu gewährleisten, ist also eine möglichst hohe Überströmgeschwindigkeit anzustreben, so dass der Stoffübergang außerhalb der Membran maßgeblich durch den Transportwiderstand der Glasfritte kontrolliert wird und der lokal vorliegende Diffusionsstrom $\dot{m}_{W,p}\big|_x$ der integral gemessenen Permeationsrate $\dot{m}_{W,p}$ entspricht. Gleichzeitig darf der Luftdurchsatz jedoch nicht zu groß gewählt werden, um gemäß Gl. (2.1) eine hinreichend große Änderung der Gasphasenzusammensetzung zwischen Ein- und Austritt des Strömungskanals zu erreichen und so die präzise Bestimmung auch sehr geringer Stoffstromdichten sicherzustellen.

Vor diesem Hintergrund wurde als Standard für die nachfolgend vorgestellten Untersuchungen ein Volumenstrom von $\dot{V}_n = 12$ slm [8] gewählt, was bei einer Versuchstemperatur von $T = 25°C$ und der vorliegenden Kanalgeometrie einer Überströmgeschwindigkeit von $u = 0{,}53$ m/s entspricht. Unter der Randbedingung eines durch den Transportwiderstand der Glasfritte limitierten gasseitigen Stoffübergangs wird dann erwartet, dass die Ausbildung der Beladungsprofile in der Membran unbeeinflusst von der jeweiligen lateralen Position erfolgt, was nachfolgend überprüft werden soll.

Variation der lateralen Messposition

Abb. 6.5 zeigt die Geometrie der überströmten Membranproben. Für die experimentelle Analyse wurden zunächst fünf Messpositionen in bzw. quer zur Richtung der Überströmung festgelegt. Die Nomenklatur orientiert sich dabei am Abstand des jeweiligen Messpunktes vom Mittelpunkt der Membran; im rechten Teil von Abb. 6.5 sind zusätzlich die Abstände vom Rand der freien Membranfläche eingetragen.

Da sich der gasseitige Stoffübergangskoeffizient $\beta_{g,lam}$ für eine laminar überströmte Platte – wie in Abschnitt 3.1 ausgeführt – mit der Lauflänge x entsprechend der Proportionalität $\beta_{g,lam} \propto 1/\sqrt{x}$ entwickelt, wird auch für die hier betrachtete Versuchsanordnung eine mögliche laterale Variation der gasseitigen Stofftransportverhältnisse vorrangig in Richtung der Überströmung erwartet. Ein Vergleich der sich einstellenden Lösemittelbeladungsprofile erfolgt daher zunächst für die in Abb. 6.5 schwarz eingetragenen Positionen. Um dabei eine Beeinflussung der Analyse durch zeitabhängige Effekte auszuschließen, wurde in Voruntersuchungen bestätigt, dass die stationären Beladungsprofile, welche sich innerhalb einer Stunde in der Membran ausbilden, in dem für die vorliegenden Untersuchungen relevanten Zeitraum von maximal drei Tagen keiner weiteren Veränderung unterworfen sind. Auch wurde

---

[8]   slm = <u>S</u>tandard <u>L</u>iter pro <u>M</u>inute. Die Angabe des Volumenstroms erfolgt per Definition für den Bezugszustand $T_n = 0°C$ und $p_n = 1013{,}25$ mbar.

mit fortschreitender Versuchsdauer keine systematische Veränderung des gemessenen Lösemittelpermeationsstroms beobachtet.

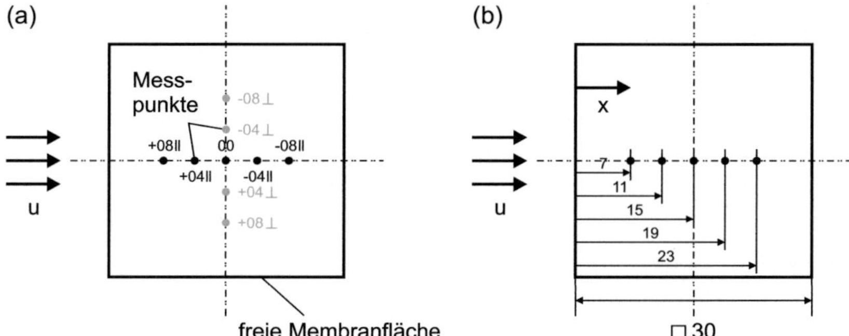

Abb. 6.5: Laterale Variation der Messposition: Schematische Darstellung der Membrangeometrie einschließlich der gewählten Messpunkte (Maßangaben in mm).

(a) Nomenklatur.

(b) Abstände vom Rand der freien Membranfläche.

Abb. 6.6 zeigt exemplarisch die Lösemittelbeladungsprofile, welche an den eingetragenen, in Richtung der Überströmung angeordneten Messpunkten bestimmt wurden. Für die Referenzgeometrie der frei überströmten Membran nimmt der gasseitige Stoffübergangskoeffizient von Position +08∥ zu Position -08∥ deutlich auf etwa die Hälfte seines Wertes ab:

$$\left.\frac{\beta_{g,lam}\big|_{-08\|}}{\beta_{g,lam}\big|_{+08\|}}\right. = \frac{\sqrt{x_{+08\|}}}{\sqrt{x_{-08\|}}} = \frac{\sqrt{7\,mm}}{\sqrt{23\,mm}} = \underline{\underline{0{,}55}}, \tag{6.9}$$

so dass auch für die hier betrachtete Versuchsanordnung im Fall einer merklichen Beeinflussung des gasseitigen Stoffübergangs durch den diffusiven Widerstand der laminaren Grenzschicht die Ausbildung steilerer Konzentrationsgradienten an den stromauf gelegenen Messpunkten erwartet wird. Die bei lateraler Variation der Messposition experimentell erhaltenen Lösemittelverteilungen lassen mit zunehmender Überströmlänge keine derartig systematische Abflachung erkennen, sondern weisen vielmehr eine hervorragende Übereinstimmung auf. Offensichtlich wird der Stoffübergang in der Gasphase unter den gewählten Randbedingungen also maßgeblich durch die poröse Glasfilterplatte kontrolliert, wodurch eine weitgehende Homogenisierung der Stofftransportverhältnisse über die Membranfläche erreicht wird und die Ausbildung der Beladungsprofile in der Polymermembran unbeeinflusst von der jeweiligen lateralen Position erfolgt.

Es ist weiterhin ersichtlich, dass die experimentell erhaltene Beladung an der Membranunterseite nicht vollständig auf Null zurückgeht, wie es bei Vorliegen einer rein membranseitig limitierten Permeation der Fall wäre. Dies zeigt, dass der Stoffübergang unter den gewählten Randbedingungen durch die Reihenschaltung der Transportwiderstände in der Membran und der Gasphase kontrolliert wird, wobei der Widerstand für den gasseitigen Stofftransport in der Glasfritte liegt, welche dem System die für den Stoffübergang maßgebliche Grenzschichtdicke aufprägt.

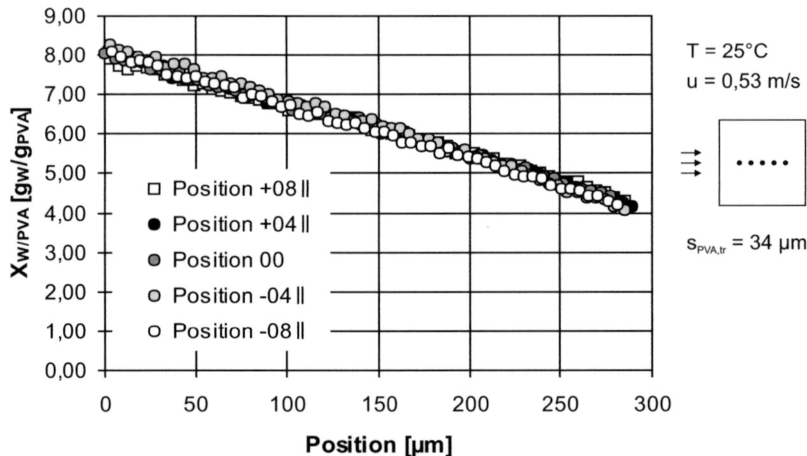

Abb. 6.6:   Beladungsprofile während der Wasserpermeation durch eine luftüberströmte PVA-Membran – Variation der Messposition in Richtung der Überströmung; T = 25°C.

In Ergänzung der bisherigen Betrachtungen wurde weiterhin überprüft, inwieweit die sich einstellenden Lösemittelbeladungsprofile quer zur Richtung der Überströmung variieren. Abb. 6.7 verdeutlicht, dass die Ausbildung der Beladungsgradienten in der Membran auch hier unbeeinflusst von der lateralen Position erfolgt. Abweichungen gegenüber den in Abb. 6.6 gezeigten Konzentrationsverläufen gehen dabei auf eine – trotz gewissenhafter Einhaltung der in Kapitel 4 beschriebenen Herstellvorschrift – etwas differierende Wasseraufnahme der einzelnen Membranchargen zurück. Die insgesamt reduzierte Lösemittelbeladung des Polymers bewirkt dann in Verbindung mit der gleichzeitig etwas erhöhten Probendicke einen größeren diffusiven Widerstand, welcher zur Ausbildung der beobachteten, leicht gekrümmten Beladungsprofile in der Membran führt. Wie bereits bei der in Abb. 6.6 vorgestellten Messung zeichnet sich die untersuchte Polymermembran auch hier durch eine hohe Homogenität aus und die erhaltenen Profile zeigen lediglich im Bereich der Phasengrenze zwischen Lösemittel und Polymer geringfügige Abweichungen, welche auf lokale, durch den Herstellungsprozess induzierte Fluktuationen der Gleichgewichtsbeladung zurückgeführt werden können. Somit bietet die laterale Variation der Messposition gleichzeitig die Möglichkeit, die Homogenität der zu charakterisierenden Polymermembran zu bewerten, so dass bei der angestrebten Bestimmung von Transportkoeffizienten aus der Kopplung lokaler Konzentrationsprofile und integraler Stoffstromdichten eine Beeinflussung durch inhomogenes Probenmaterial erkannt und – nach Möglichkeit – ausgeschlossen werden kann.

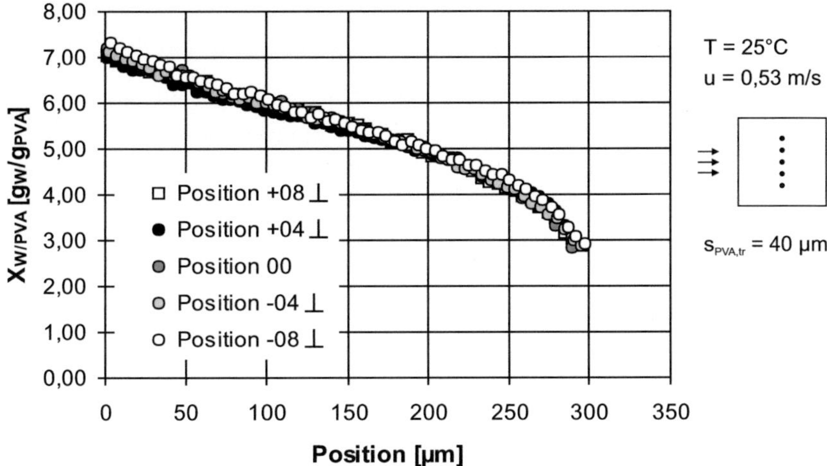

Abb. 6.7: Beladungsprofile während der Wasserpermeation durch eine luftüberströmte PVA-Membran – Variation der Messposition quer zur Richtung der Überströmung; $T = 25°C$.

Unter den gewählten Überströmbedingungen ist mit der implementierten Versuchsanordnung somit eine Konfiguration gegeben, in welcher die Stofftransportverhältnisse über die Membranfläche dahingehend ausgeglichen sind, dass der lokale Diffusionsstrom der experimentell zugänglichen integralen Permeationsrate entspricht und die Ausbildung der Lösemittelbeladungsprofile unbeeinflusst von der jeweiligen lateralen Position erfolgt. Damit ist nun die Kopplung von lokaler und integraler Messtechnik zulässig und es ist eine Methode vorhanden, welche es erlaubt, für ein vernetztes Polymersystem Transportparameter auch ohne zusätzliche Informationen über das Phasengleichgewicht oder den gasseitigen Stoffübergang zu spezifizieren.

6.1.2 Analyse des konzentrationsabhängigen Diffusionskoeffizienten

Ausgangspunkt für die Quantifizierung von Diffusionskoeffizientenverläufen ist die Fick'sche Kinetik für den Lösemitteltransport in der Membran gemäß Gl. (6.1), in welche als Triebkraft für die Diffusion der Gradient der Lösemittelkonzentration einfließt. In einem ersten Schritt werden daher unter Zuhilfenahme von Gl. (3.37) zunächst die spektroskopisch zugänglichen Beladungen $X_{W/PVA}$ in die entsprechenden Konzentrationen c_W überführt; Abb. 6.8 zeigt dies beispielhaft für die in der Membranmitte (Position 00) bestimmten Profile der oben diskutierten Messungen. Die so erhaltenen Konzentrationsverläufe weisen dabei eine deutliche Krümmung auf, was bereits das Vorliegen eines konzentrationsabhängigen Diffusionskoeffizienten erkennen lässt.

Um eine stetige Berechnung der Konzentrationsgradienten $\partial c_W / \partial z$ in der Membran zu gewährleisten und eine Beeinflussung der Analyse durch die der Messung inhärente Fluktuation benachbarter Datenpunkte auszuschließen, werden die experimentell erhaltenen Profile durch eine stetig differenzierbare Ausgleichsfunktion angepasst. Da der gesuchte Diffusionskoeffizient unmittelbar aus der Steigung dieser Ausgleichskurve folgt, ist es weiterhin erstrebenswert, der Interpolation der Konzentrationsdaten eine Bestimmungsgleichung zugrunde zu legen, welche mit der postulierten Konzentrationsabhängigkeit des Diffusionskoeffizienten konsistent ist, um Artefakte, wie sie bei Verwendung einer einfachen Polynom- oder Splinefunktion auftreten können, zu umgehen.

Die Anpassung der Konzentrationsprofile erfolgt deshalb wie in Abschnitt 3.4.1 beschrieben durch Lösen der stationären Transportgleichung. Aus Abb. 6.8 ist dabei ersichtlich, dass die gemessenen Lösemittelkonzentrationsprofile sehr gut durch die Kombination aus Fick'scher Kinetik und einem Exponentialansatz für den konzentrationsabhängigen Diffusionskoeffizienten wiedergegeben werden, was das der Analyse zugrundegelegte Stofftransportmodell bestätigt. Somit kann der Lösemitteltransport – bei geeigneter Wahl des Transportkoeffizienten – auch für die betrachtete Polymermembran auf Basis der für unvernetzte Systeme etablierten Ansätze beschrieben werden.

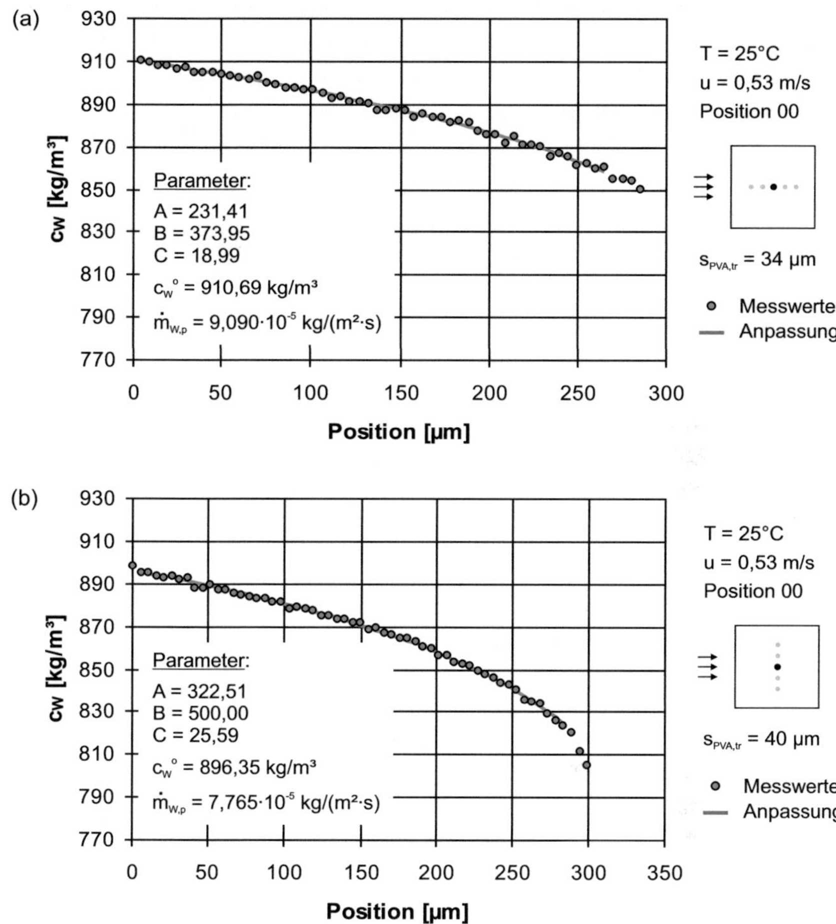

Abb. 6.8: Numerische Modellierung der experimentell erhaltenen Lösemittelkonzentrationsprofile als Ausgangspunkt für die Quantifizierung des Diffusionskoeffizienten $D_{W/PVA}(X_{W/PVA})$. Demonstration am Beispiel ausgewählter Datensätze aus (a) Abb. 6.6 und (b) Abb. 6.7.

Um bei der Anpassung eine optimale Übereinstimmung zwischen Messung und Rechnung zu erzielen, werden die in Gl. (3.35) zur Modellierung des konzentrationsabhängigen Diffusionskoeffizienten enthaltenen empirischen Parameter A, B und C durch Minimierung der Fehlerquadratsumme bestimmt. Damit bestehen nun grundsätzlich zwei Möglichkeiten zur Quantifizierung des gesuchten Diffusionskoeffizienten $D_{W/PVA}(X_{W/PVA})$:

- Direkte Bestimmung durch Einsetzen der angepassten Parameter A, B und C in den Exponentialansatz für $D_{W/PVA}(X_{W/PVA})$ aus Gl. (3.35).

- Indirekte Bestimmung durch Ermittlung der Gradienten $\partial c_W / \partial z$ aus den berechneten Konzentrationsverläufen $c_W(z)$ und Kopplung mit dem gemessenen Permeationsstrom $\dot{m}_{W,p}$ gemäß der Fick'schen Kinetik aus Gl. (6.1).

Beide Methoden sind kompatibel und führen zu vergleichbaren Ergebnissen [9], jedoch ist die direkte Quantifizierung des Diffusionskoeffizienten über die angepassten Modellparameter mit einer größeren Streuung verbunden, da neben den Parametern A, B und C auch die Phasengrenzkonzentration c_W^o, deren experimentelle Bestimmung nach Abschnitt 2.2.4 mit einer gewissen Unsicherheit behaftet ist, als zusätzlicher Anpassparameter freigegeben wird, um die erzielte Übereinstimmung zwischen Messung und Rechnung weiter zu erhöhen. Für die nachfolgende Analyse des Diffusionskoeffizienten wurde daher die Evaluation auf Basis der Fick'schen Transportkinetik nach Gl. (6.1) gewählt.

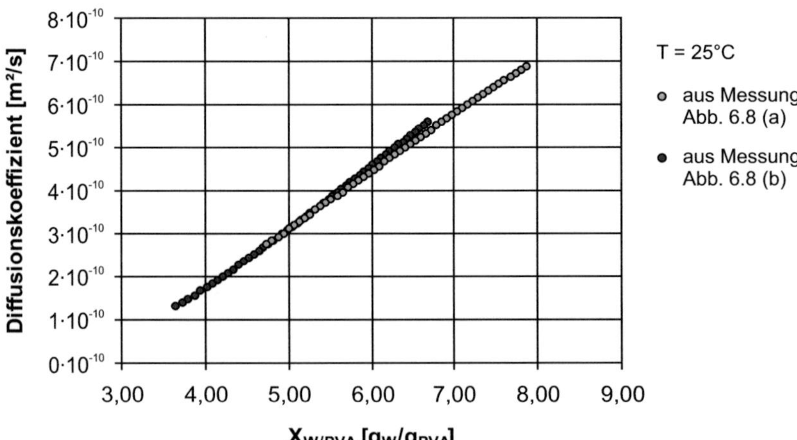

Abb. 6.9:   Quantifizierung des Diffusionskoeffizienten $D_{W/PVA}$ als Funktion der Lösemittelbeladung $X_{W/PVA}$ – Analyse der in Abb. 6.8 (a) und (b) vorgestellten Messdaten.

---

[9]   Eine vergleichende Gegenüberstellung beider Ansätze findet sich in Anhang A.13.

Abb. 6.9 zeigt beispielhaft den anhand der oben diskutierten Konzentrationsprofile ermittelten Verlauf des Diffusionskoeffizienten, wobei eine mit sinkender Lösemittelmittelbeladung $X_{W/PVA}$ nahezu lineare Abnahme des Diffusionskoeffizienten $D_{W/PVA}$ beobachtet wird. Da die Permeation wie erwartet keiner rein membranseitigen Kontrolle unterworfen ist, geht die Beladung an der Membranunterseite nicht vollständig auf Null zurück und das der Analyse zugängliche Beladungsintervall ist nach unten limitiert. Im Fokus des folgenden Abschnitts steht daher die geeignete Variation der experimentellen Randbedingungen mit dem Ziel, den durch die Membranpervaporation abgedeckten Bereich zu niedrigen Konzentrationen hin zu erweitern.

6.1.3 Erweiterung des analytisch zugänglichen Konzentrationsintervalls

Mit Blick auf die angestrebte Erweiterung des Konzentrationsbereichs, für den Informationen über die Stofftransporteigenschaften des vernetzten Polymers aus einer Betrachtung des Pervaporationsprozesses gewonnen werden können, sollen nachfolgend zwei alternative Ansätze geprüft werden. Dazu wird bei der Präparation des Probenmaterials zunächst schrittweise die Polymereinwaage erhöht, woraus Membranen mit insgesamt reduzierter Wasseraufnahme resultieren (vgl. auch Tab. 6.1). Anhand einer zweiten Versuchsreihe wird dann alternativ eine Erhöhung der Probendicke diskutiert, wobei die experimentellen Randbedingungen hier dahingehend modifiziert werden, dass die Polymermembran einen erhöhten diffusiven Widerstand darstellt und in der Folge die Lösemittelbeladung an der Membranunterseite stärker absinkt.

Die Kenndaten der entsprechend dieser Vorgaben dargestellten PVA-Membranen sind in Tab. 6.1 zusammengefasst. Aufgeführt sind dabei jeweils die Polymereinwaage der Gießlösung $x_{PVA,0}$, die bei der Probenpräparation eingestellte Spaltweite s_0 sowie die Dicke der trockenen Membran s_{tr}. Zusätzlich eingetragen ist die Gleichgewichtsbeladung des vollständig gequollenen Materials $X_{W/PVA,GGW}$, wie sie unmittelbar aus der numerisch angepassten Phasengrenzkonzentration c_W^o folgt.

Um die Vergleichbarkeit der Diffusionskoeffizienten, welche aus der Vermessung der einzelnen Membranchargen resultieren, sicherzustellen, muss nun insbesondere gewährleistet sein, dass die vorgenommene Modifikation von Polymereinwaage bzw. Probendicke nicht unzulässig in die semikristalline Netzwerkstruktur eingreift, um systematische strukturelle Einflüsse auf den Lösemitteltransport in der Membran auszuschließen. Das physikalisch vernetzte Material wurde deshalb einer zusätzlichen strukturellen Analyse unterzogen und die gemessenen Lösemittelbeladungsprofile nach Erreichen des stationären Zustands durch Bestimmung der zugehörigen Kristallinitätsverteilungen ergänzt. Durch Kombination der erhaltenen Konzentrations- und Kristallinitätsdaten kann dabei jedem Beladungswert $X_{W/PVA}$ der entsprechende Kristallinitätsgrad α_{cr} zugeordnet werden. Da für die hier betrachtete stationäre Analyse ein eindeutiger Zusammenhang zwischen der sich einstellenden Lösemittelbeladung und der erreichten Kristallinität erwartet wird, kommen Unterschiede in der semikristallinen Polymerstruktur schließlich in einem bei identischem Wassergehalt abweichenden Kristallinitätsgrad zum Ausdruck.

Messung	$x_{PVA,0}$	s_0	s_{tr}	$X_{W/PVA,GGW}$
100819	0,10	450 µm	37 µm	7,7818 ± 0,2603
100928	0,10	450 µm	34 µm	8,0461 ± 0,1125
110223	0,10	450 µm	40 µm	6,8470 ± 0,1804
101109	**0,14**	450 µm	45 µm	6,2397 ± 0,1695
101123	**0,16**	450 µm	52 µm	5,9540 ± 0,1194
101130	**0,18**	450µm	65 µm	5,3754 ± 0,0707
101207	**0,20**	450 µm	72 µm	4,7740 ± 0,0113
110126	0,10	**900 µm**	79 µm	6,9504 ± 0,0843
110209	0,10	**1350 µm**	125 µm	7,3915 ± 0,2223

Tab. 6.1:   Kenndaten der nachfolgend vermessenen physikalisch vernetzten PVA-Membranen.
$x_{PVA,0}$ – Polymereinwaage der Gießlösung; s_0 – Spaltweite bei der Probenpräparation; s_{tr} – Trockenfilmdicke; $X_{W/PVA,GGW}$ – Gleichgewichtsbeladung, erhalten aus der numerisch angepassten Phasengrenzkonzentration c_W^o.

In Abb. 6.10 ist nun für einige repräsentativ ausgewählte Datensätze die Kristallinität über der zugehörigen Lösemittelbeladung aufgetragen. Jede Membran wurde mehrfach vermessen und die Analyse über einige Tage hin fortgeführt, um sicherzustellen, dass der ermittelte Kristallinitätsgrad – wie es die Konstanz des Permeationsstroms $\dot{m}_{W,p}$ nahelegt – auf der hier relevanten Zeitskala keiner weiteren Veränderung unterworfen ist. Die hohe Verdünnung des Polymersystems mit Lösemittel führt dabei gerade in dem der Spektrenauswertung zugrundeliegenden Wellenzahlbereich (vgl. Abschnitt 4.2.2) zu einem merklichen Abfall der Signalintensität und damit der beobachteten stärkeren Streuung der Messdaten.

Abb. 6.10 zeigt, dass die Kristallinität – wie es die oben diskutierten Phasengleichgewichtsdaten erwarten lassen – mit sinkendem Wassergehalt der Membran zunimmt. Dabei ist insbesondere auch ersichtlich, dass die anhand der unterschiedlichen Membranchargen erhaltenen Messdaten für den gesamten betrachteten Konzentrationsbereich eine – im Hinblick auf die experimentelle Genauigkeit – zufriedenstellende Übereinstimmung aufweisen. Offensichtlich ist bei der physikalischen Vernetzung also die thermische Vorbehandlung entscheidend für die Eigenschaften des Probenmaterials (vgl. Abschnitt 5.1.1), so dass die Modifikation von Polymereinwaage und Spaltweite bei der Präparation keinen unzulässigen Eingriff in die semikristalline Netzwerkstruktur darstellt und bei der nachfolgenden quantitativen Analyse demnach die Vergleichbarkeit der Transportparameter gegeben ist.

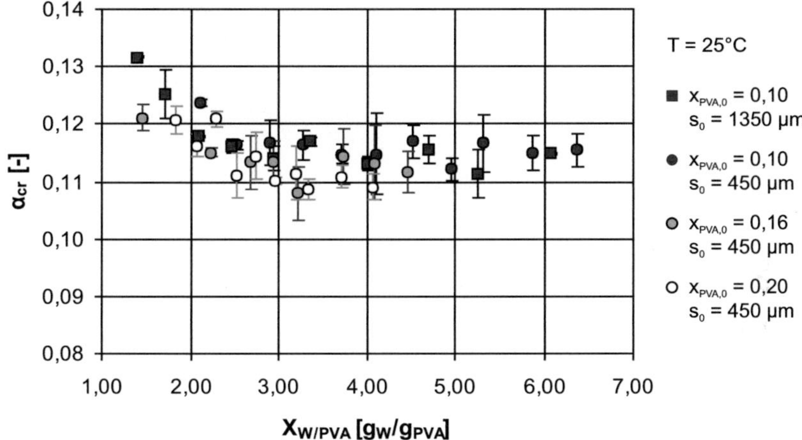

Abb. 6.10: Einfluss von Polymereinwaage $x_{PVA,0}$ und Spaltweite s_0 auf die sich ausbildende semikristalline Netzwerkstruktur – Analyse durch Kombination stationärer Lösemittel- und Kristallinitätsverteilungen; T = 25°C.

Die Diffusionskoeffizientenverläufe $D_{W/PVA}(X_{W/PVA})$, welche aus den in Tab. 6.1 spezifizierten Messungen erhalten wurden, sind in Abb. 6.11 zusammengestellt. Die eingetragenen Datenpunkte geben dabei den Mittelwert an, wie er aus der Vermessung der jeweiligen Membran an den fünf zuvor festgelegten (vgl. Abschnitt 6.1.1) – wenn nicht anders notiert in Richtung der

Überströmung angeordneten – lateralen Positionen hervorgeht. Um zusätzlich einen Eindruck von der Reproduzierbarkeit der Analyse zu vermitteln, ist jeweils die Standardabweichung des Mittelwerts als Fehlerbalken dargestellt. Demnach ist die Quantifizierung des Diffusionskoeffizienten hier mit einer mittleren Unsicherheit von in der Regel deutlich <u>unter 10 %</u> verbunden, was der unter den vorliegenden geometrischen und apparativen Randbedingungen erwarteten, im Vorfeld abgeschätzten experimentellen Genauigkeit entspricht. Die erzielte Präzision der Messung ist dabei zum einen ein Indikator für die hohe Homogenität des analysierten Membranmaterials, bestätigt jedoch insbesondere auch, dass die Analyse unter den gewählten Anströmverhältnissen unbeeinflusst durch den gasseitigen Stoffübergang erfolgt.

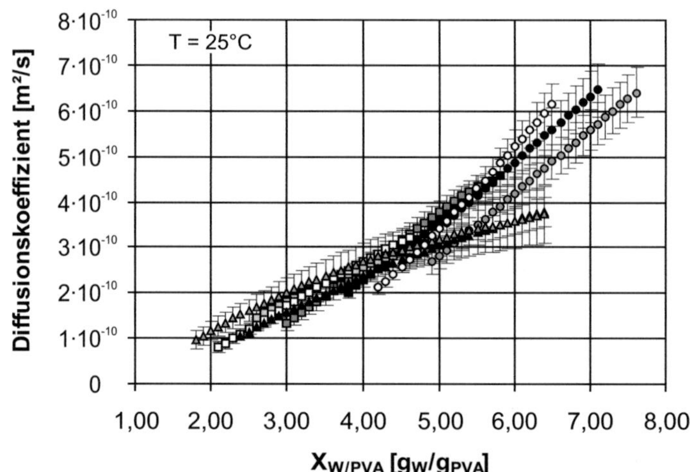

Abb. 6.11: Quantifizierung des Diffusionskoeffizienten $D_{W/PVA}(X_{W/PVA})$ auf Basis der stationären Analyse des Pervaporationsprozesses; T = 25°C.

Der Vergleich der unterschiedlichen Messreihen lässt keine mit der Variation der Herstellparameter einhergehende, systematische Beeinflussung des Diffusionskoeffizienten erkennen, sondern zeigt vielmehr eine statistische Streuung der Messdaten, wie sie – trotz sorgfältiger Befolgung der Herstellvorschrift – auch für identisch präparierte Membranen beobachtet wird (vgl. Messung 100819, 100928 und 110223), womit eine Überlagerung der Analyse durch strukturelle Einflussgrößen erwartungsgemäß ausgeschlossen werden kann. An dieser Stelle sei außerdem explizit darauf hingewiesen, dass es hier auf die Gegenüberstellung der Absolutwerte ankommt, eine Extrapolation der gezeigten Verlaufskurven jedoch <u>nicht</u> zulässig ist und die Betrachtung der experimentell ermittelten Transportkoeffizienten vielmehr auf den jeweils eingetragenen Konzentrationsbereich begrenzt bleiben muss, um die Gültigkeit der Schlussfolgerungen zu gewährleisten.

Abb. 6.11 zeigt schließlich, dass die Erhöhung des membranseitigen Transportwiderstands durch Reduktion des Wasseraufnahmevermögens bzw. Steigerung der Probendicke es – wie eingangs postuliert – erlaubt, das der Analyse zugängliche Konzentrationsintervall nach unten zu erweitern. Somit liegen nun für einen Bereich, welcher von der Gleichgewichtsbeladung der gequollenen Membran bis zu einem Wassergehalt von $X_{W/PVA,} \approx 2 \, g_W/g_{PVA}$ reicht, konsistente Transportdaten vor, wobei sich die oben beobachtete, annähernd lineare Abnahme des Diffusionskoeffizienten auch zu den niedrigeren Konzentrationen hin fortsetzt.

Da für die gewählte Versuchsanordnung allein durch Modifikation der experimentellen Randbedingungen erwartungsgemäß keine vollständig membranseitige Kontrolle der Permeation erreicht wird und somit bislang keine Aussagen über den Stofftransport in der niedrig beladenen Membran getroffen werden können, wird die stationäre Betrachtung des Pervaporationsprozesses – wie nachfolgend diskutiert – durch die instationäre Analyse geeignet gewählter Ausgleichsvorgänge ergänzt.

6.2 Instationäre Analyse

Die neben der örtlichen ebenfalls erreichte hohe zeitliche Auflösung der spektroskopischen Messtechnik bietet die notwendigen Voraussetzungen für die instationäre Analyse der Stofftransportvorgänge in einem vernetzten Polymer. Unter der Vorgabe, die in Kapitel 3 diskutierten Modellansätze auch für das nieder beladene Material zu überprüfen und nach Möglichkeit die zugehörigen Transportkoeffizienten zu spezifizieren, werden dabei sowohl die Sorption aus der Gasphase als auch der Ausgleich der Lösemittelbeladung zwischen zwei übereinander geschichteten, unterschiedlich vorbeladenen Membranproben betrachtet.

6.2.1 Sorption aus der Gasphase [10]

Die zeitaufgelöste Analyse der Gasphasensorption ist gezielt auf die Abklärung der Stofftransportcharakteristik der niedrig beladenen Polymermembran abgestimmt. Stofftransportkoeffizienten können dabei unter Zuhilfenahme der zuvor gewonnenen, unabhängigen Phasengleichgewichtsinformationen (vgl. Abschnitt 5.1.3) aus dem Vergleich gemessener und berechneter Lösemittelbeladungsprofile gewonnen werden. Die numerische Simulation des Sorptionsprozesses geht dabei zunächst wieder von der Hypothese aus, dass der Stofftransport in der vernetzten Polymermembran durch die bereits bewährte Kombination aus Fick'scher Kinetik und einem Exponentialansatz für den Diffusionskoeffizienten beschrieben werden kann, wobei gerade die aus der Inversen-Mikro-Raman-Spektroskopie zugänglichen Informationen über die lokale Konzentrationsverteilung die zuverlässige Verifikation des implementierten Modells gewährleisten.

Die experimentelle Charakterisierung der Sorptionsdynamik erfordert nun insbesondere eine Versuchsanordnung, welche die exakte Einstellung der Gasphasenaktivität erlaubt und – als weitere Randbedingung für die angestrebten Simulationsrechnungen – definierte und damit reproduzierbare Verhältnisse für den gasseitigen Stoffübergang schafft. Die unter diesen Vorgaben entworfene Messzelle wird im Folgenden vorgestellt.

Versuchsaufbau

Der zeitliche Verlauf der Wasserdiffusion in die physikalisch vernetzte PVA-Membran wurde in der in Abb. 6.12 gezeigten Versuchsanordnung mithilfe der Inversen-Mikro-Raman-Spektroskopie unter definierten Randbedingungen verfolgt, ohne dabei störend in den Sorptionsvorgang einzugreifen. Die Temperatur in der Messzelle wird dabei mittels eines wassertemperierten Doppelmantels kontrolliert und durch kontinuierliche Messung in der Gasphase überwacht. Die Wasseraktivität wird – wie in Abschnitt 5.1 ausgeführt – wieder über entsprechend konzentrierte Kochsalzlösungen eingestellt, wobei der Salzgehalt zu Beginn und am Ende eines jeden Sorptionsversuchs anhand

---

[10]   Die Ergebnisse sind in Chem. Eng. Process. 50 (2011) 543-550 publiziert.

der Lösungsdichte überprüft wird (DMA 5000 Dichtemessgerät, Anton Paar GmbH, Graz, Österreich), um eine mögliche Veränderung der Gasphasenaktivität während der Messung sicher ausschließen zu können.

Zur Durchführung eines Sorptionsexperiments wird nun eine entsprechend Abschnitt 4.1 vorbereitete und getrocknete PVA-Membran auf einem Glasobjektträger in die Messzelle eingebracht. Um definierte – und damit reproduzierbare – Anfangsbedingungen für die dynamische Analyse des Sorptionsprozesses zu schaffen, verfügt das Lösungsreservoir über einen Deckel, welcher von außen geöffnet werden kann und erst abgenommen wird, sobald sich in der Zelle das thermische Gleichgewicht eingestellt hat. Um weiterhin den Widerstand für den gasseitigen Stoffübergang zu reduzieren und damit die Sorption zu beschleunigen, wird die Gasphase über einen Kompaktlüfter umgewälzt.

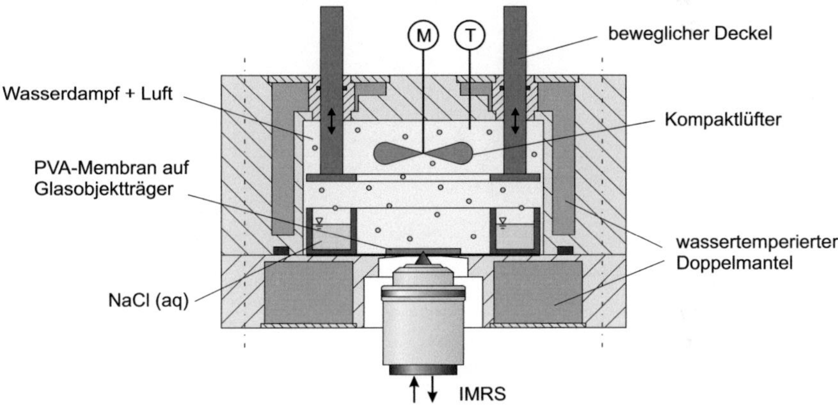

Abb. 6.12: Versuchsaufbau zur zeitaufgelösten Charakterisierung der Gasphasensorption am Beispiel physikalisch vernetzter PVA-Membranen.

Der folgende Abschnitt diskutiert die mit der beschriebenen Messzelle erhaltenen Sorptionsdaten und geht dabei insbesondere auch auf die Validierung des experimentellen Konzepts ein.

Dynamische Sorptionsmessungen

Der zeitliche Verlauf der Wassersorption in das physikalisch vernetzte Material wurde für ausgewählte Gasphasenaktivitäten (a_W = 0,85; 0,90; 0,95) unter isothermen Versuchsbedingungen (T = 25°C) analysiert. Abb. 6.13 zeigt beispielhaft die bei a_W = 0,90 erhaltenen Messdaten in Form der ortsaufgelösten

Konzentrationsprofile; aufgetragen ist jeweils die lokale Wasserbeladung des Polymers über der zugehörigen Position in der Probe. Die Membran liegt dabei an der Position 0 auf dem undurchlässigen Glassubstrat auf und steht an ihrer Oberseite mit der vorbeladenen Gasphase definierter Lösemittelaktivität in Kontakt. Der Legendeneintrag einer Messreihe enthält jeweils den Zeitpunkt des ersten und des letzten Messpunkts in der Probe; zur Orientierung ist zusätzlich der Verlauf der Membrandicke als gestrichelte Kurve eingetragen. Aus den spektroskopisch zugänglichen lokalen Konzentrationsdaten folgt unmittelbar der integrale Sorptionsverlauf, indem für jedes Profil die mittlere Wasserbeladung berechnet und über der zugehörigen mittleren Zeit aufgetragen wird (vgl. Abb. 6.14).

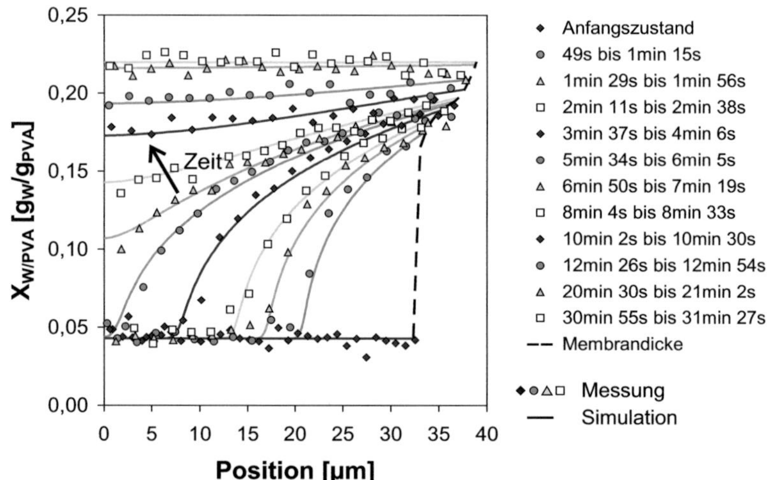

Abb. 6.13:   Lösemittelbeladungsprofile für die Wassersorption in eine physikalisch vernetzte PVA-Membran.
$T = 25°C$; $a_W = 0{,}9016$; $X_{W,0} = 0{,}0428$ g$_W$/g$_{PVA}$; $s_{tr} = 30{,}73$ µm; $1/n_z = 0{,}93$; $\beta_g = 0{,}016$ m/s.

Zu Beginn des Sorptionsvorgangs wird ein rascher Anstieg der Wasserbeladung beobachtet, wobei die steilen Konzentrationsgradienten, welche sich anfänglich in der Membran ausbilden, auf einen ausgeprägten Stofftransportwiderstand in der Polymerphase hinweisen. Demnach wird die Sorption zunächst maßgeblich durch die Diffusion des Lösemittels in der vernetzten Polymermembran kontrolliert. Mit fortschreitender Versuchsdauer nimmt die Sorptionsrate dann kontinuierlich ab und die Konzentrationsprofile gleichen sich zunehmend aus, bis die Wasserbeladung der Probe schließlich ihren stationären Endwert erreicht.

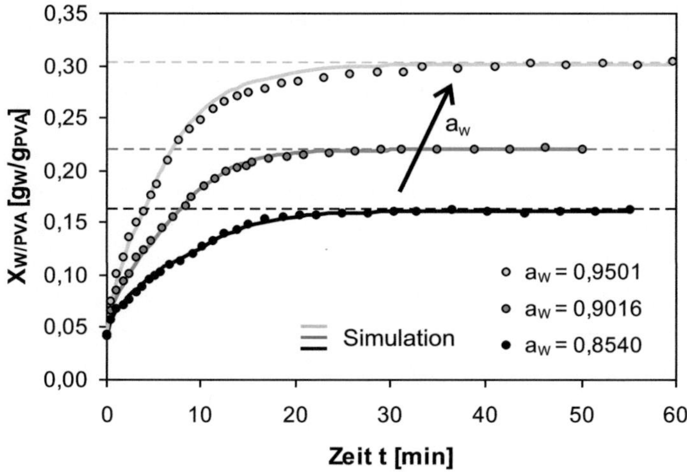

Abb. 6.14: Integrale Verlaufskurven für die Wassersorption in physikalisch vernetzte PVA-Membranen bei unterschiedlichen Gasphasenaktivitäten; $T = 25°C$.

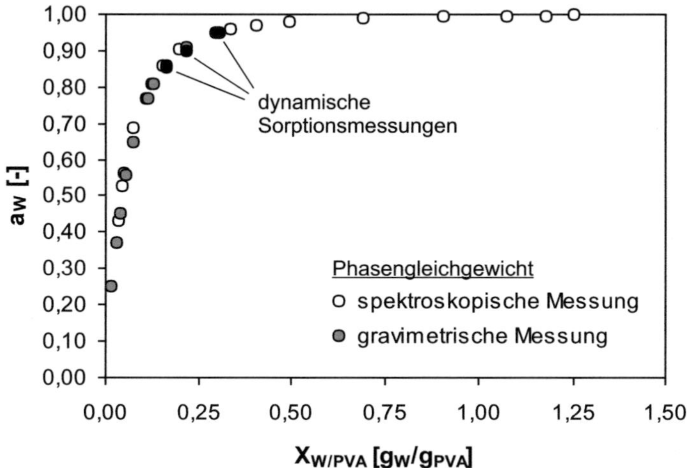

Abb. 6.15: Vergleich der stationären Endwerte aus Abb. 6.14 mit der zuvor in unabhängigen Gleichgewichtsmessungen bestimmten Sorptionsisothermen (vgl. Abb. 5.2).

Abb. 6.14 illustriert dabei zusätzlich den Einfluss der Gasphasenaktivität auf die Wassersorption in das physikalisch vernetzte Membranmaterial. Die analysierten Proben nehmen nach einer Versuchsdauer von etwa 25 – 30 min durchweg eine konstante, mit zunehmender Lösemittelaktivität erwartungsgemäß ansteigende Wasserbeladung an. Zur Validierung der gewählten experimentellen Methodik wurden nun insbesondere die bei den unterschiedlichen Gasphasenaktivitäten erreichten Beladungsendwerte mit der Sorptionsisothermen verglichen, welche zuvor in unabhängigen Messungen mit einem alternativen Versuchsaufbau erhalten wurde (vgl. Abschnitt 5.1, Abb. 5.2). Abb. 6.15 zeigt, dass beide Versuchsanordnungen konsistente Phasengleichgewichtsdaten liefern, und bestätigt somit das zur zeitaufgelösten Analyse der Lösemittelsorption implementierte Konzept.

Ausgehend von den experimentell bestimmten Lösemittelbeladungsprofilen soll als Nächstes der gesuchte Diffusionskoeffizient quantifiziert werden, indem die mit der Sorption einhergehenden Stofftransportvorgänge auf Basis des in Kapitel 3 vorgestellten Modells in Simulationsrechnungen nachgebildet werden.

Quantifizierung des Diffusionskoeffizienten

Der modellhaften Beschreibung des Sorptionsprozesses liegt die Hypothese zugrunde, dass der Stofftransport in der vernetzten Polymermembran wieder durch die bereits bewährte Kombination aus Fick'scher Kinetik und einem Exponentialansatz für den Diffusionskoeffizienten abgebildet werden kann. Durch den Vergleich der berechneten Konzentrationsdaten mit den entsprechenden experimentellen Informationen soll dieser Ansatz zunächst verifiziert werden, bevor dann in einem weiteren Schritt die Quantifizierung der zugehörigen Transportparameter erfolgt. Die ortsaufgelöste spektroskopische Analyse hat dabei bereits bestätigt, dass der Sorptionsprozess unter den gegebenen Randbedingungen einer vornehmlich filmseitigen Kontrolle unterliegt und sich in der Polymerphase ausgeprägte Lösemittelkonzentrationsprofile einstellen, so dass die Voraussetzungen für die zuverlässige Spezifizierung von Diffusionskoeffizientenverläufen gegeben sind.

Die numerische Simulation der Gasphasensorption auf Basis des in Kapitel 3 dargelegten Modells erfordert gemäß Gl. (3.28) und (3.29) zunächst Informationen über die Isotropie der Volumenänderung, welche mit der Lösemittelaufnahme in die Membran einhergeht. Dabei ist der relevante Isotropieparameter $1/n_z$, welcher den Grad der Dimensionsänderung in axialer Richtung erfasst, direkt aus den experimentellen Daten zugänglich und die doppeltlogarithmische Auftragung der Membrandicke über dem integralen Polymervolumenbruch liefert für den in Abb. 6.13 gezeigten Versuch einen Wert von $1/n_z = 0,93$ (vgl. Anhang A.14). Demnach ist das vernetzte Material während der Sorption einer praktisch eindimensionalen Volumenänderung unterworfen, so dass lediglich die Dicke der Membranprobe zunimmt, ihre lateralen Abmessungen jedoch nahezu erhalten bleiben.

Nachdem die experimentellen Parameter, welche als Randbedingungen in die Simulation einfließen, nun vollständig bekannt sind, kann die Lösemittelaufnahme in das vernetzte Polymer modelliert werden. Die simultane Anpassung der berechneten an die experimentell erhaltenen Beladungsprofile erfolgt dabei durch schrittweise Minimierung der Fehlerquadratsumme unter Variation der Parameter A, B, C und β_g, wobei sowohl $D_{W/PVA}$ als auch β_g in physikalisch sinnvollen Grenzen gehalten werden. Um eine möglichst exakte Abbildung des instationären Experiments zu gewährleisten, berücksichtigt die Simulation zusätzlich den aus der Spektrenakkumulation resultierenden Zeitversatz zwischen den einzelnen Messpunkten eines Konzentrationsprofils (vgl. Abschnitt 3.4.2). Die numerisch ermittelten Kurvenverläufe sind in den oben gezeigten Diagrammen (Abb. 6.13 und Abb. 6.14) eingetragen und lassen erkennen, dass das gewählte Modell die experimentellen Konzentrationsdaten sehr gut wiedergeben kann.

Damit erlaubt der Vergleich von Messung und Rechnung nun insbesondere auch die Quantifizierung der gesuchten kinetischen Parameter. Der Stoffübergangskoeffizient β_g hängt dabei von der Hydrodynamik in der Gasphase ab und wurde für die hier verwendete Sorptionszelle – unabhängig von der eingestellten Lösemittelaktivität – zu $\beta_g = 0,016$ m/s bestimmt. Für den Diffusionskoeffizienten $D_{W/PVA}(X_{W/PVA})$ folgen dann unter Verwendung des allgemeinen Exponentialansatzes aus Gl. (3.35) die in Abb. 6.16 angegebenen Modellparameter A, B und C. Zur Validierung der durch Fehlerquadratminimierung erhaltenen, optimalen Parametersätze wurden für die betrachteten Gasphasenaktivitäten zusätzlich <u>unabhängige</u> Sorptionsversuche simuliert, wobei eine vergleichbar gute Wiedergabe der lokalen Konzentrationsdaten bestätigt werden konnte.

In Abb. 6.16 ist für den jeweils überstrichenen Konzentrationsbereich die ermittelte Abhängigkeit des Diffusionskoeffizienten vom Wassergehalt des Polymernetzwerks dargestellt. Der Vergleich der eingetragenen Kurvenverläufe zeigt, dass die aus der Sorption bei unterschiedlicher Gasphasenaktivität unabhängig voneinander bestimmten Transportparameter eine sehr hohe Übereinstimmung aufweisen, was das gewählte Konzept zur Analyse der Stofftransportcharakteristik des vernetzten Polymers bestätigt. Der beobachtete Verlauf $D_{W/PVA}(X_{W/PVA})$ ist dabei charakteristisch für die Lösemitteldiffusion in Polymersystemen und weist mit sinkender Wasserbeladung eine Reduktion des Diffusionskoeffizienten um mehrere Größenordnungen auf. Damit lässt sich der Lösemitteltransport auch in der niedrig beladenen Polymermembran erfolgreich auf Basis rein Fick'scher Diffusion beschreiben, wenn die – hier besonders stark ausgeprägte – Konzentrationsabhängigkeit des Diffusionskoeffizienten wieder über einen Exponentialansatz erfasst wird.

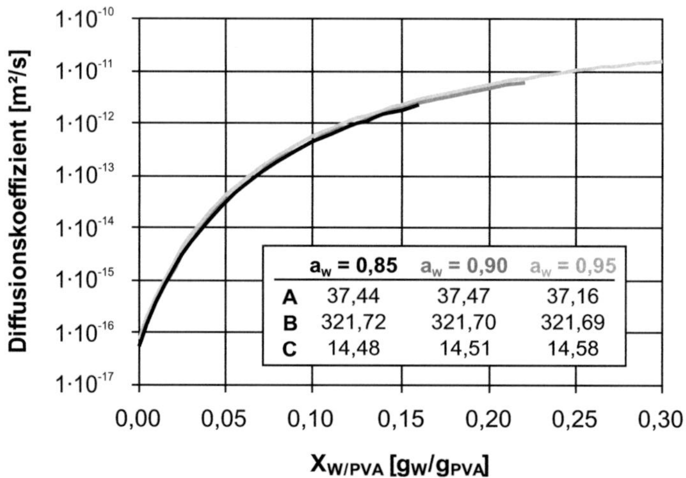

Abb. 6.16: Quantifizierung des Diffusionskoeffizienten $D_{W/PVA}(X_{W/PVA})$ auf Basis der instationären Analyse der Gasphasensorption; $T = 25°C$.

Da das Sorptionsgleichgewicht für $a_W \rightarrow 1$ empfindlich auf selbst minimale Fluktuationen der Lösemittelaktivität reagiert, ist die experimentell handhabbare Gasphasenaktivität – und damit das der Analyse zugängliche Konzentrationsintervall – nach oben beschränkt, so dass ergänzend der instationäre Ausgleich der Lösemittelbeladung zwischen zwei übereinander geschichteten, unterschiedlich vorbeladenen Membranproben verfolgt werden soll, um die getroffenen Aussagen über die Stofftransportcharakteristik des vernetzten Materials auch für den verbleibenden Bereich mittlerer Lösemittelbeladungen ($X_{W/PVA} \approx 0,3 - 2$ gW/gPVA) experimentell verankern zu können.

6.2.2 Lösemittelkonzentrationsausgleich

Die instationäre Analyse des Konzentrationsausgleichs zwischen Membranproben unterschiedlicher Anfangsbeladung erlaubt es, das überstrichene Konzentrationsintervall vergleichsweise flexibel festzulegen und die Stofftransportcharakteristik so gezielt für den bislang nicht zugänglichen Beladungsbereich abzuklären. Analog zu den oben diskutierten Sorptionsuntersuchungen
kann der Diffusionskoeffizient auch hier aus dem Abgleich experimenteller
und berechneter Lösemittelbeladungsprofile gewonnen werden, wobei der Simulation zunächst wieder das bereits bewährte, in Abschnitt 3 erörterte Modell zugrunde gelegt wird.

Versuchsaufbau

Die experimentelle Analyse geht von zwei unterschiedlich vorbeladenen
Membranproben aus, welche – wie in Abb. 6.17 gezeigt – auf ein Glassubstrat
aufgebracht und mit einem zweiten Glasobjektträger abgedeckt werden, welcher an den Rändern mit Schlifffett versiegelt ist, um den Stoffaustausch mit
der Umgebung zu unterbinden. Der Beladungsausgleich wird dann mithilfe
der Inversen-Mikro-Raman-Spektroskopie verfolgt, wobei die Probe während
der Messung in einem temperierten Strömungskanal (vgl. Abb. 2.1) auf der
gewünschten Versuchstemperatur ($T = 25°C$) gehalten wird.

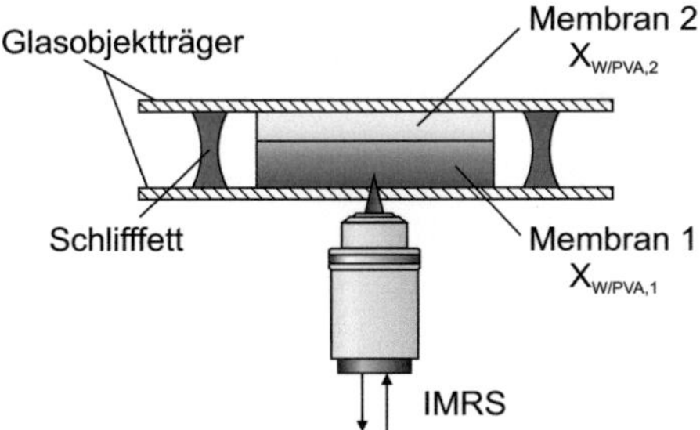

Abb. 6.17: Versuchsaufbau zur zeitaufgelösten Charakterisierung des Lösemittelkonzentrationsausgleichs am Beispiel physikalisch vernetzter PVA-
Membranen.

Der folgende Abschnitt diskutiert die mit der gewählten Anordnung erhaltenen Messdaten mit Blick auf die angestrebte Quantifizierung des Diffusionskoeffizienten, bevor die experimentelle Methode dann einer abschließenden Bewertung unterzogen wird.

Quantifizierung des Diffusionskoeffizienten

Als Ausgangspunkt für die Bestimmung des Diffusionskoeffizienten wird der Lösemittelkonzentrationsausgleich nachfolgend für verschiedene Membranpaarungen betrachtet (Tab. 6.2). Da die unter den gegebenen apparativen Randbedingungen maximal zugängliche Schichtdicke auf ~ 170 µm begrenzt ist, können Dicke und Anfangsbeladung der Membranproben dabei nicht beliebig kombiniert werden und das zu analysierende Konzentrationsintervall ist auch hier nicht unbegrenzt nach oben offen.

Messung	$X_{W/PVA,0,1}$	$s_{tr,1}$	$X_{W/PVA,0,2}$	$s_{tr,2}$
110204	0,9553	30,20 µm	0,0078	29,93 µm
110513	2,8597	24,98 µm	0,0160	41,64 µm
110601	1,4235	29,29 µm	0,1739	54,94 µm

Tab. 6.2: Membranpaarungen für die nachfolgend diskutierten Ausgleichsversuche. $X_{W/PVA,0,i}$ – Anfangsbeladung von Membran i; $s_{tr,i}$ – Trockendicke von Membran i.

Abb. 6.18 zeigt am Beispiel repräsentativ ausgewählter Messdaten den Ausgleich des anfänglich aufgeprägten Beladungsgradienten; dargestellt ist dabei wieder die lokale Wasserbeladung des Polymers über der zugehörigen Position in der Membran, wobei die Position 0 die Unterseite des Membranstapels markiert. Zusätzlich eingetragen ist die auf Basis des in Abschnitt 3 dargelegten Modells numerisch erhaltene Konzentrationsverteilung. Die Gegenüberstellung von Messung und Rechnung zeigt, dass der Stofftransport in dem vernetzten Material auch für das hier analysierte Beladungsintervall erfolgreich durch die Kombination aus Fick'scher Kinetik und einem Exponentialansatz für den Diffusionskoeffizienten nach Gl. (3.35) beschrieben werden kann, sofern die Modellparameter geeignet gewählt werden.

Aus Abb. 6.18 ist nun insbesondere auch ersichtlich, dass der Beladungsausgleich in der vernetzten Polymerphase – verglichen mit der oben betrachteten Lösemittelaufnahme aus der Gasphase – rasch verläuft und sich die anfänglichen Gradienten in dem gezeigten Beispiel bereits nach 3 min weitgehend nivelliert haben. Trotz der hohen zeitlichen Auflösung der spektroskopischen Messtechnik (~ 1 s) muss daher eine vergleichsweise grobe Schrittweite (8 µm) gewählt werden, um der Dynamik des Prozesses gerecht zu werden und eine hinreichend große Datenbasis für den Abgleich der simulierten Konzentrationsprofile zu schaffen. Die hohe Dynamik stellt dabei auch eine besondere Herausforderung für die zuverlässige Anpassung der Modellparameter dar und schlägt sich schließlich in der Güte nieder, mit welcher der Diffusionskoeffizient angegeben werden kann, so dass die anhand der Membranpaarungen aus Tab. 6.2 ermittelten Verläufe $D_{W/PVA}(X_{W/PVA})$ in Abb. 6.19 erwartungsgemäß stärker variieren als zuvor beobachtet.

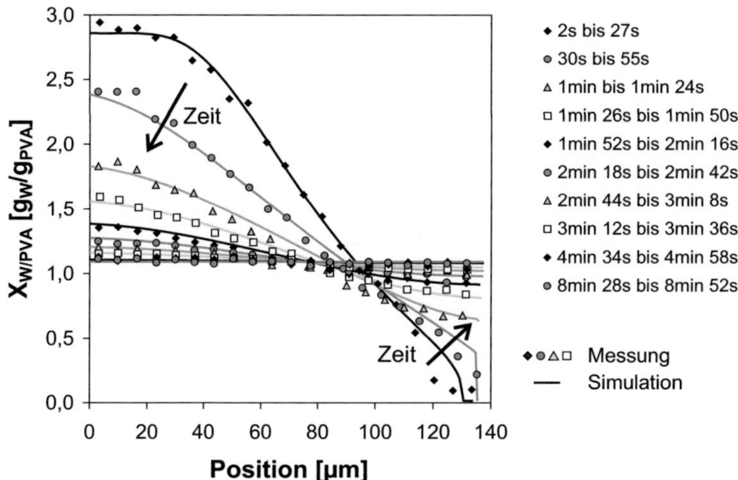

Abb. 6.18: Instationäre Analyse des Konzentrationsausgleichs zwischen zwei PVA-Membranproben unterschiedlicher Anfangsbeladung (Messung 110513).
$T = 25°C$; $X_{W/PVA,0,1} = 2{,}8597$ gw/gPVA; $s_{tr,1} = 24{,}98$ μm;
$X_{W/PVA,0,2} = 0{,}0160$ gw/gPVA; $s_{tr,2} = 41{,}64$ μm; $1/n_z = 0{,}88$.

Als direkte Folge der – notwendigerweise – grob gewählten Schrittweite ist gerade für das nieder beladene Polymermaterial die Anzahl der verfügbaren Datenpunkte reduziert. Da sich gleichzeitig auch die Filmunterseite nur mit verminderter Präzision festlegen lässt, ist die Anpassung der berechneten an die experimentellen Konzentrationsprofile für $X_{W/PVA} \rightarrow 0$ sowie den Bereich steiler Gradienten unausweichlich mit einer erhöhten Unsicherheit behaftet. Um dem nach Möglichkeit entgegenzuwirken und zu überprüfen, inwieweit die Einbeziehung der angesprochenen niederen Lösemittelbeladungen sich nachteilig auf die quantitative Analyse auswirkt, wurde durch geeignete Einstellung der Anfangsbeladungen gezielt ein Ausschnitt des interessierenden Konzentrationsintervalls herausgegriffen (vgl. Abb. 6.19, Messung

110601). Die im Hinblick auf die insgesamt beobachtete experimentelle Streuung zufriedenstellende Übereinstimmung der unterschiedlichen Datensätze zeigt dabei, dass die Bestimmung des Diffusionskoeffizienten nicht durch die Wahl der experimentellen Randbedingungen ($X_{W/PVA,0,i}$ und $s_{tr,i}$) beeinflusst ist.

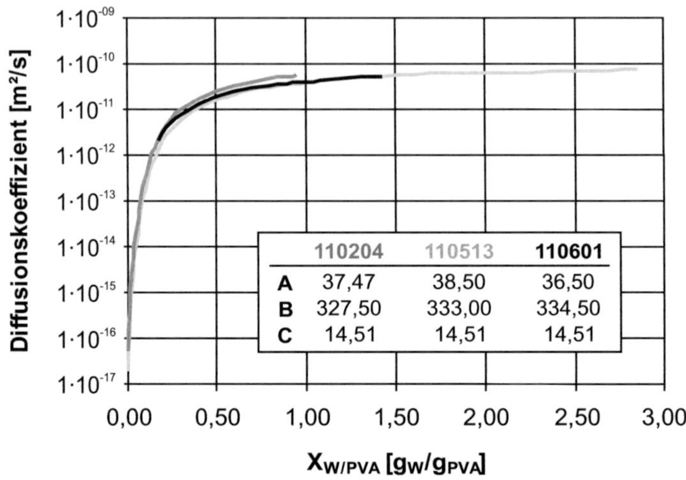

	110204	110513	110601
A	37,47	38,50	36,50
B	327,50	333,00	334,50
C	14,51	14,51	14,51

Abb. 6.19: Quantifizierung des Diffusionskoeffizienten $D_{W/PVA}(X_{W/PVA})$ auf Basis der instationären Analyse des Lösemittelkonzentrationsausgleichs. Angegeben sind die durch Fehlerquadratminimierung erhaltenen Modellparameter A, B und C für den der Analyse zugrundeliegenden allg. Exponentialansatz nach Gl. (3.35); $T = 25°C$.

Zur Bewertung der analytischen Methode dient an dieser Stelle der Vergleich mit den Diffusionsdaten, welche zuvor aus der instationären Analyse der Gasphasensorption erhalten wurden. Abb. 6.20 bestätigt dabei, dass beide Ansätze grundsätzlich konsistente Transportparameter liefern. Während sich die der Analyse immanenten Unsicherheiten bei Betrachtung des Lösemittelkonzentrationsausgleichs für $X_{W/PVA} \rightarrow 0$ aufaddieren, reduziert sich bei der Gasphasensorption die Zuverlässigkeit der Bestimmung für das obere Ende des zugehörigen Beladungsintervalls, d.h. für $X_{W/PVA} \rightarrow X_{W/PVA,GGW}$, da der Sorptionsprozess mit zunehmendem Wassergehalt der Membran – und damit steigendem Diffusionskoeffizienten – einer verstärkt gasseitigen Kontrolle unterliegt.

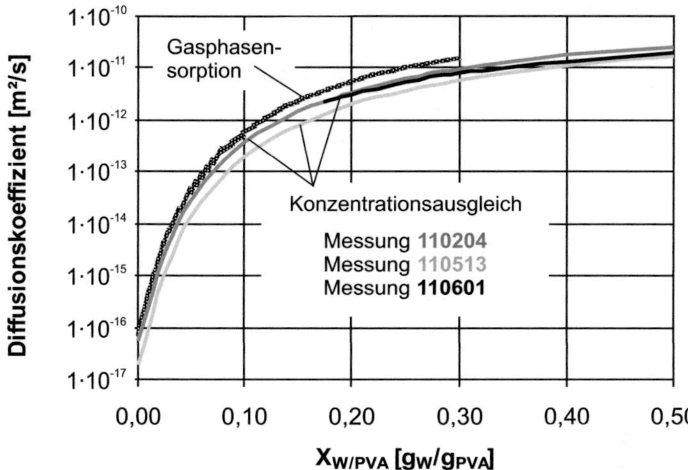

Abb. 6.20: Validierung der analytischen Methode anhand der vergleichenden Gegenüberstellung von Diffusionsdaten aus der instationären Analyse von Gasphasensorption und Lösemittelkonzentrationsausgleich; $T = 25°C$.

Vor diesem Hintergrund kann abschließend festgehalten werden, dass die instationäre Analyse der Gasphasensorption aufgrund ihrer erhöhten Präzision gerade bei der Charakterisierung des nieder beladenen Polymers vorzuziehen ist; eine Erweiterung zu höheren Konzentrationen ist dann durch Betrachtung des Lösemittelkonzentrationsausgleichs möglich, wenn im Gegenzug eine breitere Streuung der Messdaten in Kauf genommen wird. Im nächsten Abschnitt sollen nun die aus stationärer und instationärer Analyse gewonnenen Erkenntnisse im Hinblick auf den Stofftransport in einem vernetzten Polymer diskutiert und die zugehörigen Diffusionskoeffizienten einander vergleichend gegenübergestellt werden.

6.3 Zusammenfassende Diskussion

Die Abklärung der Stofftransportcharakteristik des vernetzten Polymers stellt insofern besondere Anforderungen an die experimentelle Analyse, als dass ein Konzentrationsbereich zu erschließen ist, welcher von der vollständig gequollenen Polymermembran bis zum lösemittelfreien Material reicht. Dem begegnet diese Arbeit durch Implementierung der oben diskutierten experimentellen Konzepte, welche jeweils gezielt auf ein ausgewähltes Konzentrationsinter vall abgestimmt sind und sich in geeigneter Weise gegenseitig ergänzen (vgl. Abb. 6.1).

Die Gesamtheit der so gewonnenen Erkenntnisse bestätigt dabei, dass die Stofftransportprozesse in der vernetzten Polymermembran – bei entsprechender Wahl der modellspezifischen Parameter – für den <u>kompletten</u> Konzentrationsbereich erfolgreich auf Basis der für unvernetzte Polymersysteme etablierten Phasengleichgewichts- und Stofftransportansätze beschrieben werden können, womit nun auch die eingangs aufgestellte Hypothese verifiziert ist. Insbesondere lässt sich der Stofftransport in der vernetzten Polymerphase gemäß dem der Analyse zugrundeliegenden Modell (vgl. Abschnitt 3) durch eine Fick'sche Kinetik abbilden, sofern die Konzentrationsabhängigkeit des Diffusionskoeffizienten geeignet erfasst wird. Dazu hat sich hier die Verwendung des allgemeinen Exponentialansatzes nach Gl. (3.35) als vorteilhaft erwiesen.

Für eine abschließende Bewertung der unter diesen Randbedingungen erhaltenen Transportparameter – und damit schlussendlich eine Validierung der implementierten Modellgleichungen selbst – sind die oben ermittelten Diffusionskoeffizienten einander in Abb. 6.21 vergleichend gegenübergestellt, wobei der Übersichtlichkeit wegen nur einige repräsentativ ausgewählte Datensätze aufgenommen wurden; zusätzlich ist der Selbstdiffusionskoeffizient von Wasser ($2{,}299 \cdot 10^{-9}$ m²/s bei 25°C, Mills 1973) als strichpunktierte Linie eingetragen. Es ist ersichtlich, dass die erarbeiteten experimentellen Konzepte untereinander <u>konsistente Diffusionsdaten</u> liefern, wobei die an den Schnittstellen beobachteten, im Hinblick auf die generelle experimentelle Genauigkeit etwas stärkeren Variationen nicht zuletzt darauf zurückzuführen sind, dass die Bestimmung des Diffusionskoeffizienten für die Randbereiche des jeweiligen Konzentrationsintervalls – wie in Abschnitt 6.1 und 6.2 diskutiert – grundsätzlich mit einer erhöhten Unsicherheit behaftet ist.

Dabei weist der für das vernetzte Material erhaltene Diffusionskoeffizient mit sinkender Lösemittelbeladung einen Abfall um mehrere Größenordnungen auf. Die Beurteilung der vorliegenden Absolutwerte erfolgt hier anhand eines Vergleichs mit dem Selbstdiffusionskoeffizienten von Wasser, welcher für den – bei Betrachtung eines vernetzten Polymers hypothetischen – Zustand der unendlichen Verdünnung ($X_{W/PVA} \to \infty$) als Grenzwert erwartet wird. Abb. 6.21 zeigt, dass die vorliegende Analyse Diffusionskoeffizienten liefert, welche nicht nur qualitativ den für Polymersysteme typischen Abhängigkeiten folgen, sondern sich insbesondere auch quantitativ in einer

<u>physikalisch sinnvollen</u> Größenordnung bewegen, was die Qualität der erhaltenen Parameterwerte und in der Folge die Gültigkeit des Stofftransportmodells bestätigt, welches der Betrachtung zugrunde liegt.

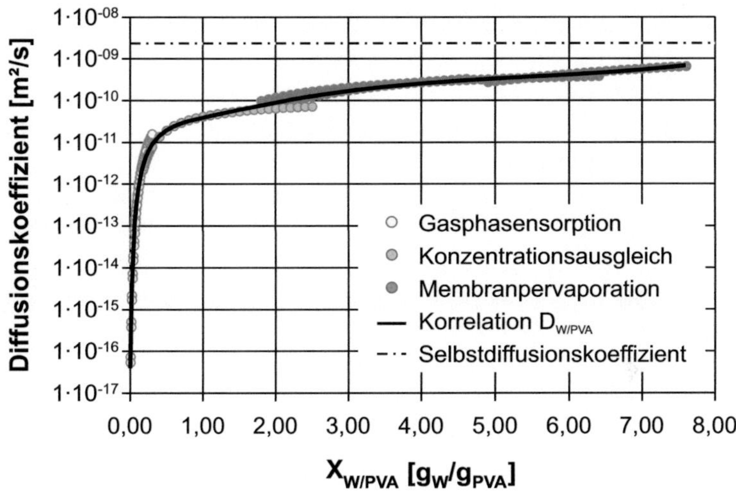

Abb. 6.21: Vergleichende Gegenüberstellung der experimentell erhaltenen Diffusionskoeffizienten aus den Abschnitten 6.1.3, 6.2.1, 6.2.2 (ausgewählte Datensätze) sowie empirische Korrelation nach Gl. (6.10); $T = 25°C$. Eine vergleichbare Auftragung über dem Massenbruch x_W findet sich in Anhang A.15.

Somit erscheint es nun abschließend angezeigt, eine Bestimmungsgleichung bereitzustellen, welche es – nicht zuletzt im Hinblick auf die Handhabbarkeit in ingenieurpraktischen Berechnungen – erlaubt, den Diffusionskoeffizienten $D_{W/PVA}$ für den gesamten Konzentrationsbereich über einen einheitlichen Ansatz darzustellen. Zu diesem Zweck wurde eine auf dem allgemeinen Exponentialansatz aufbauende empirische Korrelationsfunktion der Form

$$D_{W/PVA} = \sum_{i=1}^{3} exp\left\{ -\frac{A_i + B_i \cdot X_{W/PVA}}{1 + C_i \cdot X_{W/PVA}} \right\}, \quad 0 \leq X_{W/PVA} \leq 7{,}6 \text{ g}_W/\text{g}_{PVA} \quad (6.10)$$

gewählt, wobei die Fitparameter A_i, B_i und C_i ($i = 1...3$) durch Anpassung an die in den Abschnitten 6.1.3, 6.2.1 und 6.2.2 vorgestellten Diffusionsdaten bestimmt wurden (vgl. Tab. 6.3).

Gegenüber den der Anpassung zugrundegelegten Transportdaten ist die Spezifizierung des Diffusionskoeffizienten über Gl. (6.10) mit einer mittleren

Abweichung von 14 % verbunden, was in einer der erreichten experimentellen Genauigkeit vergleichbaren Größenordnung liegt (vgl. Abschnitt 6.1.3). Um nun das Verhalten der ermittelten empirischen Korrelationsfunktion auch in der praktischen Berechnung bewerten zu können, wurde für die beispielhaft betrachteten Transportsituationen – Membranpervaporation, Lösemittelkonzentrationsausgleich und Gasphasensorption – jeweils der im entsprechenden Abschnitt vorgestellte Versuch erneut simuliert. Die Gegenüberstellung der experimentell und numerisch ermittelten Konzentrationsverteilungen in Anhang A.16 lässt dabei erkennen, dass die Wiedergabe der Messdaten – verglichen mit der Verwendung der spezifisch angepassten Parametersätze – hier erwartungsgemäß mit etwas reduzierter Güte erfolgt, die charakteristischen Merkmale im Kurvenverlauf sowie – für den instationären Fall die Zeitabhängigkeiten – jedoch durchgängig richtig erfasst werden. Somit ist die Korrelation des Diffusionskoeffizienten $D_{W/PVA}$ über Gl. (6.10) für den gesamten analysierten Konzentrationsbereich zulässig, wobei sich die bereitgestellte Bestimmungsgleichung gerade für die ingenieurmäßige Bearbeitung von Stofftransportaufgaben in vernetztem Polyvinylalkohol gut eignet.

i	A_i	B_i	C_i
1	37,7613	428,3661	18,4288
2	332,5012	46,3801	3,8941
3	479,4826	1386,6290	66,9994

Tab. 6.3: Parametersatz für die Berechnung des Diffusionskoeffizienten $D_{W/PVA}$ aus der empirischen Korrelationsfunktion nach Gl. (6.10); $T = 25°C$.

Aus den Gleichgewichtsbetrachtungen in Abschnitt 5.1.1 ist bereits bekannt, dass sich mit dem Wassergehalt der physikalisch vernetzten Membran auch ihr Kristallinitätsgrad ändert. Da die charakteristische dreidimensionale Netzwerkstruktur nicht zuletzt die makroskopischen Eigenschaften des Polymermaterials beeinflusst, stellt sich nun die Frage nach Art und Zeitskala der durch das Lösemittel induzierten strukturellen Umlagerungen – und nach dem Verhältnis, in welchem eine derart veränderliche Mikrostruktur und die Lösemitteldiffusion in der Membran zueinander stehen.

7 Untersuchungen zur Membranstruktur [11]

Die makroskopischen Eigenschaften eines vernetzten Polymers sind nicht allein auf Komposition und Architektur einzelner Makromolekülketten rückführbar, sondern werden maßgeblich durch die morphologische Struktur bestimmt, welche dem Netzwerk während der Herstellung sowie den nachgeschalteten Verfahrensschritten aufgeprägt wird (Mandelkern 1983, Strobl 2007). So wird für polymere Stoffaustauschmembranen beispielsweise eine Abhängigkeit der sorptiven (z.B. Yeo & Yeager 1985, Onishi et al. 2007) und permeativen (z.B. Huang & Paul 2004, Qiao et al. 2005, Wang et al. 2008) Eigenschaften von der thermischen Vorgeschichte des vernetzten Materials beobachtet; eine mögliche Wärmebehandlung wirkt sich auch auf die für Brennstoffzellenanwendungen besonders relevante Größe der Protonenleitfähigkeit von Nafion® aus (Sone et al. 1996).

Um für den spezifischen Anwendungsfall – sei es als selektive Barriere für die Aufreinigung von Gas- und Flüssigkeitsströmen, ionenleitender Polymerelektrolyt oder umgebungssensitives Matrixmaterial – das optimale Leistungsspektrum der vernetzten Schicht abzurufen, ist es demnach erstrebenswert, mögliche nachgelagerte Strukturänderungen bereits vorab zu überschauen, da sich derartige Variationen in einem abweichenden Materialverhalten widerspiegeln können. In diesem Zusammenhang ist gerade für hydrophile Polymere die langfristige strukturelle Stabilität in einer wasserfeuchten Umgebung von Bedeutung. So weist das hier beispielhaft betrachtete physikalisch vernetzte PVA-Membranmaterial – wie in Abschnitt 5.1.1 qualitativ diskutiert – einen signifikant durch die thermische Vorgeschichte des Polymers bestimmten teilkristallinen Charakter auf, welcher in einer feuchten Umgebung zusätzlich durch die Wasseraufnahme der Membran beeinflusst wird.

Im Folgenden soll nun insbesondere überprüft werden, auf welcher Zeitskala die durch das Lösemittel induzierten Umlagerungen ablaufen und welche Wechselwirkung mit dem überlagerten Diffusionsprozess besteht. Parallel zur Wasseraufnahme in die Polymermembran wurde deshalb stellvertretend für die Entwicklung der semikristallinen Netzwerkstruktur der Verlauf des Kristallinitätsgrades α_{cr} verfolgt, wobei sich stationäre und zeitaufgelöste Betrachtungen vorteilhaft ergänzen. Um die Vergleichbarkeit der experimentellen Daten zu gewährleisten, wurden die vermessenen Membranproben (Be-

---

[11] Die Ergebnisse sind im J. Membr. Sci. 389 (2012) 162-172 publiziert.

ladung vor Trocknung $X_{W/PVA}$ = 10,3013 ± 0,7596 g_W/g_{PVA}) vollständig gemäß dem in Abschnitt 4.1 festgeschriebenen Protokoll vorbehandelt und im trockenen Zustand auf Restfeuchte ($X_{W/PVA,0}$ = 0,0436 ± 0,0076 g_W/g_{PVA}) und Kristallinitätsgrad ($\alpha_{cr,0}$ = 0,2909 ± 0,0057) hin überprüft, womit zugleich die Reproduzierbarkeit der Probenpräparation bestätigt ist.

7.1 Stationäre Analyse

Die Analyse der durch die Wasseraufnahme in das semikristalline Membranmaterial induzierten strukturellen Umlagerungen geht zunächst von einer Betrachtung der Kristallinitäten aus, welche sich im Gleichgewicht mit einer Gasphase definierter Wasseraktivität einstellen. Wie bereits in Abschnitt 5 einleitend bemerkt, soll der Begriff Gleichgewicht dabei Membranzustände bezeichnen, welche im Rahmen der experimentellen Genauigkeit für die hier relevante Zeitskala von wenigen Wochen keiner systematischen Variation hinsichtlich ihres Wassergehalts bzw. Kristallinitätsgrads unterworfen sind, wobei längerfristige morphologische Veränderungen explizit nicht ausgeschlossen sind.

Abb. 7.1 zeigt nun die Abhängigkeit der Gleichgewichtskristallinität vom Wassergehalt der Polymermembran; zusätzlich eingetragen sind die entsprechenden Aktivitätswerte. Demnach folgt der Kristallinitätsgrad mit steigender Wasseraufnahme in das vernetzte Material keinem monoton veränderlichen Verlauf, sondern erreicht vielmehr für $X_{W/PVA}$ ≈ 0,075 g_W/g_{PVA} – entsprechend a_W ≈ 0,7 – einen Maximalwert, so dass als Triebkraft für die in Gegenwart von Wasser auftretende strukturelle Umordnung eine <u>Überlagerung zweier gegenläufiger Effekte</u> erwartet wird.

Für niedrige Lösemittelbeladungen wird mit zunehmender Gasphasenaktivität so zunächst ein Anstieg der Kristallinität beobachtet. Wie oben ausgeführt umfasst die Vorbereitung der physikalisch vernetzten PVA-Proben als abschließenden Schritt stets die definierte Trocknung des vollständig gequollenen Materials. In dem resultierenden lösemittelfreien Film verfügen die Polymerketten nun über eine stark eingeschränkte Mobilität, so dass die durch die Trocknung aufgeprägte morphologische Struktur nicht notwendigerweise der energetisch günstigsten Konformation entspricht. Mit steigender Lösemittelaktivität, d.h. steigendem Wassergehalt, wird das Polymer – wie es in einer sinkenden Glasübergangstemperatur zum Ausdruck kommt (Rault 1995) – zunehmend plastifiziert. Die Polymerketten gewinnen wieder an Mobilität, die Ausrichtung der Hydroxyl-Seitengruppen und in der Folge die Ausbildung von Wasserstoffbrückenbindungen wird begünstigt. Da ein regelmäßig geordnetes Gefüge einer Konformation reduzierter Energie entspricht, ist die räumliche Orientierung der Makromolekülketten – und damit die Bildung von Kristalliten – thermodynamisch begünstigt (Mandelkern 1983) und das System strebt nach Möglichkeit einem höheren Ordnungszustand entgegen. Sobald die Polymerketten in der Gegenwart von Lösemittel nun eine hinreichend hohe Mobilität erlangt haben, kommt es zu Umlagerungsprozessen, welche mit der Bildung kristalliner Bereiche einhergehen und so zu dem beobachteten Anstieg der Gleichgewichtskristallinität führen.

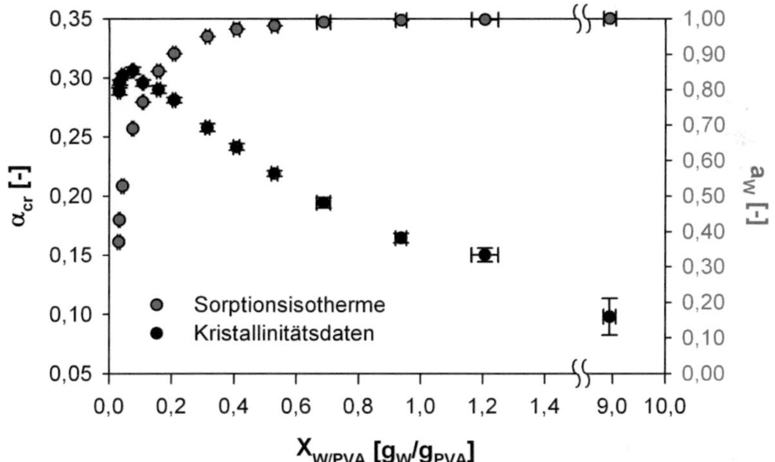

Abb. 7.1: Abhängigkeit der Gleichgewichtskristallinität α_{cr} von der Wasserbeladung $X_{W/PVA}$ der physikalisch vernetzten PVA-Membran. Die Sekundärachse gibt die zugehörigen Aktivitätswerte a_W an; $T = 25°C$.

Mit zunehmender Gasphasenaktivität bewirkt die weitere Aufnahme von Lösemittel in das Polymer schließlich ein Absinken der Gleichgewichtskristallinität. Die Wassersorption geht unmittelbar mit der Quellung der physikalisch vernetzten Matrix einher, so dass infolge der mechanischen Spannungen, welche aus der zunehmenden Verstreckung der Polymerketten resultieren, schlussendlich ein Teil der Kristallite aufbricht. Sobald die Auflösung geordneter Strukturen die durch das Lösemittel katalysierte Kristallitbildung überwiegt, setzt die beobachtete Reduktion des Kristallinitätsgrades ein, wobei sich der Anteil des kristallinen Materials für einen Anstieg der Gasphasenaktivität von $a_W = 0,69$ auf $a_W = 0,997$ in etwa halbiert. Da die Sorptionsisotherme für $a_W \rightarrow 1$ sehr flach verläuft, bewirkt hier bereits eine minimale Erhöhung der Aktivität eine deutliche Zunahme des Wassergehalts, so dass nur hinreichend stabile Kristallite erhalten bleiben und sich in der vollständig gequollenen PVA-Membran eine Kristallinität von $\alpha_{cr} = 0{,}0978 \pm 0{,}0154$ einstellt. Die dabei beobachtete, etwas erhöhte Standardabweichung ist auf die Verdünnung des Systems mit Lösemittel zurückzuführen, welche in dem der Analyse zugrundeliegenden Wellenzahlbereich einen Rückgang der Signalintensität bewirkt.

Somit ist die Gleichgewichtsstruktur der feuchten Membran durch die Überlagerung zweier gegenläufiger morphologischer Entwicklungen gekennzeichnet, welche durch die Aufnahme des Lösemittels in das semikristalline Netzwerk induziert werden. In einer nachgeschalteten zeitaufgelösten Analyse soll nun insbesondere die Zeitskala der strukturellen Veränderungen abgeklärt werden, um schließlich Aussagen über die Wechselbeziehung mit der Lösemittelaufnahme treffen zu können. Da die bedeutsamsten Effekte dabei nach Abb. 7.1 für den Bereich niedriger Wasserbeladungen ($X_{W/PVA} < 0{,}30$ g$_W$/g$_{PVA}$) erwartet werden, liegt der Fokus hier auf der Lösemittelaufnahme aus der vorbeladenen Gasphase.

7.2 Zeitaufgelöste Analyse

Die mit der Wasseraufnahme einhergehende Umordnung der semikristallinen PVA-Netzwerkstruktur wurde unter Verwendung der in Abschnitt 6.2 eingeführten Sorptionszelle (vgl. Abb. 6.12) bei isothermen Versuchsbedingungen ($T = 25{°}C$) verfolgt. Da für sämtliche analysierten Wasseraktivitäten dabei grundsätzlich die gleichen Charakteristika beobachtet werden, konzentriert sich die nachfolgende Betrachtung auf die Gasphasensorption bei $a_W = 0{,}95$, für welche die zu diskutierenden Effekte am deutlichsten ausgeprägt sind.

Abb. 7.2 (a) veranschaulicht das Verhalten der semikristallinen Membranstruktur während der Wassersorption anhand der ortsaufgelösten Kristallinitätsprofile. Dabei liegt die Membran wie gehabt an der Position 0 auf dem undurchlässigen Glassubstrat auf und steht an ihrer Oberseite mit der entsprechend vorbeladenen Gasphase in Kontakt. Aus den lokalen Daten folgt unmittelbar die zugehörige integrale Verlaufskurve, indem für jedes Profil der mittlere Kristallinitätsgrad berechnet und über der entsprechenden mittleren Zeit aufgetragen wird (Abb. 7.3). Zusätzlich dargestellt ist hier die Gleichgewichtskristallinität $\alpha_{cr,GGW}$, welche zuvor in unabhängigen Messungen ermittelt wurde (vgl. Abb. 7.1). Dabei ist bereits zu erkennen, dass die Wasseraufnahme in das physikalisch vernetzte Material unter den gegebenen Randbedingungen mit einer merklichen Reduktion der Kristallinität einhergeht, der Kristallinitätsgrad jedoch nicht monoton auf seinen Gleichgewichtswert $\alpha_{cr,GGW}$ absinkt, sondern vielmehr ein deutlich ausgeprägtes Unterschwingen auftritt.

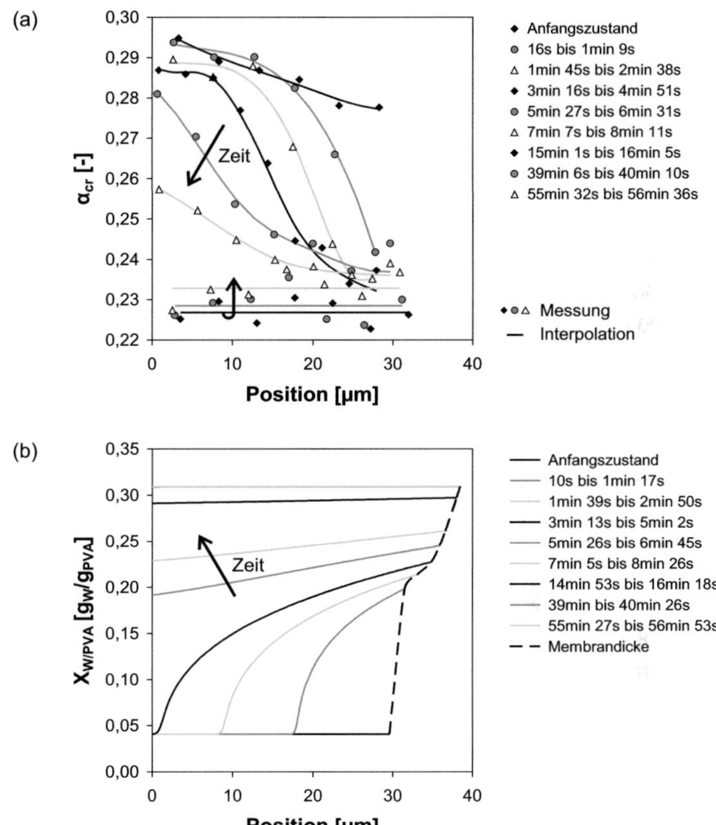

Abb. 7.2:   (a)   Entwicklung des lokalen Kristallinitätsgrades während der Wassersorption in eine physikalisch vernetzte PVA-Membran.

(b)   Vergleich mit den korrespondierenden simulierten Lösemittelkonzentrationsprofilen.

$T = 25°C$; $a_W = 0{,}9497$; $\alpha_{cr,0} = 0{,}2867$; $X_{W/PVA,0} = 0{,}0407$ g$_W$/g$_{PVA}$; $s_{tr} = 28{,}22$ µm; $1/n_z = 0{,}91$; $\beta_g = 0{,}016$ m/s.

Das Verhalten der semikristallinen Polymerstruktur soll nachfolgend insbesondere auch mit Blick auf den zeitlichen Verlauf der Wassersorption in die Membran diskutiert werden. Da die experimentelle Bestimmung von Kristallinität und Lösemittelbeladung jedoch aufgrund stark unterschiedlicher Signalintensitäten in den zu analysierenden Spektralbereichen jeweils spezifische Geräteeinstellungen (Integrationszeit, Gitter etc.) erfordert und es für einen hochgradig dynamischen Prozess wie die Gasphasensorption nicht möglich ist, während des Versuchs diesbezüglich Änderungen vorzunehmen, sind die Parameter α_{cr} und $X_{W/PVA}$ nicht aus ein- und demselben Spektrensatz zugänglich. Erst sobald es die Sorptionsdynamik erlaubt, größere Messintervalle zu wählen, können Kristallinität und Wassergehalt der zu charakterisierenden Probe in aufeinanderfolgenden Messungen ermittelt werden. Um die Entwicklung von Membranstruktur und Lösemittelaufnahme dennoch für identische Randbedingungen (s_{tr}, a_W, $X_{W/PVA,0}$ etc.) beurteilen zu können, wurde die Wassersorption in das Polymernetzwerk mithilfe des zuvor aufgestellten und validierten Stofftransportmodells (vgl. Kapitel 3 und 6) ausgewertet. Die erhaltenen Konzentrationsprofile sowie die zugehörige integrale Sorptionsverlaufskurve sind ergänzend in Abb. 7.2 (b) und Abb. 7.3 aufgetragen.

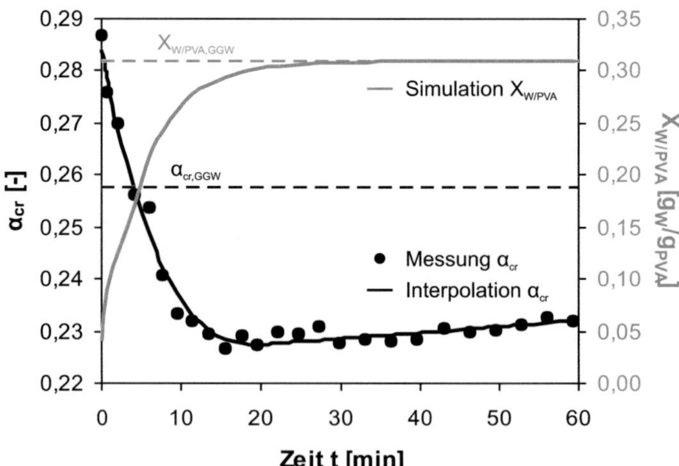

Abb. 7.3:   Verlauf von integralem Kristallinitätsgrad α_{cr} und zugehöriger Wasserbeladung $X_{W/PVA}$ für die Gasphasensorption in eine physikalisch vernetzte PVA-Membran.

$T = 25°C$; $a_W = 0{,}9497$; $\alpha_{cr,0} = 0{,}2867$; $X_{W/PVA,0} = 0{,}0407$ g$_W$/g$_{PVA}$; $s_{tr} = 28{,}22$ μm; $1/n_z = 0{,}91$; $\beta_g = 0{,}016$ m/s.

Die vergleichende Gegenüberstellung von Kristallinität und Lösemittelbeladung der physikalisch vernetzten PVA-Membran verdeutlicht, dass die Zeitskala des anfänglich verzeichneten Kristallitausschmelzens derjenigen der Wasseraufnahme in den Polymerfilm entspricht (Abb. 7.3). Dabei ist der Sorptionsvorgang zu Beginn durch die Lösemitteldiffusion in der Polymerphase kontrolliert, so dass sich in der Membran anfänglich ausgeprägte Konzentrationsprofile ausbilden (Abb. 7.2 b). Da die Kristallinität in den Randbereichen höheren Wassergehalts unmittelbar absinkt, stellt sich eine über den Membranquerschnitt ebenfalls stark inhomogene Verteilung der Kristallinität ein (Abb. 7.2 a).

Mit fortschreitender Lösemittelsorption gleichen sich die Konzentrationsgradienten in der Membran zunehmend aus und die Wasserbeladung erreicht nach etwa 25 – 30 min ihren stationären Endwert. Die Strukturänderungen hingegen sind zu diesem Zeitpunkt noch nicht vollständig abgeschlossen und der Kristallinitätsgrad strebt – bei konstantem Wassergehalt des Polymers – langsam dem im Gleichgewicht gemessenen Wert entgegen, wobei eine über die Dicke der Membran ausgeglichene Verteilung beobachtet wird. Die Zunahme der Kristallinität ist vermutlich auf die in Gegenwart von Wasser erhöhte Mobilität der Polymerketten zurückzuführen, welche dreidimensionale Ordnungsprozesse – und damit die Ausbildung kristalliner Strukturen – begünstigt. Von einer vergleichbaren Entwicklung wird auch in Untersuchungen zur Langzeitstabilität vollständig gequollener PVA-Kryogele berichtet, wo eine ansteigende Kristallinität der nachgelagerten Sekundärkristallisation infolge lösemittelinduzierter Alterungsprozesse zugeschrieben wird (Hassan & Peppas 2000 a, 2000 b).

Da die Eingliederung der Polymerketten in ein dreidimensional geordnetes Gefüge makromolekulare Umlagerungen erfordert, unterliegt der Kristallisationsprozess einer kinetischen Kontrolle (Mandelkern 1983), d.h. die Kristallitbildung ist langsam verglichen mit der Auflösung kristalliner Strukturen, wo kein merklicher Zeitversatz gegenüber dem Ansteigen der Lösemittelbeladung beobachtet wird. Abb. 7.4 verdeutlicht die zeitliche Intensität der morphologischen Umstrukturierung anhand einer Messung, welche über einen Zeitraum von drei Tagen bis zum Erreichen des Gleichgewichts fortgeführt wurde. Zur Orientierung ist zusätzlich der zuvor in unabhängigen Messungen (vgl. Abb. 7.1) bestimmte stationäre Endwert $\alpha_{cr,GGW}$ als strichlierte Linie eingetragen. Je nach Gasphasenaktivität kann es dabei mehrere Tage dauern, bis die Kristallinität ihren Gleichgewichtswert erreicht, wobei die Geschwindigkeit der Kettenumlagerung infolge der reduzierten Mobilität mit sinkendem Wassergehalt abnimmt.

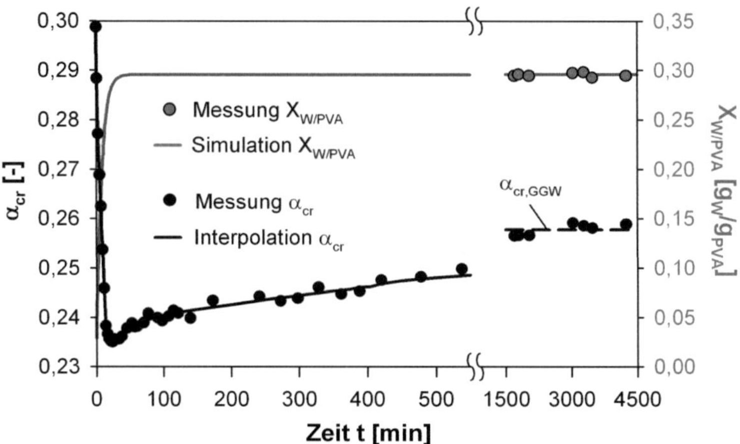

Abb. 7.4: Verlauf von integralem Kristallinitätsgrad α_{cr} und zugehöriger Wasserbeladung $X_{W/PVA}$ für die Gasphasensorption in eine physikalisch vernetzte PVA-Membran. Die Messung wurde über einen Zeitraum von drei Tagen bis zum Erreichen des Gleichgewichts fortgeführt.

$T = 25°C$; $a_W = 0{,}9492$; $\alpha_{cr,0} = 0{,}2988$; $X_{W/PVA,0} = 0{,}0287$ g$_W$/g$_{PVA}$; $s_{tr} = 38{,}06$ µm; $1/n_z = 0{,}91$; $\beta_g = 0{,}016$ m/s.

Gleichwohl kommt es bereits bei niedrigen Lösemittelbeladungen zu strukturellen Umlagerungen, welche mit der Ausbildung kristalliner Bereiche einhergehen; so lässt etwa Abb. 7.1 erkennen, dass der Kristallinitätsgrad für $a_W < 0{,}7$ gegenüber dem trockenen Material ($\alpha_{cr,0} = 0{,}2909 \pm 0{,}0057$) ansteigt. Da dieser Ordnungsprozess kinetisch kontrolliert ist, benötigen die Makromolekülketten zur Kristallisation nicht nur eine hinreichende Mobilität, sondern insbesondere auch genügend Zeit. Durch den raschen Lösemittelentzug bei der Trocknung wird nun ein Regime erreicht, in dem die Bewegung der Polymerketten in der Membran praktisch eingefroren ist – und zwar noch <u>bevor</u> die thermodynamisch getriebenen Konformationsänderungen abgeschlossen sind und sich die Makromolekülketten vollständig ausgerichtet haben. Demnach ist die semikristalline Struktur des trockenen PVA-Films nicht zuletzt auch von den Trocknungsbedingungen abhängig, wobei mit sinkender Trocknungsgeschwindigkeit ein Anstieg der Kristallinität erwartet wird. So bildet sich beispielsweise in Membranen, welche auf einem undurchlässigen Glassubstrat getrocknet werden, stets ein leichter Kristallinitätsgradient aus, wobei an der Filmunterseite, wo die Trocknung am langsamsten verläuft, auch der höchste Kristallinitätsgrad gemessen wird (vgl. Abb. 7.2 a, Anfangszustand). Bei der Wasseraufnahme in das getrocknete Polymer gewinnen die Ketten dann wieder an Mobilität und können sich in der Folge zu geordneten Kristalliten umlagern.

Um die auf Basis der bis hierhin erlangten Erkenntnisse entwickelte Hypothese der Überlagerung makromolekularer Entfaltungs- und Ordnungsprozesse weiter zu untermauern, wurde in einem nächsten Schritt die Wasseraufnahme in das Polymernetzwerk gezielt verlangsamt, indem die Umwälzung der Gasphase ausgesetzt wurde (Abb. 7.5). Sobald das sorbierte Lösemittel eine hinreichende Kettenmobilität gewährt, setzt offensichtlich der kinetisch kontrollierte Kristallisationsprozess ein und wirkt dem direkt an die Lösemittelaufnahme gekoppelten, spontanen Kristallitausschmelzen entgegen, so dass das Unterschwingen der Kristallinität bei reduzierter Sorptionsrate in ruhender Atmosphäre erwartungsgemäß zurückgeht.

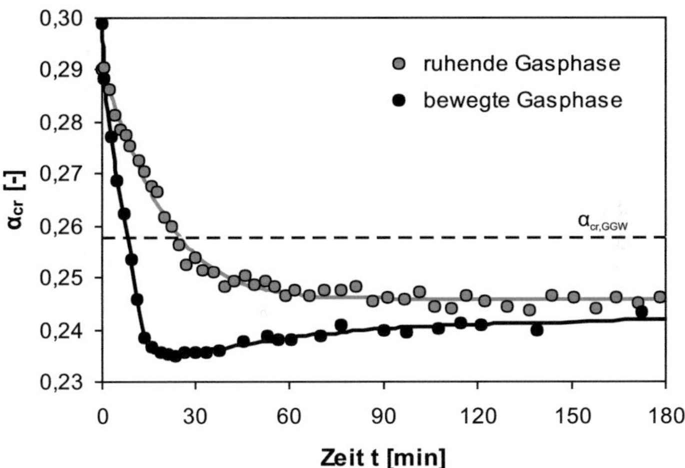

Abb. 7.5: Entwicklung der Kristallinität bei der Wassersorption in physikalisch vernetztes PVA-Membranmaterial in ruhender bzw. bewegter Gasphase. $T = 25°C$; $a_W = 0{,}95$; $s_{tr} \approx 35$ µm.

Somit scheint die Wassersorption in das vorgetrocknete PVA-Membranmaterial also von zwei gegenläufigen Effekten begleitet und der unmittelbar mit der Wasseraufnahme in das Polymernetzwerk einhergehenden Kristallitauflösung überlagert sich ein deutlich langsamerer molekularer Ordnungsprozess, welcher zur Ausbildung kristalliner Strukturen führt. Zur abschließenden Überprüfung des vorgeschlagenen Mechanismus wird nachfolgend noch die Wassersorption bei zyklisch variierender Gasphasenaktivität betrachtet.

7.3 Zyklische Variation der Gasphasenaktivität

Zur experimentellen Realisierung der Aktivitätszyklen wurde zunächst die bestehende Sorptionszelle geeignet modifiziert und mit einer zweiten Lösungskammer versehen (vgl. Anhang A.17), so dass die Gasphasenaktivität zwischen zwei definierten Werten hin- und hergeschaltet werden kann, ohne die Versuchsapparatur zu demontieren und die Gleichgewichtseinstellung unzulässig zu beeinflussen. Beginnend bei $a_W = 0{,}95$ wurde die Gasphasenaktivität dann zwischen $a_W = 0{,}95$ und $a_W = 0{,}85$ variiert und der Kristallinitätsgrad für fünf aufeinander folgende Sorptions-/Desorptionszyklen aufgezeichnet (Abb. 7.6). Der zugehörige Verlauf der Lösemittelbeladung wurde wiederum numerisch ausgewertet und ist in Abb. 7.6 ergänzend eingetragen. Die (De-)Sorption wurde dabei jeweils über einen Zeitraum von mehreren Tagen bis zum Erreichen des stationären Zustands fortgeführt, bevor eine neue Gasphasenaktivität eingestellt wurde.

Der erste Sorptionszyklus bei $a_W = 0{,}95$ entspricht der bereits oben diskutierten Wasserdampfsorption in das entsprechend Abschnitt 4.1 vorbereitete Membranmaterial (vgl. Abb. 7.3). Bei der Lösemittelaufnahme quillt das physikalisch vernetzte Polymer, die Makromolekülketten werden zunehmend verstreckt und es kommt zur Entfaltung von Kristalliten, was sich in einem anfänglich sinkenden Kristallinitätsgrad widerspiegelt. In Gegenwart von Wasser steigt jedoch zugleich die Kettenmobilität, welche in der trockenen Membran stark herabgesetzt ist, und das System strebt einem höheren Ordnungszustand entgegen, wobei es zur Ausbildung kristalliner Strukturen und damit schlussendlich dem beobachteten Anstieg der Kristallinität kommt.

Bei der anschließenden Desorption ($a_W = 0{,}85$; Zyklus 2) nimmt der Anteil des kristallinen Materials zu, wobei der Anstieg zunächst auf der gleichen Zeitskala erfolgt wie die Freisetzung des Lösemittels aus der Polymermembran. Mit sinkendem Wassergehalt, d.h. sinkender Kettenmobilität, wird die molekulare Umlagerung jedoch zunehmend verzögert, so dass sich der Ordnungsprozess bei konstanter Lösemittelbeladung des Polymers über mehrere Tage fortsetzt.

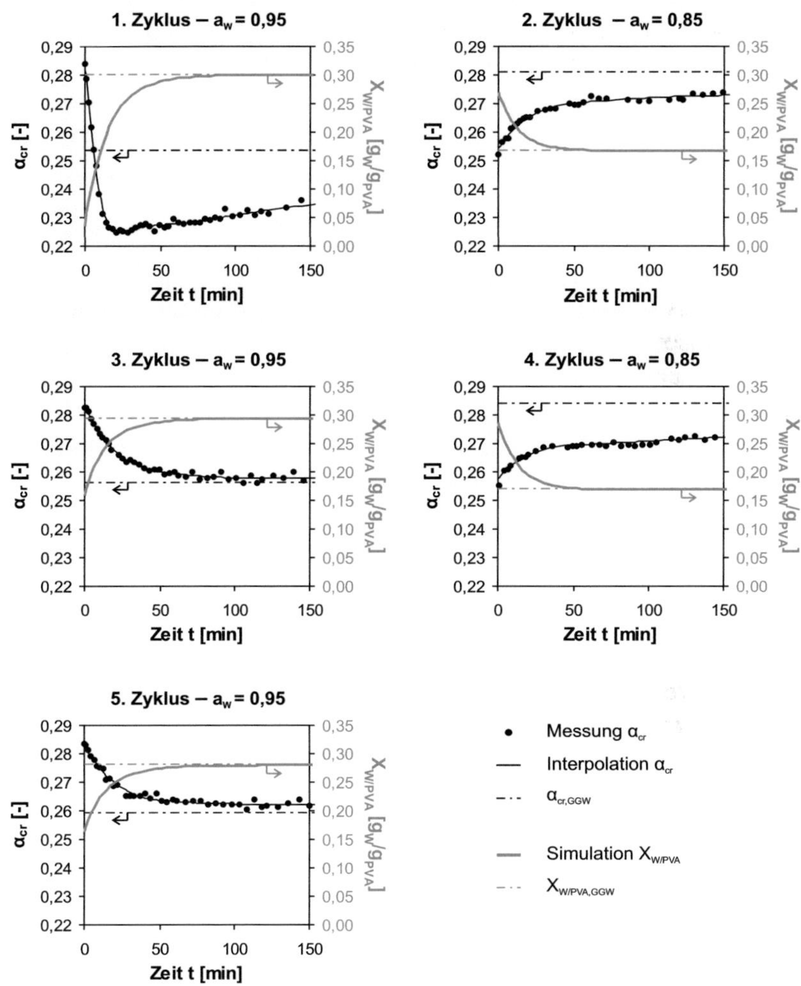

Abb. 7.6: Zyklische Sorption und Desorption – Verlauf von Kristallinitätsgrad α_{cr} und Lösemittelbeladung $X_{W/PVA}$ bei periodisch variierender Gasphasenaktivität. $a_W = 0{,}95 \leftrightarrow a_W = 0{,}85$; $T = 25°C$; $s_{tr} = 32\ \mu m$.

Die Desorption geht direkt mit dem Kollaps der eingangs gequollenen Netzwerkstruktur einher, was die Ausbildung intra- und intermolekularer Wechselwirkungen und in der Folge die Entstehung kristalliner Bereiche begünstigt. In der Gegenwart von Restfeuchte schreitet die Kettenordnung dann weiter voran. Da die morphologische Strukturierung die Reorganisation verknäulter Makromolekülketten (Sommer & Reiter 2003) erfordert, strebt die Kristallinität dabei jedoch nur langsam ihrem stationären Endwert entgegen.

Bei der erneuten Sorption auf $a_W = 0{,}95$ (Zyklus 3) wird – im Rahmen der experimentellen Genauigkeit – kein Unterschwingen der Kristallinität verzeichnet. Der Kristallinitätsgrad sinkt vielmehr direkt und ohne die zuvor beobachtete zeitintensive morphologische Reorganisation auf seinen Gleichgewichtswert ab. Im ersten Sorptionszyklus wurde durch das aufgenommene Lösemittel bereits ein molekularer Ordnungsprozess eingeleitet, dessen Grad von der Kettenmobilität und damit der eingestellten Gasphasenaktivität abhängt. Die erneute Sorption bei gleicher Aktivität ist dann nicht mehr mit ähnlich umfassenden Umlagerungen verbunden, da die Polymerketten bereits günstigere Konformationen erlangt haben, so dass in der Folge kein Minimum in der Kristallinität beobachtet wird.

Das Unterschwingen der Kristallinität ist somit bezeichnend für den Nichtgleichgewichtscharakter der trockenen Membran und sollte sich reduzieren, wenn der Wassergehalt des Polymers inkrementell erhöht und jeweils die vollständige Ausbildung der semikristallinen Netzwerkstruktur abgewartet wird. So zeigt Abb. 7.7 (a) beispielhaft den Verlauf der Kristallinität während der Wassersorption ($a_W = 0{,}95$; $T = 25°C$) in eine PVA-Membran, welche nach der Trocknung zunächst in einer wasserfeuchten Atmosphäre ($a_W = 0{,}85$; $T = 25°C$) ausgelagert wurde. Die Kristallinität sinkt auch hier anfangs unter den stationären Endwert ab, jedoch ist das Unterschwingen gegenüber der Sorption in das trockene Material (vgl. Abb. 7.6, Zyklus 1) insgesamt weniger stark ausgeprägt. Da bereits das im ersten Sorptionsschritt ($a_W = 0{,}85$) aufgenommene Lösemittel Reorganisationsprozesse induziert, verbleibt bei der weiteren Sorption ($a_W = 0{,}95$) eine reduzierte morphologische Umordnung, so dass ein flacheres Minimum im Kristallinitätsverlauf resultiert. Bei wiederholter Sorption auf $a_W = 0{,}95$ (Abb. 7.7 b) fällt die Kristallinität dann wie zuvor beobachtet monoton auf ihren Gleichgewichtswert ab.

Die betrachtete Abfolge von Sorptions- und Desorptionszyklen bewirkt schließlich einen leichten Anstieg der Gleichgewichtskristallinität, während sich der Wassergehalt der Polymermembran entsprechend reduziert (Abb. 7.6,

Zyklen 4 und 5). Diese Entwicklungstendenz konnte auch in einer unabhängigen Langzeitstudie, welche die Bestimmung von Gleichgewichtsdaten mit erhöhter Präzision erlaubt, bestätigt werden (vgl. Anhang A.17). So können sich aus kinetischen Gründen zunächst unvollkommene Kristallite ausbilden, welche in einem nachgelagerten Prozessschritt dann einen höheren Ordnungszustand erreichen. Ein solches Aufwachsen der charakteristischen Lamellenstruktur wird beispielsweise beim Auslagern semikristalliner Polymere unterhalb der Schmelztemperatur (Reiter et al. 2003) oder infolge einer zyklischen thermischen Beanspruchung (Hassan & Peppas 2000 b) beobachtet. Vor diesem Hintergrund ist es durchaus vorstellbar, dass ein inkrementeller molekularer Reorganisationsprozess, welcher durch die zyklische Variation der Wasserbeladung induziert wird, ebenfalls zur Verbesserung der kristallinen Ordnung beiträgt, was sich schlussendlich in einem Anstieg der gemessenen Gleichgewichtskristallinität niederschlägt.

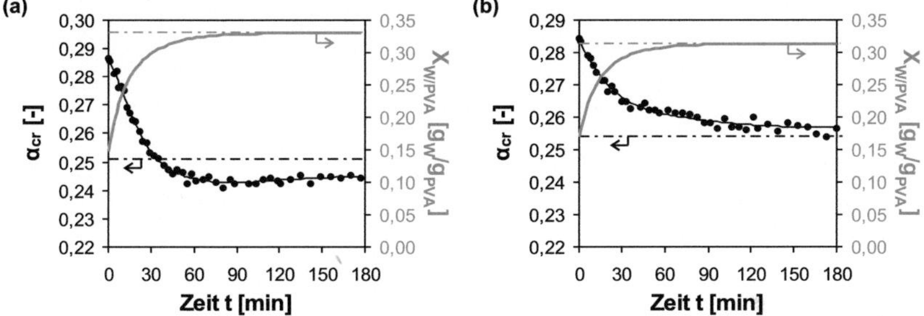

Abb. 7.7:   Verlauf von Kristallinitätsgrad α_{cr} und Lösemittelbeladung $X_{W/PVA}$ für die Wassersorption in eine bei $a_W = 0{,}85$ ausgelagerte PVA-Membran. $T = 25°C$; $s_{tr} = 30{,}5\ \mu\text{m}$.

(a)   Erster Sorptionszyklus bei $a_W = 0{,}95$.

(b)   Zweiter Sorptionszyklus bei $a_W = 0{,}95$.

Damit unterstützt die Analyse der Membranstruktur bei periodisch variierender Gasphasenaktivität die in den vorangehenden Abschnitten entwickelte Modellvorstellung, wonach die Aufnahme von Lösemittel in das getrocknete semikristalline Polymernetzwerk zwei gegenläufige Entwicklungen induziert. So geht eine ansteigende Wasserbeladung unmittelbar mit dem Ausschmelzen kristalliner Strukturen einher, zugleich wird durch die in Gegenwart von Lösemittel erhöhte Kettenmobilität jedoch ein kinetisch kontrollierter Ordnungsprozess eingeleitet, so dass – je nach Anfangszustand und Nichtgleichgewichtscharakter der Membran – zunächst ein Unterschwingen der Kristallinität beobachtet wird.

Abschließend bleibt zu klären, inwieweit sich eine derartig transiente Mikrostruktur in den experimentell erhaltenen Diffusionsdaten widerspiegelt und wie damit eine veränderte Polymermorphologie bei der Quantifizierung von Transportkoeffizienten geeignet behandelt wird.

7.4　Zusammenfassende Diskussion

Die systematische Analyse der Stofftransportvorgänge während der Gasphasensorption (vgl. Abschnitt 6.2.1) hat bereits gezeigt, dass sich der Sorptionsprozess erfolgreich durch die Kopplung aus Fick'scher Kinetik und einem allgemeinen Exponentialansatz für den Diffusionskoeffizienten modellieren lässt. Der aus dem Abgleich experimenteller und berechneter Konzentrationsprofile hervorgehende Diffusionskoeffizient beinhaltet dabei implizit immer auch Informationen über die Struktur des vernetzten Materials, so dass sich hier noch die Frage stellt, wie eine veränderte Polymermorphologie bei der Spezifizierung von Stofftransportparametern für quantitative Berechnungen adäquat zu handhaben ist.

Die spektroskopische Charakterisierung der Membranstruktur hat nun insbesondere ergeben, dass die Aufnahme von Wasser in das betrachtete physikalisch vernetzte Polymer zwei gegenläufige Prozesse induziert. Da die Kristallitbildung dabei einen gegenüber der Lösemitteldiffusion langsamen Verlauf aufweist, erlangt die Membran bei veränderlicher Wasserbeladung nicht unmittelbar die zugehörige Gleichgewichtsstruktur, so dass während des Sorptionsprozesses kein eindeutiger Zusammenhang zwischen Kristallinitätsgrad und Lösemittelgehalt besteht und es infolgedessen auch nicht ohne weiteres möglich ist, strukturelle Einflüsse auf die Lösemitteldiffusion zuverlässig zu separieren.

Bei identischem Präparationsprotokoll – und damit einheitlicher Probenmorphologie – bestätigt jedoch die Betrachtung der Stofftransportkinetik anhand der in Kapitel 6 diskutierten Anordnungen, dass die transiente Mikrostruktur unter den gegebenen Randbedingungen die Bestimmung des Diffusionskoeffizienten nicht nachteilig beeinflusst. So führt die vorgestellte Kombination aus stationärer und instationärer Analyse schlussendlich auf einen einheitlichen Parametersatz, welcher die mit der Wasseraufnahme einhergehenden, charakteristischen Strukturänderungen implizit berücksichtigt und die

Modellierung der Lösemitteldiffusion über ein weites Konzentrationsintervall erlaubt.

Für eine demgegenüber veränderte Netzwerkmorphologie ist aufgrund der oben diskutierten Verflechtung von Lösemitteldiffusion und Strukturentwicklung die rein prädiktive Spezifizierung von Stofftransportkoeffizienten auf Basis entsprechend zu bestimmender struktureller Kenndaten nicht umsetzbar. Vielmehr stehen mit den im Rahmen dieser Arbeit entwickelten Routinen analytische Methoden bereit, welche es – bei insgesamt reduziertem experimentellem Aufwand – erlauben, verschiedenartige Netzwerkstrukturen und -materialien hinsichtlich ihres Stofftransportverhaltens zu charakterisieren, ohne dabei auf zusätzliche strukturelle Informationen angewiesen zu sein. Damit sind nun schließlich die notwendigen Werkzeuge zur methodischen Entwicklung polymerer Funktionselemente, wie sie beispielsweise in Membrantrennverfahren, integrierten Sensor-Aktor-Einheiten oder umgebungssensitiven Controlled-Release-Systemen zum Einsatz kommen, vorhanden, deren Auslegung wie eingangs ausgeführt fundierte Kenntnisse über die diffusiven Prozesse in einer vernetzten Polymerphase erfordert, um Permeationsströme, Schaltzeiten und Freisetzungsraten zuverlässig spezifizieren zu können.

8 Zusammenfassung und Ausblick

8.1 Inhalt und Ergebnis der Arbeit

Ausgangspunkt der vorliegenden Arbeit war die Hypothese, dass die physikalisch-thermodynamischen Gesetzmäßigkeiten, welche die Phasengleichgewichts- und Stofftransportcharakteristik in einem unvernetzten Polymersystem bestimmen, grundsätzlich auch für das korrespondierende vernetzte Material Gültigkeit haben, so dass sich das diesbezügliche Verhalten des Polymernetzwerks mithilfe von Beziehungen beschreiben lässt, welche den etablierten Ansätzen in Formulierung und Struktur analog sind.

In Vorbereitung auf die Überprüfung der genannten Hypothese wurden zunächst die entsprechenden messtechnischen Rahmenbedingungen geschaffen, um eine zuverlässige experimentelle Datenbasis für die Diskussion bereitstellen zu können. Mit Blick auf die angestrebte Analyse des Zusammenspiels zwischen der semikristallinen Netzwerkstruktur und den Phasengleichgewichts- bzw. Stofftransporteigenschaften des vernetzten Materials wurde dabei insbesondere die als Werkzeug zur Konzentrationsanalyse entwickelte Mikro-Raman-Spektroskopie um ein Protokoll zur Auswertung kristallinitätssensitiver Spektrenbereiche erweitert. Nach Ausarbeitung einer geeigneten Kalibrierungsvorschrift kann damit nun auch der Kristallinitätsgrad des betrachteten PVA-Membranmaterials durch berührungslose Messung quantifiziert werden, so dass mit der spektroskopischen Analyse am Ende dieser Arbeit eine flexible Methode zur orts- und zeitaufgelösten Charakterisierung von Lösemittelgehalt und Kristallinität vorhanden ist.

Im Hinblick auf das Phasengleichgewichtsverhalten des vernetzten Materials schließt die eingangs formulierte Hypothese insbesondere jegliche Diskrepanz zwischen Gas- und Flüssigphasenquellung – und damit die Existenz eines Schröder'schen Paradoxons – aus. Da sich die vergleichende Gegenüberstellung der Gleichgewichtsbeladungen in der Literatur jedoch meist auf den Sättigungspunkt ($a_W = 1$) beschränkt, wurde im Rahmen dieser Arbeit zunächst eine Routine entwickelt, welche es erlaubt, die Aktivität des flüssigen Lösemittels durch Zusatz einer makromolekularen Komponente auf den gewünschten Wert abzusenken, um so die Wassersorption in Gas- und Flüssigphase systematisch über einen weiten Aktivitätsbereich quantifizieren zu können. Ein unerwünschtes Eindringen des polymeren Additivs in das zu charakterisierende Membrannetzwerk wird dabei durch sorgfältige dialytische Abtrennung des permeierenden niedermolekularen Anteils vermieden, so dass eine diesbezügliche Beeinflussung des Phasengleichgewichts sicher ausgeschlossen ist.

Da für das betrachtete physikalisch vernetzte PVA-Membranmaterial eine Abhängigkeit der Wasseraufnahme von der thermischen Vorgeschichte des Polymers beobachtet wird, muss zunächst ein definiertes Protokoll zur Vorbehandlung der Membranproben festgelegt werden, um einheitliche Voraussetzungen für die Sorption in Gas- und Flüssigphase zu schaffen. Bei Gewährleistung identischer Randbedingungen hinsichtlich der thermischen Vorgeschichte des Probenmaterials sowie sorgfältiger Kontrolle von Lösemittelaktivität und Sorptionstemperatur ist dabei <u>keine</u> Beeinflussung der Wasseraufnahme durch den Aggregatzustand der fluiden Phase zu erkennen. Damit stützt die vergleichende Charakterisierung von Gas- und Flüssigphasensorption die eingangs formulierte Hypothese, welche ein Ausbleiben von Schröders Paradox verlangt, und legt vielmehr nahe, dass die in der Literatur wiederholt beschriebenen Beladungsunterschiede bei Kontaktierung des vernetzten Polymers mit dem flüssigen sowie dem korrespondierenden gasförmigen Lösemittel auf experimentelle Artefakte zurückzuführen sind. So reagiert das Sorptionsgleichgewicht im Bereich hoher Lösemittelaktivitäten ($a_W \rightarrow 1$) empfindlich auf geringfügige Abweichungen in der Aktivität, weshalb gerade bei alleiniger Betrachtung des Sättigungspunktes bereits eine minimal unvollständige Absättigung der Gasphase das Auftreten eines Schröder'schen Paradoxons vortäuschen kann. Zudem geht den in der Literatur dokumentierten Sorptionsmessungen in Gas- und Flüssigphase nicht immer zwingend eine konsistente Probenvorbereitung voran, was nachweislich zu Unterschieden in der Netzwerkstruktur und damit einer abweichenden Wasseraufnahme des Probenmaterials führen kann. In Abwesenheit von Schröders Paradox können die experimentellen Gas- und Flüssigphasensorptionsdaten schließlich über einen einheitlichen Modellansatz korreliert werden, wofür sich in dieser Arbeit das Modell von Flory & Huggins mit einem empirischen Ausdruck für den Wechselwirkungsparameter $\chi_{W/PVA}$ bewährt hat.

Analoge Betrachtungen wurden ergänzend für kommerzielle Nafion[®]-Ionomermembranen angestellt, da in der Literatur gerade für dieses u.a. in Brennstoffzellen eingesetzte Polymer wiederholt von einer signifikanten Diskrepanz zwischen Gas- und Flüssigphasenquellung berichtet wird. Auch hier bestätigt die vergleichende Analyse des Sorptionsverhaltens, dass die Gleichgewichtsbeladung identisch vorbehandelter Nafion[®]-Membranen unabhängig davon ist, ob das Lösemittel in der flüssigen oder der gasförmigen Phase vorgelegt wird.

Während Schröders Paradox in der Literatur lange als gegebenes Faktum hingenommen wurde, mehrt sich in jüngster Zeit die Zahl der Untersuchungen, welche die scheinbare Diskrepanz zwischen Gas- und Flüssigphasensorption auf experimentelle Unzulänglichkeiten zurückführen (vgl. Abschnitt 1.2.3). Hier schließt die vorliegende Arbeit unmittelbar an, geht in ihren Untersuchungen jedoch deutlich über die vorangegangenen Studien hinaus, indem sie nicht auf den Sättigungspunkt ($a_W = 1$) limitiert bleibt. Vielmehr konnte mit der systematischen Erstellung von Sorptionsisothermen in Gas- und Flüssigphase – unter Einhaltung der gebotenen Randbedingungen – das Ausbleiben von Schröders Paradox erstmals auch bei reduzierter Lösemittelaktivität nachgewiesen werden.

Was nun die Stofftransportcharakteristik des vernetzten Polymers anbelangt, so war zur Überprüfung der eingangs angeführten Arbeitshypothese insbesondere abzuklären, inwieweit die für Polymerlösungen gültigen Modellansätze die Stofftransportvorgänge in einem dreidimensionalen Polymernetzwerk abbilden können. Dabei erfordert die vergleichende Gegenüberstellung gemessener und berechneter Lösemittelverteilungen neben der Anfertigung entsprechender Simulationsrechnungen in erster Linie die Bereitstellung verlässlicher experimenteller Transportdaten. Um der Betrachtung hier einen Konzentrationsbereich, welcher von der vollständig gequollenen Polymermembran bis zum lösemittelfreien Material reicht, zugänglich zu machen, hat sich in dieser Arbeit die Kombination unterschiedlicher, einander ergänzender Versuchsanordnungen als vorteilhaft erwiesen.

Die Bewertung der Stofftransportvorgänge in der gequollenen Polymermembran basiert dabei auf der stationären Analyse des Lösemitteltransports während der Pervaporation. Zur Induzierung eines transmembranen Permeationsstroms wird die zu analysierende Polymerprobe so in einen temperierten Strömungskanal eingebracht, dass sie von oben mit dem flüssigen Lösemittel in Kontakt steht und auf ihrer Unterseite von konditionierter Luft überströmt wird. Die in dieser Arbeit realisierte variable Membraneinspannung erlaubt es nun insbesondere, die Messposition in lateraler Richtung zu variieren, womit der Nachweis erbracht werden konnte, dass bei geeigneter Wahl der Überströmbedingungen eine durch Phasengleichgewicht und gasseitigen Stoffübergang unbeeinflusste Evaluation von Modellgleichungen und Stofftransportparametern möglich ist. Zur quantitativen Analyse wurde dann parallel zu den stationären Beladungsprofilen auch der durch die Membran permeierende Lösemittelmassenstrom erfasst, wobei die implementierte Kopplung aus lokaler und integraler Messung die Spezifizierung des Diffusionskoeffizienten mit einer mittleren Unsicherheit von unter 10 % erlaubt.

Um die zu treffenden Aussagen bezüglich der Stofftransporteigenschaften des vernetzten Polymers auch für den unteren Konzentrationsbereich, welcher aus der Betrachtung des Pervaporationsprozesses hier nicht unmittelbar zugänglich ist, auf eine experimentell abgesicherte Basis zu stellen, wurden zusätzliche Routinen zur instationären Analyse ausgewählter Ausgleichsvorgänge entwickelt. Mit der Realisierung einer entsprechenden Messzelle steht dabei nun insbesondere ein Werkzeug zur Charakterisierung der Gasphasensorption unter exakt definierten Randbedingungen hinsichtlich Temperatur, Lösemittelaktivität und gasseitigem Stoffübergang bereit. Systematisch ergänzt wurde die Sorptionsstudie durch Betrachtungen zum Ausgleich der Lösemittelkonzentration zwischen zwei übereinander geschichteten, unterschiedlich vorbeladenen Membranproben, was es erlaubt, das überstrichene Konzentrationsintervall variabel festzulegen, im Gegenzug jedoch mit etwas größeren Unsicherheiten behaftet ist. Der Abgleich der gemessenen mit numerisch berechneten Beladungsprofilen erlaubt neben einer Bewertung der implementierten Modellansätze dann insbesondere die Spezifizierung der zugehörigen Transportparameter. Um die spektroskopische Messung dabei möglichst getreu abzubilden, berücksichtigen die in dieser Arbeit erstellten Simulationsrechnungen nicht zuletzt den aus der Spektrenakkumulation resultierenden Zeitversatz zwischen den experimentellen Datenpunkten.

Durch die vergleichende Gegenüberstellung von Messung und Rechnung konnte das der Analyse zugrundegelegte Stofftransportmodell, welches für den Lösemitteltransport in der Polymermembran eine Fick'sche Kinetik postuliert, validiert werden. Der zugehörige Diffusionskoeffizient weist dabei eine – besonders für das niederbeladene Material – ausgeprägte Abhängigkeit vom Lösemittelgehalt des Polymernetzwerks auf, zu deren Modellierung sich die Verwendung eines allgemeinen Exponentialansatzes als vorteilhaft erwiesen hat. Gleichzeitig konnte auch bestätigt werden, dass die im Rahmen dieser Arbeit entwickelten Routinen konsistente Diffusionsdaten liefern, wobei insbesondere auch die erhaltenen Absolutwerte in einer physikalisch stimmigen Größenordnung liegen.

Begleitet wird der Diffusionsprozess von einer Umordnung der dreidimensionalen Netzwerkstruktur. So induziert die Wassersorption in das hier charakterisierte semikristalline PVA-Membranmaterial zwei gegenläufige Entwicklungen. Demnach geht ein Anstieg der Wasserbeladung zunächst unmittelbar mit dem Ausschmelzen kristalliner Strukturen einher. Zugleich wird durch die in Gegenwart von Lösemittel erhöhte Kettenmobilität ein molekularer, kinetisch kontrollierter Ordnungsprozess eingeleitet, so dass – je nach Anfangszustand und Nichtgleichgewichtscharakter der Membran – ein Unterschwingen der Kristallinität beobachtet wird. Informationen über die derartig transiente Mikrostruktur sind dabei bereits implizit in den experimentell ermittelten Diffusionskoeffizienten enthalten, so dass – bei konsistenter Probenmorphologie – schlussendlich die durchgängige Modellierung der Lösemitteldiffusion über einen einheitlichen Parametersatz möglich ist. Demnach lassen sich bei geeigneter Wahl der modellspezifischen Parameter die Stofftransportvorgänge in der beispielhaft betrachteten physikalisch vernetzten PVA-Membran für den gesamten Konzentrationsbereich erfolgreich durch die für unvernetzte Polymersysteme gültigen Gesetzmäßigkeiten abbilden.

Nachdem unter Berücksichtigung des Wechselspiels mit der charakteristischen dreidimensionalen Netzwerkstruktur somit Analogien im Phasengleichgewichts- und Stofftransportverhalten vernetzter und unvernetzter Polymersysteme aufgezeigt werden konnten, ist mit Abschluss der vorliegenden Arbeit die als Ausgangspunkt der Untersuchungen formulierte Hypothese erfolgreich verifiziert.

8.2 Ausblick

Die interdisziplinäre Zusammenarbeit im Rahmen des DFG-Schwerpunktprogramms SPP 1259 „Intelligente Hydrogele" hat wiederholt den Bedarf an zuverlässigen Phasengleichgewichts- und Stofftransportdaten zur methodischen Entwicklung vernetzter Polymere als Funktionselemente für eine Reihe innovativer Applikationen (vgl. Abschnitt 1.1) zum Ausdruck gebracht. Mit den im Rahmen dieser Arbeit entwickelten Analysemethoden steht dabei nun ein Satz experimenteller Werkzeuge bereit, welcher es erlaubt, die benötigten Kenngrößen für diverse Polymersysteme mit reduziertem experimentellem Aufwand zu quantifizieren.

Von besonderem Interesse sind in diesem Zusammenhang Polymernetzwerke, welche sensitiv und mit ausgeprägter Volumenänderung auf externe Stimuli wie beispielsweise Temperatur, pH-Wert oder die Konzentration spezifischer Analyte reagieren. Zu den am weitesten verbreiteten Materialien zählt hier das thermoresponsive Poly(N-Isopropylacrylamid). Um nun jedoch die Eigenschaften des Polymernetzwerks geeignet zu modifizieren und gezielt die gewünschte Leistungscharakteristik einzustellen, wird gewöhnlich die

Verwendung von Copolymeren angestrebt. So lässt sich u.a. durch Copolymerisation mit Acrylsäure eine zusätzliche pH-Sensitivität einführen (z.B. Hendrickson et al. 2010). Alternativ wird auch die Präparation von Polymerblends realisiert; so ist beispielsweise ein physikalisch vernetztes Blendmaterial aus Polyvinylalkohol und Polyacrylsäure ebenfalls als pH-Sensor einsetzbar (Günther, Gerlach, Wallmersperger 2010).

Vor diesem Hintergrund stellt sich nun die Frage, wie die Modellierung von Netzwerkstrukturen, welche mehrere Polymerkomponenten in häufig variierenden Anteilen enthalten, mit der gebotenen Praktikabilität gestaltet werden kann. Dabei ist insbesondere zu überprüfen, ob die benötigten Phasengleichgewichts- und Diffusionskoeffizienten auf die entsprechenden Informationen der jeweiligen Randsysteme rückführbar sind, um so eine vereinfachte Beschreibung des Copolymers bzw. Blends zu erreichen.

Gerade im Hinblick auf den Einsatz hydrophiler Polymernetzwerke als biokompatibles Matrixmaterial für die dosierte Freisetzung pharmazeutischer Wirkstoffe werden weiterhin fundierte Kenntnisse über eine mögliche Beeinflussung des Phasengleichgewichts- und Stofftransportverhaltens durch gelöst vorliegende Stoffe wie Salze oder Proteine benötigt, um beurteilen zu können, wie sich später in einer physiologischen Umgebung die Gegenwart komplexer biologischer Fluide auf die Freisetzungskinetik auswirkt.

9 Literaturverzeichnis

Armistead K., Goldbeck-Wood G., Keller A., Polymer crystallization theories, Adv. Polym. Sci., 100 (**1992**) 221.

Arndt K.-F., Krahl F., Richter S., Steiner G., Swelling-related processes in hydrogels, in G. Gerlach, K.-F. Arndt (Eds.), Hydrogel sensors and actuators, Springer-Verlag, Heidelberg, **2009**, pp. 69-136.

Ashpole D.K., The moisture relations of textile fibres at high humidities, Proc. R. Soc. A, 212 (**1952**) 112.

Bancroft W.D., The action of water vapour on gelatine, J. Phys. Chem., 16 (**1912**) 395.

Bar-Cohen Y., EAP actuators for biomimetic technologies with humanlike robots as one of the ultimate challenges, Adv. Sci. Tech., 61 (**2008**) 1.

Bass M., Freger V., An experimental study of Schroeder's paradox in Nafion and Dowex polymer electrolytes, Desalination, 199 (**2006**) 277.

Bass M., Freger V., Hydration of Nafion and Dowex in liquid and vapour environment: Schroeder's paradox and microstructure, Polymer, 49 (**2008**) 497.

Bass M., Berman A., Singh A., Konovalov O., Freger V., Surface structure of Nafion in vapor and liquid, J. Phys. Chem. B, 114 (**2010**) 3784.

Beebe D.J., Moore J.S., Bauer J.M., Yu Q., Liu R.H., Devadoss C., Jo B.-H., Functional hydrogel structures for autonomous flow control inside microfluidic channels, Nature, 404 (**2000**) 588.

Bettens B., Verhoef A., van Veen H.M., Vandecasteele C., Degrève J., van der Bruggen B., Pervaporation of binary water-alcohol and methanol-alcohol mixtures through microporous methylated silica membranes: Maxwell-Stefan modeling, Comput. Chem. Eng., 34 (**2010**) 1775.

Bettin H., Spieweck F., Die Dichte des Wassers als Funktion der Temperatur nach Einführung der Internationalen Temperaturskala von 1990, PTB-Mitteilungen, 100 (**1990**) 195.

Binning R.C., Lee R.J., Jennnings J.F., Martin E.C., Separation of liquid mixtures by permeation, Ind. Eng. Chem., 53 (**1961**) 45.

Bird R.B., Stewart W.E., Lightfoot E.N., Transport Phenomena (2nd Edition), John Wiley & Sons, New York, **2002**.

Brandrup J., Immergut E.H., Grulke E.A. (Eds.), Polymer Handbook (4th Edition), John Wiley & Sons, New York, **1999**.

Brauer H., Stoffaustausch einschließlich chemischer Reaktionen, Verlag Sauerländer, Aarau und Frankfurt am Main, **1971**.

Brazel C.S., Peppas N.A., Mechanisms of solute and drug transport in relaxing, swellable, hydrophilic glassy polymers, Polymer, 40 (**1999**) 3383.

Buraphacheep V., Wurster D.E., Wurster D.E., The use of Fourier-transform infrared (FT-IR) spectroscopy to determine the diffusion coefficients of alcohols in polydimethylsiloxane, Pharm. Res., 11 (**1994**) 561.

Chen X., Dong S., Sol-gel-derived titanium oxide/copolymer composite based glucose biosensor, Biosens. Bioelectron., 18 (**2003**) 999.

Chen J., Huang J., Li J., Zhan X., Chen C., Mass transport study of PVA membranes for the pervaporation separation of water/ethanol mixtures, Desalination, 256 (**2010**) 148.

Choi P., Datta R., Sorption in proton exchange membranes, J. Electrochem. Soc., 150 (**2003**) E601.

Choi P., Jalani N.H., Datta R., Thermodynamics and proton transport in Nafion. I. Membrane swelling, sorption and ion-exchange equilibrium, J. Electrochem. Soc., 152 (**2005**) E84.

Choi P., Jalani N.H., Thampan T.M., Datta R., Consideration of thermodynamic, transport and mechanical properties in the design of polymer electrolyte membranes for higher temperature fuel cell operation, J. Pol. Sci. B, 44 (**2006**) 2183.

Cohen M.H., Turnbull D., Molecular transport in liquids and glasses, J. Chem. Phys., 31 (**1959**) 1164.

Cornet N., Gebel G., Geyer A., Existence d'un paradoxe de Schroeder avec la membrane Nafion? Étude par diffusion de rayons X aux petits angles, J. Phys. IV France, 8 (**1998**) Pr5-63.

Crank J., A theoretical investigation of the influence of molecular relaxation and internal stress on diffusion in polymers, J. Polym. Sci., 11 (**1953**) 151.

Crank J., Park G.S., Methods of measurement, in J. Crank, G. S. Park (Eds.), Diffusion in polymers, Academic Press, New York, **1968**.

Crank J., The mathematics of diffusion, Clarendon Press, Oxford, **1975**.

Davankov V.A., Pastukhov A.V., Paradoxes of thermodynamics of aqua-vapor-polymer interface equilibrium, Russ. J. Phys. Chem. A, 85 (**2011**) 721.

Dinh S.M., DeNuzzio J.D., Comfort A.R., Intelligent materials for controlled release, ACS Symposium Series, Washington, **1999**.

Doghieri F., Camera Roda G., Sarti G.C., Rate type equations for the diffusion in polymers: thermodynamic constraints, AIChE J., 39 (**1993**) 1847.

Durning C.J., Differential sorption in viscoelastic fluids, J. Polym. Sci. Polym. Phys. Ed., 23 (**1985**) 1831.

Elfring G.J., Struchtrup H., Thermodynamic considerations on the stability of water in Nafion, J. Membr. Sci., 297 (**2007**) 190.

Enneking L., Stephan W., Heintz A., Sorption and diffusivity measurements of cyclohexane + benzene and cyclohexane + toluene mixtures in polyurethane membranes. Model calculations of the pervaporation process, Ber. Bunsenges. Phys. Chem., 97 (**1993**) 912.

Everall N.J., Modeling and measuring the effect of refraction on the depth resolution of confocal Raman microscopy, Appl. Spectrosc., 54 (**2000**) 773.

Evingür G.A., Pekcan Ö., Studies on drying and swelling of PAAm-NIPA composites in various compositions, Polym. Composite., 32 (**2011**) 928.

Favre E., Nguyen Q.T., Schaetzel P., Clément R., Néel J., Sorption of Organic Solvents into Dense Silicone Membranes, Journal of the Chemical Society, Faraday Transactions, 89 (**1993**) 4339.

Favre E., Schaetzel P., Nguyen Q.T., Clément R., Néel J., Sorption, diffusion and vapor permeation of various penetrants through dense poly(dimethylsiloxane) membranes: A transport analysis, J. Membr. Sci., 92 (**1994**) 169.

Feng Y., Honnma S, Ito A., Improved measurement device for vapor permeation and pervaporation, J. Appl. Polym. Sci., 63 (**1997**) 433.

Fergus J.W., Ceramic and polymeric solid electrolytes for lithium-ion batteries, J. Power Sources, 195 (**2010**) 4554.

Finch C.A. (Ed.), Polyvinyl alcohol – Properties and applications, John Wiley & Sons, London, **1973**.

Flory P.J., Principles of Polymer Chemistry, Cornell University Press, Ithaca, New York, **1953**.

Flory P.J., Thermodynamics of Polymer Solutions, Discuss. Faraday Soc., 49 (**1970**) 7.

Flory P.J., Statistical thermodynamics of random networks, Proc. Royal Soc. London A, 351 (**1976**) 351.

Follain N., Valleton J.-M., Lebrun L., Alexandre B., Schaetzel P., Metayer M., Marais S., Simulation of kinetic curves in mass transfer phenomena for a concentration dependant diffusion coefficient in polymer membranes, J. Membr. Sci., 349 (**2010**) 195.

Freger V., Hydration of ionomers and Schroeder's paradox in Nafion, J. Phys. Chem. B, 113 (**2009**) 24.

Frisch H.L., The time lag in diffusion, J. Phys. Chem., 61 (**1957**) 93.

Frisch H.L., Isothermal diffusion in systems with glasslike transitions, J. Chem. Phys., 41 (**1964**) 3679.

Friess K., Jansen J.C., Vopička O., Randová A., Hynek V., Šípek M., Bartovská L., Izák P., Dingemans M., Dewulf J., van Langenhove H.,

Drioli E., Comparative study of sorption and permeation techniques for the determination of heptane and toluene transport in polyethylene membranes, J. Membr. Sci., 338 (**2009**) 161.

Fujita H., Diffusion in polymer-diluent systems, Fortschr. Hochpolym. Forsch., 3 (**1961**) 1.

Fujita H., Organic vapours above the glass transition temperature, in: Crank J., Park G.S. (Eds.), Diffusion in polymers, Academic Press, New York, **1968**.

Gates J.A., Wood R.H., Densities of aqueous solutions of NaCl, $MgCl_2$, KCl, NaBr, LiCl and $CaCl_2$ from 0.05 to 5.0 mol kg^{-1} and 0.1013 to 40 MPa at 298.15K, J. Chem. Eng. Data, 30 (**1985**) 44.

Gates C.M., Newman J., Equilibrium and diffusion of methanol and water in a Nafion 117 membrane, AIChE J., 46 (**2000**) 2076.

Ghoreyshi S.A.A., Farhadpour F.A., Soltanieh M., Multicomponent transport across nonporous polymeric membranes, Desalination, 144 (**2002**) 93.

Gnielinski V., Mersmann A., Thurner F., Verdampfung, Kristallisation, Trocknung, Vieweg Verlag, Braunschweig/Wiesbaden, **1993**.

Goncalves F.A., Kestin J., The viscosity of NaCl and KCl solutions in the Range 25-50°C, Ber. Bunsen Phys. Chem., 81 (**1977**) 1156.

González B.G., Uribe I.O., Mathematical modeling of the pervaporative separation of methanol-methylterbutyl ether mixtures, Ind. Eng. Chem. Res., 40 (**2001**) 1720.

Günther M., Gerlach G., Wallmersperger T., Piezoresistive sensors based on hydrogels, Microsyst. Technol., 16 (**2010**) 703.

Grassi M., Colombo I., Lapasin R., Drug release from an ensemble of swellable crosslinked polymer particles, J. Control. Release, 68 (**2000**) 97.

Harland R.S., Peppas N.A., Solute diffusion in swollen membranes VII. Diffusion in semicrystalline networks, Colloid. Polym. Sci., 267 (**1989**) 218.

Hartley G.S., Crank J., Some fundamental definitions and concepts in diffusion processes, Trans. Faraday Soc., 45 (**1949**) 801.

Hassan C.M., Peppas N.A., Structure and applications of poly(vinyl alcohol) hydrogels produced by conventional crosslinking or by freezing/thawing methods, Advances in Polymer Science, 153 (**2000 a**) 37.

Hassan C.M., Peppas N.A., Structure and morphology of freeze/thawed PVA hydrogels, Macromolecules, 33 (**2000 b**) 2472.

Hayashi S., Asada K., Horiike S., Furuhata H., Hirai T., Piezochromism of porous poly(vinyl alcohol) – poly(vinyl acetate) composite film in organic solvents, J. Colloid. Interf. Sci., 176 (**1995**) 370.

Hedenqvist M.S., Ohrlander M., Palmgren R., Albertsson A.C., Multi-layer modeling of diffusion of water in acrylamide-grafted aliphatic polyesters, Polym. Eng. Sci., 38 (**1998**) 1313.

Heintz A., Funke H., Lichtenthaler R.N., Sorption and diffusion in pervaporation membranes, in R. Y. M. Huang (Ed.), Pervaporation membrane separation processes, Elsevier, Amsterdam, **1991**, pp. 279-319.

Heintz A., Stephan W., A generalized solution-diffusion model of the pervaporation process through composite membranes Part I. Prediction of mixture solubilities in the dense active layer using the UNIQUAC model, J. Membr. Sci., 89 (**1994 a**) 143.

Heintz A., Stephan W, A generalized solution-diffusion model of the pervaporation process through composite membranes. Part II. Concentration polarization, coupled diffusion and the influence of the porous support layer, J. Membr. Sci., 89 (**1994 b**) 153.

Heller W., Remarks on refractive index mixture rules, J. Phys. Chem., 69 (**1965**) 1123.

Hendrickson G.R., Smith M.H., South A.B., Lyon L.A., Design of multiresponsive hydrogel particles and assemblies, Adv. Funct. Mater., 20 (**2010**) 1697.

Heyrovská R., Equations for densities and dissociation constant of NaCl (aq) at 25°C from "zero to saturation" based on partial dissociation, J. Electrochem. Soc., 144 (**1997**) 2380.

Heyrovská R., Physical electrochemistry of strong electrolytes based on partial dissociation and hydration, J. Electrochem. Soc., 143 **(1996)** 1789.

Hickey A.S., Peppas, N.A., Mesh size and diffusive characteristics of semi-crystalline poly(vinyl alcohol) membranes prepared by freezing/thawing techniques, J. Membr. Sci., 107 **(1995)** 229.

Hinatsu J.T., Mizuhata M., Takenaka H., Water uptake of perfluorosulfonic acid membranes from liquid water and water vapour, J. Electrochem. Soc., 141 **(1994)** 1493.

Hoffman A.S., Conventional and environmentally-sensitive hydrogels for medical and industrial uses: A review paper, in D. DeRossi, K. Kajiwara, Y. Osada, A. Yamauchi (Eds.), Polymer gels: Fundamentals and biomedical applications, Plenum Press, New York, **1991**, pp. 289-297.

Huang R.Y.M., Rhim J.W., Separation characteristics of pervaporation membrane separation processes, in R.Y.M. Huang (Ed.), Pervaporation membrane separation processes, Elsevier Science Publishers B.V., Amsterdam, **1991**, pp. 111-180.

Huang Y., Paul D.R., Experimental methods for tracking physical aging of thin glassy polymer films by gas permeation, J. Membr. Sci., 244 **(2004)** 167.

Hwang G.S., Kaviany M., Nam J.H., Kim M.H., Son S.Y., Pore-water morphological transitions in polymer electrolyte of a fuel cell, J. Electrochem. Soc., 156 **(2009)** B1192.

Hyon S.-H., Ikada Y., Porous and transparent poly(vinyl alcohol) gel and method of manufacturing the same, United States Patent 4,663,358, **1987**.

Hyon S.-H., Cha W.-I., Ikada Y., Preparation of transparent poly(vinyl alcohol) hydrogel, Polymer Bulletin, 22 **(1989)** 119.

IAPWS – International Association for the Properties of Water and Steam, Release on the refractive index of ordinary water substance as a function of wavelength, temperature and pressure, Erlangen, **1997**.

Iwamoto R., Miya M., Mima S., Determination of crystallinity of swollen poly(vinyl alcohol) by laser Raman spectroscopy, J. Polym. Sci. Polym. Phys. Ed., 17 (**1979**) 1507.

Jackson D.K., Leeb S.B., Mitwalli A., Fusco D., Wang C., Tanaka T., A sensor for measuring gel phase-transition temperature with potential as metal ion detector, J. Intel. Mat. Syst. Str., 8 (**1997**) 184.

James H.M., Guth E., Simple presentation of network theory of rubber with a discussion of other theories, J. Polym. Sci., 4 (**1949**) 153.

Jeck S., Untersuchungen zum Quellverhalten und Stofftransport in vernetzten Polymeren, Diplomarbeit, Universität Karlsruhe (TH), Karlsruhe, **2007**.

Jendritza D.J. (Ed.), Technischer Einsatz neuer Aktoren (2. Auflage), Expert-Verlag, Renningen-Malmsheim, **1998**.

Jiraratananon R., Chanachai A., Huang R.Y.M., Pervaporation dehydration of ethanol-water mixtures with chitosan/hydroxyethylcellulose (CS/HEC) composite membranes. II. Analysis of mass transport, J. Membr. Sci., 199 (**2002**) 211.

Katz J.R., Die Gesetze der Quellung, Kolloidchem. Beih., 9 (**1917**) 1.

Keller A., Cheng S.Z.D., The role of metastability in polymer phase transitions, Polymer, 39 (**1998**) 4461.

Kenney J.F., Willcockson G.W., Structure-property relationships of poly(vinyl alcohol). III. Relationships between stereoregularity, crystallinity and water resistance in poly(vinyl alcohol), J. Pol. Sci. A1, 4 (**1966**) 679.

Khinnavar R.S., Aminabhavi T.M., Diffusion and sorption of organic liquids through polymer membranes. I. Polyurethane versus n-Alkanes, J. Appl. Polym. Sci., 42 (**1991**) 2321.

Kim D.-J., Caruthers J.M., Peppas N.A., Experimental verification of a predictive model of penetrant transport in glassy polymers, Chem. Eng. Sci., 51 (**1996**) 4827.

Kiser P.F., Wilson G., Needham D., Lipid-coated microgels for the triggered release of doxorubicin, J. Control. Release, 68 (**2000**) 9.

Krenn J., Baesch S., Schmidt-Hansberg B., Baunach M., Scharfer P., Schabel W., Numerical investigation of the local mass transfer on flat plates in laminar flow, Chem. Eng. Process., 50 (**2011**) 503.

Krishna R., Wesselingh J.A., The Maxwell-Stefan approach to mass transfer, Chem. Eng. Sci., 52 (**1997**) 861.

Kuraray Specialities Europe, $^{®}$Mowiol Polyvinyl Alcohol, Frankfurt/Main, **2003**.

Kusumocahyo S.P., Sano K., Sudoh M., Kensaka M., Water permselectivity in the pervaporation of acetic acid-water mixture using crosslinked poly(vinyl alcohol) membranes, Sep. Purif. Technol., 18 (**2000**) 141.

Leca B., Marty J.-L., Reagentless ethanol sensor based on a NAD-dependent dehydrogenase, Biosens. Bioelectron., 12 (**1997**) 1083.

Lechner M.D., Gehrke K., Nordmeier E.H., Makromolekulare Chemie (4. Auflage), Birkhäuser Verlag, Basel, **2010**.

Legras M., Hirata Y., Nguyen Q.T., Langevin D., Métayer M., Sorption and diffusion behaviors of water in Nafion 117 membranes with different counter ions, Desalination, 147 (**2002**) 351.

Li Y.S., Zhao T.S., Yang W.W., Measurements of water uptake and transport properties in anion-exchange membranes, Int. J. Hydrogen Energy, 35 (**2010**) 5656.

Liu S.X., Peng M., Vane L., CFD modelling of pervaporative mass transfer in the boundary layer, Chem. Eng. Sci., 59 (**2004**) 5853.

Lonsdale H.K., Merten U., Riley R.L., Transport properties of cellulose acetate osmotic membranes, J. Appl. Polym. Sci., 9 (**1965**) 1341.

Majsztrik P.W., Satterfield M.B., Bocarsly A.B., Benziger J.B., Water sorption, desorption and transport in Nafion membranes, J. Membr. Sci., 301 (**2007**) 93.

Mamaliga I., Schabel W., Kind M., Measurement of sorption isotherms and diffusion coefficients by means of a magnetic suspension balance, Chem. Eng. Process., 43 (**2004**) 753.

Mandal M.K., Sant S.B., Bhattacharya P.K., Dehydration of aqueous acetonitrile solution by pervaporation using PVA-iron oxide nanocomposite membrane, Colloid Surface A, 373 (**2011**) 11.

Mandelkern L., An introduction to macromolecules, Springer-Verlag, New York, **1983**.

Mark H.F., Bikales N.M., Overberger C.G., Menges G., Encyclopedia of polymer science and engineering, Vol. 4, John Wiley & Sons, New York, **1986**, pp. 482-519.

Marra S.P., Ramesh K.T., Douglas A.S., The actuation of a biomimetic poly(vinyl alcohol) – poly(acrylic acid) gel, Phil. Trans. R. Soc. Lond. A, 360 (**2002**) 175.

Mason E.A., Lonsdale H.K., Statistical-mechanical theory of membrane transport, J. Membr. Sci., 51 (**1990**) 1.

Mateo J.L., Bosch P., Serrano J., Calvo M., Sorption and diffusion of organic solvents through photo-crosslinked SBS block copolymers, Eur. Polym. J., 36 (**2000**) 1903.

Mathew A.P., Packirisamy S., Stephen R., Thomas S., Transport of aromatic solvents through natural rubber/polystyrene (NR/PS) interpenetrating polymer network membranes, J. Membr. Sci., 201 (**2002**) 213.

Maurer G., Prausnitz J.M., Thermodynamics of phase equilibrium for systems containing gels, Fluid Phase Equilibria, 115 (**1996**) 113.

Mauviel G., Berthiaud J., Vallieres C., Roizard D., Favre E., Dense membrane permeation: From the limitations of the permeability concept back to the solution-diffusion model, J. Membr. Sci., 266 (**2005**) 62.

McKenna G.B., Horkay F., Effect of crosslinks on the thermodynamics of poly(vinyl alcohol) hydrogels, Polymer, 35 (**1994**) 5737.

Melin T., Rautenbach R., Membranverfahren (3. Auflage), Springer-Verlag, Berlin, **2007**.

Meuleman E.E.B., Bosch B., Mulder M.H.V., Strathmann H., Modeling of liquid/liquid separation by pervaporation: Toluene from water, AIChE J., 45 (**1999**) 2153.

Miller R.L., Crystallographic data and melting points for various polymers, in J. Brandrup, E.H. Immergut, E.A. Grulke (Eds.), Polymer Handbook (4th Edition), John Wiley & Sons, New York, **1999**, pp. VI/1-VI/192.

Millero F.J., Ward G.K., Chetirkin P.V., Relative sound velocities of sea salts at 25°C, J. Acoust. Soc. Am., 61 (**1977**) 1492.

Mills R., Self-diffusion in normal and heavy water in range 1-45 degrees, J. Phys. Chem., 77 (**1973**) 685.

Moritz H., Messung des Konzentrationsfeldes verdunstender binärer Mikropartikel mittels linearer Raman-Spektroskopie, Dissertation, Ruhr-Universität Bochum, Bochum, **1999**.

Müller M., Persönliche Mitteilung (**2011**).

Musty J.W.G., Pattle R.E., Smith P.J.A., The swelling of rubber in liquid and vapour (Schroeder's paradox), J. Appl. Chem., 16 (**1966**) 221.

Nagy M., Horkay, F., A simple and accurate method for the determination of solvent activity in swollen gels, Acta Chim. Acad. Sci. Hung., 104 (**1980**) 49.

Nakanishi K., Kurata M., Density measurement in dilute aqueous solution of polyvinyl alcohol, B. Chem. Soc. Jpn., 33 (**1960**) 152.

Néel J., Introduction to pervaporation, in R.Y.M. Huang (Ed.), Pervaporation membrane separation processes, Elsevier, Amsterdam, **1991**, pp. 1-109.

Neburchilov V., Martin J., Wang H., Zhang J., A review of polymer electrolyte membranes for direct methanol fuel cells, J. Power Sources, 169 (**2007**) 221.

Ngui M.O., Mallapragada S.K., Understanding isothermal semicrystalline polymer drying: Mathematical models and experimental characterization, J. Polym. Sci., Part B: Polym. Phys., 36 (**1998**) 2771.

Ngui M.O., Mallapragada S.K., Quantitative analysis of crystallization and skin formation during isothermal solvent removal from semicrystalline polymers, Polymer, 40 (**1999**) 5393.

Nguyen Q.T., Gref R., Clément R., Lenda H., Differential permeation – Part I: A method for the study of solvent diffusion through membranes, Colloid Polym. Sci., 271 (**1993**) 1134.

Nguyen X.Q., Nguyen Q.T., Clément R., Uchytil P., Gas-sweeping pervaporation: A method for studying the transport of solvent mixtures in polymers: Application to the methanol-propan-1-ol-cellulose triacetate system, J. Appl. Polym. Sci., 54 (**1994**) 2023.

Nguyen Q.T., Langevin D., Bahadori B., Callebert F., Schaetzel P., Sorption and diffusion of volatile organic components in a membrane made by deposition of tetramethyl disiloxane in cold remote-plasma, J. Membr. Sci., 299 (**2007**) 73.

Ogata N., Kim S.W., Feijen J., Okano T. (Eds.), Advanced biomaterials in biomedical engineering and drug delivery systems, Springer-Verlag, Tokyo, **1996**.

Onishi L.M., Prausnitz J.M., Newman J., Water – Nafion Equilibria. Absence of Schroeder's Paradox, J. Phys. Chem. B, 111 (**2007**) 10166.

Onsager L., Theories and problems of liquid diffusion, Ann. NY Acad. Sci., 46 (**1945**) 241.

Otake M., Electroactive polymer gel robots, Springer-Verlag, Heidelberg, **2010**.

Park G.S., The glassy state and slow process anomalies, in J. Crank, G. S. Park (Eds.), Diffusion in polymers, Academic Press, New York, **1968**.

Peppas N.A., Turbidimetric studies of aqueous poly(vinyl alcohol) solutions, Makromolekul. Chem., 176 (**1975**) 3433.

Peppas N.A., Merrill, E.W., Poly(vinyl alcohol) hydrogels: Reinforcement of radiation-crosslinked networks by crystallization, J. Polym. Sci., 14 (**1976 a**) 441.

Peppas N.A., Merrill E.W., Differential scanning calorimetry of crystallized PVA hydrogels, J. Appl. Polym. Sci., 20 (**1976 b**) 1457.

Peppas N.A., Infrared spectroscopy of semicrystalline poly(vinyl alcohol) networks, Makromol. Chem., 178 (**1977**) 595.

Peppas N.A., Reinhart C.T., Solute diffusion in swollen membranes. Part I. A new theory, J. Membr. Sci., 15 (**1983**) 275.

Peppas N.A., Lustig S.R., Solute diffusion in hydrophilic network structures, in N. A. Peppas (Ed.), Hydrogels in medicine and pharmacy. Volume I: Fundamentals, CRC Press, Boca Raton, FL, **1986**.

Peron J., Mani A., Zhao X., Edwards D., Adachi M., Soboleva T., Shi Z., Xie Z., Navessin T., Holdcroft S., Properties of Nafion® NR-211 membranes for PEMFCs, J. Membr. Sci., 356 (**2010**) 44.

Perrin L., Nguyen Q.T., Clément R., Néel J., Sorption and diffusion of solvent vapours in poly(vinylalcohol) membranes of different crystallinity degrees, Polym. Int., 39 (**1996**) 251.

Peters K., Persönliche Mitteilung (**2011**).

Petropoulos J.H., Effect of a stress-dependent solubility coefficient on sorption kinetics in penetrant-polymer membrane systems., J. Membr. Sci., 18 (**1984**) 37.

Pitzer K.S., Peiper J.C., Busey R.H., Thermodynamic properties of aqueous sodium chloride solutions, J. Phys. Chem. Ref. Data, 13 (**1984**) 1.

Prager S., Long F.A., Diffusion of hydrocarbons in polyisobutylene, J. Am. Chem. Soc., 73 (**1951**) 4072.

Pushpa K.K., Nandan D., Iyer R.M., Thermodynamics of water sorption by perfluorosulphonate (Nafion-117) and polystyrene-divinylbenzene sulphonate (Dowex 50W) ion-exchange resins at 298±1K, J. Chem. Soc., Faraday Trans, 84 (**1988**) 2047.

Qiao X., Chung T.-S., Pramoda K.P., Fabrication and characterization of BTDA-TDI/MDI (P84) co-polyimide membranes for the pervaporation dehydration of isopropanol, J. Membr. Sci., 264 (**2005**) 176.

Rao P.S., Sridhar S., Wey M.Y., Krishnaiah A., Pervaporative separation of ethylene glycol/water mixtures by using cross-linked chitosan membranes, Ind. Eng. Chem., 46 (**2007**) 2155.

Rastogi S., Role of metastable phases in polymer crystallization; Early stages of crystal growth, in J.-U. Sommer, G. Reiter (Eds.), Polymer crystallization: Observations, concepts and interpretations, Springer-Verlag, New York, **2003**, pp. 17-47.

Rault J., Gref R., Ping Z.H., Nguyen Q.T., Néel J., Glass transition temperature regulation effect in a poly(vinyl alcohol) – water system, Polymer, 36 (**1995**) 1655.

Reiter G., Castelein G., Sommer J.-U., Crystallization of polymers in thin films: Model experiments, in J.-U. Sommer, G. Reiter (Eds.), Polymer crystallization: Observations, concepts and interpretations, Springer-Verlag, New York, **2003**, pp. 131-152.

Ribeiro C.P., Freeman B.D., Paul D.R., Modeling of multicomponent mass transfer across polymer films using a thermodynamically consistent formulation of the Maxwell-Stefan equations in terms of volume fraction, Polymer, 52 (**2011**) 3970.

Richter A., Quellfähige Polymernetzwerke als Aktor-Sensor-Systeme für die Fluidtechnik, VDI Verlag, Düsseldorf, **2002**.

Richter A., Hydrogels for actuators, in G. Gerlach, K.-F. Arndt (Eds.), Hydrogel sensors and actuators, Springer-Verlag, Heidelberg, **2009**, pp. 221-248.

Roques M.A., Heat and mass transfer in polymer and gel drying, in A.S. Mujumdar, I. Filková (Eds.), Drying 91, Elsevier, Amsterdam, **1991**, pp. 1-25.

Roques M.A., Zagrouba F., Do Amaral Sobral P., Modelisation principles for drying of gels, Dry. Technol., 12 (**1994**) 1245.

Sanopoulou M., Petropoulos J.H., Systematic analysis and model interpretation of micromolecular non-Fickian sorption kinetics in polymer films, Macromolecules, 34 (**2001**) 1400.

Sakurada I., Nukushina Y., Sone Y., Relation between crystallinity and swelling of poly(vinyl alcohol), Kobunshi Kagaku, 12 (**1955**) 506.

Sakurada I., Nakajima A., Fujiwara H., Vapor pressures of polymer solutions. II. Vapor pressure of the poly(vinyl alcohol) – water system, J. Polym. Sci., 35 (**1959**) 497.

Schabel W., Trocknung von Polymerfilmen – Messung von Konzentrations-profilen mit der Inversen-Mikro-Raman-Spektroskopie, Dissertation, Universität Karlsruhe (TH), Karlsruhe, **2004**.

Schaber K., Skriptum Chemische Thermodynamik (Wintersemester 2004/ 2005), Universität Karlsruhe (TH), Karlsruhe, **2004**.

Schaetzel P., Vauclair C., Luo G., Nguyen Q.T., The solution-diffusion model: Order of magnitude calculation of coupling between the fluxes in pervaporation, J. Membr. Sci., 191 (**2001**) 103.

Schaetzel P., Bouallouche R., Amar H.A., Nguyen Q.T., Riffault B., Marais S., Mass transfer in pervaporation: The key component approximation for the solution-diffusion model, Desalination, 251 (**2010**) 161.

Scharfer P., Zum Stofftransport in Brennstoffzellenmembranen, Dissertation, Universität Karlsruhe (TH), Karlsruhe, **2009**.

Schlünder E.-U., Einführung in die Stoffübertragung, Georg Thieme Verlag, Stuttgart, **1984**.

Schmidt-Hansberg B., Baunach M., Krenn J., Walheim S., Lemmer U., Scharfer P., Schabel W., Spatially resolved drying kinetics of multi-component solution cast films for organic electronics, 50 (**2011**) 509.

Schneider N.S., Rivin D., Steady state analysis of water vapor transport in ionomers, Polymer, 51 (**2010**) 671.

Schröder P., Über Erstarrungs- und Quellerscheinungen von Gelatine, Z. Phys. Chem., 45 (**1903**) 75.

Schuld N., Wolf B.A., Polymer-solvent interaction parameters, in J. Brandrup, E.H. Immergut, E.A. Grulke (Eds.), Polymer Handbook (4th Edition), John Wiley & Sons, New York, **1999**, pp. VII/247-VII/250.

Scrosati B., Garche J., Lithium batteries: Status, prospects and future, J. Power Sources, 195 (**2010**) 2419.

Seader J.D., Henley E.J., Separation process principles (2nd Edition), John Wiley & Sons, New York, **2006**.

Setnickova K., Wagner Z., Noble, R.D., Uchytil P., Semi-empirical model of toluene transport in polyethylene membranes based on the data using a new type of apparatus for determining gas permeability, diffusivity and solubility, Chem. Eng. Sci., 66 (**2011**) 5566.

Shah M.R., Noble R.D., Clough D.E., Analysis of transient permeation as a technique for determination of sorption and diffusion in supported membranes, J. Membr. Sci., 280 (**2006**) 452.

Shull C.A., Shull, S.P., Absorption of moisture by gelatine in a saturated atmosphere, Am. J. Bot., 7 (**1920**) 318.

Siepmann J., Siegel R.A., Rathbone M.J. (Eds.), Fundamentals and applications of controlled release drug delivery, Springer-Verlag, Heidelberg, **2012**.

Skoog D.A., Leary J.J., Instrumentelle Analytik, Springer-Verlag, Berlin, **1996**.

Sommer J.-U., Reiter G., A generic model for growth and morphogenesis of polymer crystals in two dimensions, in J.-U. Sommer, G. Reiter (Eds.), Polymer crystallization: Observations, concepts and interpretations, Springer-Verlag, New York, **2003**, pp. 154-176.

Sone Y., Ekdunge P., Simonsson D., Proton conductivity of Nafion 117 as measured by a four-electrode AC impedance method, J. Electrocgem. Soc., 143 (**1996**) 1254.

Stephan P., Schaber K., Stephan K., Mayinger F., Thermodynamik, Band 2: Mehrstoffsysteme und chemische Reaktionen (15. Auflage), Springer-Verlag, Berlin, **2010**.

Stokes R.H., Levien B.J., The osmotic and activity coefficients of zinc nitrate, zinc perchlorate and magnesium perchlorate. Transference numbers of zinc perchlorate solutions, J. Am. Chem. Soc., 68 (**1946**) 333.

Strobl G., The physics of polymers, Springer-Verlag, Heidelberg, **2007**.

Strube G., Raman scattering, in F. Mayinger, O. Feldmann (Eds.), Optical measurements: Techniques and applications, Springer-Verlag, Berlin, **2001**, pp. 167194.

Suzuki M., Amphoteric polyvinylalcohol hydrogel and electrohydrodynamic control method for artificial muscles, in D. DeRossi, K. Kajiwara, Y. Osada, A. Yamauchi (Eds.), Polymer gels: Fundamentals and biomedical applications, Plenum Press, New York, **1991**, pp. 221-236.

Tadokoro H., Seki S., Nitta I., The crystallinity of solid high polymers. I. The crystallinity of polyvinyl alcohol film, B. Chem. Soc. Jpn., 28 (**1955**) 559.

Tanaka T., Fillmore D.J., Kinetics of swelling of gels, J. Chem. Phys., 70 (**1979**) 1214.

Tathireddy P., Avula M., Lin G.Y., Cho S.H., Günther M., Schulz V., Gerlach G., Magda J.J., Solzbacher F., Smart hydrogel based micro-sensing platform for continuous glucose monitoring, IEEE Engineering in Medicine and Biology Society Conference Proceedings, **2010**, pp. 677-679.

Thiel J., Maurer G., Prausnitz J.M., Hydrogele: Verwendungsmöglichkeiten und thermodynamische Eigenschaften, Chem. Ing. Tech., 67 (**1995**) 1567.

Thiyagarajan R., Ravi S., Bhattacharya P.K., Pervaporation of methyl-ethyl ketone and water mixture: Determination of concentration profile, Desalination, 277 (**2011**) 178.

Vallieres C., Winkelmann D., Roizard D., Favre E., Scharfer P., Kind M., On Schroeder's paradox, J. Membr. Sci., 278 (**2006**) 357.

VDI-Wärmeatlas, 9. Auflage, Springer-Verlag, Berlin, **2002**.

Vrentas J.S., Duda J.L., Diffusion in polymer-solvent systems. I. Reexamination of the free volume theory, J. Polym. Sci. Polym. Phys. Ed., 15 (**1977 a**) 403.

Vrentas J.S., Duda J.L., Diffusion in polymer-solvent systems. II. A predictive theory for the dependence of diffusion coefficients on temperature, concentration and molecular weight, J. Polym. Sci. Polym. Phys. Ed., 15 (**1977 b**) 417.

Vrentas J.S., Duda J.L., Ling H.-C., Enhancement of impurity removal from polymer films, J. Appl. Polym. Sci., 30 (**1985**) 4499.

Wang J., Chen Z.Y., Mauk M., Hong K.S., Li M.Y., Yang S., Bau H.H., Self-actuated, thermoresponsive hydrogel valves for lab on a chip, Biomed. Microdevices, 7 (**2005**) 313.

Wang Y.-L., Yang H., Xu Z.-L., Influence of post-treatments on the properties of porous poly(vinyl alcohol) membranes, J. Appl. Polym. Sci., 107 (**2008**) 1423.

Wang X., Ding B., Yu J., Wang M., Pan F., A highly sensitive humidity sensor based on a nanofibrous membrane coated quartz crystal microbalance, Nanotechnology, 21 (**2010 a**) 1.

Wang X.-L., Oh I.-K., Lee S., Electroactive artificial muscle based on cross-linked PVA/SPTES, Sensor. Actuat. B-Chem., 150 (**2010 b**) 57.

Wang L., Han X., Li J., Zhan X., Chen J., Separation of azeotropic dimethylcarbonate/methanol mixtures by pervaporation: Sorption and diffusion behaviors in the pure and nano silica filled PDMS membranes, Separ. Sci. Technol., 46 (**2011**) 1396.

Webb B.C., Pedley D.G., Prosser S.J., Hijikigawa M., Furubayashi H., Humidity sensor, United States Patent 5,004,700, **1991**.

Weber A.Z., Newman J., Transport in polymer-electrolyte membranes I. Physical model, J. Electrochem. Soc., 150 (**2003**) A1008.

Weber A.Z., Newman J., Transport in polymer-electrolyte membranes II. Mathematical model, J. Electrochem. Soc., 151 (**2004**) A311.

Wedler G., Lehrbuch der Physikalischen Chemie, Wiley-VCH, Weinheim, **1997**.

Wegner G., Polymers as functional components in batteries and fuel cells, Polym. Advan. Technol., 17 (**2006**) 705.

Wei L., Cai C., Lin J., Chen T., Dual-drug delivery system based on hydrogel/micelle composites, Biomaterials, 30 (**2009**) 2606.

Welzel P., Nitschke M., Freudenberg U., Zieris A., Götze T., Valtink M., Engelmann K., Werner C., Polymer hydrogels to enable new medical therapies, in G. Gerlach, K.-F. Arndt (Eds.), Hydrogel sensors and actuators, Springer-Verlag, Heidelberg, **2009**, pp. 249-266.

Wolff L.K., Büchner E.H., Über das Schroedersche Paradoxon, Z. Phys. Chem., 89 (**1915**) 271.

Wong S.-S., Altinkaya S.A., Mallapragada S.K., Drying of semicrystalline polymers: Mathematical modelling and experimental characterization of poly(vinyl alcohol) films, Polymer, 45 (**2004**) 5151.

Wong S.-S., Altinkaya S.A., Mallapragada S.K., Understanding the effect of skin formation on the removal of solvents from semicrystalline polymers, J. Polym. Sci. Pol. Phys., 43 (**2005**) 3191.

Wunderlich B., Macromolecular physics, Vol. 1, Academic Press, New York and London, **1973**.

Yeo R.S., Yeager H.L. Structural and transport properties of perfluorinated ion-exchange membranes, in B.E. Conway, R.E. White, J. O'M Bockris (Eds.), Modern aspects of electrochemistry, Vol. 16, Plenum Press, New York, **1985**, pp. 437-504.

Yeom C.K., Huang R.Y.M., Modelling of the pervaporation separation of ethanol-water mixtures through crosslinked poly(vinyl alcohol) membrane, J. Membr. Sci., 67 (**1992**) 39.

Yu C., Mutlu S., Selvaganapathy P., Mastrangelo C.H., Svec F., Frechett J.M.J., Flow control valves for analytical microfluidic chips without mechanical parts based on thermally responsive monolithic polymers, Anal. Chem., 75 (**2003**) 1958.

Zawodzinski T.A., Neeman M., Sillerud L.O., Gottesfeld S., Determination of water diffusion coefficients in perfluorosulfonate ionomeric membranes, J. Phys. Chem., 95 (**1991**) 6040.

Zawodzinski T.A., Derouin C., Radzinski S., Sherman R.J., Smith T., Springer T.E., Gottesfeld S., Water uptake by and transport through Nafion® 117 membranes, J. Electrochem. Soc., 140 (**1993 a**) 1041.

Zawodzinski T.A., Springer T.E., Davey J., Jestel R., Lopez C., Valerio J., Gottesfeld S., A comparative study of water uptake by and transport through ionomeric fuel cell membranes, J. Electrochem. Soc., 140 (**1993 b**) 1981.

Zawodzinski T.A., Gottesfeld S., Shoichet S., McCarthy T.J., The contact angle between water and the surface of perfluorosulphonic acid membranes, J. Appl. Electrochem., 23 (**1993 c**) 86.

Zielinski J.M., Duda J.L., Predicting polymer/solvent diffusion coefficients using free-volume theory, AIChE J., 38 (**1992**) 405.

Eigene Veröffentlichungen und Tagungsbeiträge im Rahmen der vorliegenden Arbeit

Veröffentlichungen

[6]   **S. Jeck**, P. Scharfer, M. Kind, *Water diffusion in poly(vinyl alcohol) membranes: A rigorous analysis of the pervaporation process*, Journal of Membrane Science, 417-418 (**2012**) 154.

[5]   **S. Jeck**, P. Scharfer, W. Schabel, M. Kind, *Water sorption in semi-crystalline poly(vinyl alcohol) membranes: In-situ characterisation of solvent-induced structural rearrangements*, Journal of Membrane Science, 389 (**2012**) 162.

[4]   **S. Jeck**, P. Scharfer, M. Kind, *Absence of Schroeder's paradox: Experimental evidence for water-swollen Nafion® membranes*, Journal of Membrane Science, 373 (**2011**) 74.

[3]   **S. Jeck**, P. Scharfer, W. Schabel, M. Kind, *Water sorption in poly(vinyl alcohol) membranes: An experimental and numerical study of solvent diffusion in a crosslinked polymer*, Chemical Engineering & Processing: Process Intensification, 50 (**2011**) 543.

[2]   **S. Jeck**, P. Scharfer, W. Schabel, M. Kind, *Untersuchungen zur Lösemittel-Diffusion in semikristallinen Polymerfilmen*, Chemie Ingenieur Technik, 82 (**2010**) 1375.

[1]   **S. Jeck**, P. Scharfer, M. Kind, *Water sorption in physically crosslinked poly(vinyl alcohol) membranes: An experimental investigation of Schroeder's paradox*, Journal of Membrane Science, 337 (**2009**) 291.

Tagungsbeiträge

[11]   **S. Jeck**, P. Scharfer, W. Schabel, M. Kind, *Quantitative analysis of mass transport parameters in crosslinked polymer systems*, European Congress of Chemical Engineering, 25.-29. September **2011**, Berlin (Vortrag).

[10] **S. Jeck**, M. Kind, *Phase equilibrium and mass transport characteristics of physically crosslinked hydrogel systems*, SPP 1259 Kolloquium "Intelligente Hydrogele", 14.-15. Juli **2011**, Köln (Vortrag).

[9] **S. Jeck**, P. Scharfer, W. Schabel, M. Kind, *Quantitative Analyse von Stofftransportparametern in vernetzten Polymersystemen*, Fachausschuss Wärme- und Stoffübertragung, 21.-22. März **2011**, Frankfurt am Main (Poster).

[8] **S. Jeck**, M. Kind, *Water diffusion in semicrystalline polymer films*, SPP 1259 Workshop „Analytik von Hydrogelen", 07.-08. Oktober **2010**, Aachen (Vortrag).

[7] **S. Jeck**, P. Scharfer, W. Schabel, M. Kind, *Experimentelle und numerische Untersuchungen zur Lösemittel-Diffusion in semikristallinen Polymerfilmen*, ProcessNet-Jahrestagung, 21.-23. September **2010**, Aachen (Poster).

[6] **S. Jeck**, P. Scharfer, W. Schabel, M. Kind, *Solvent diffusion in semicrystalline polymer films – An experimental and numerical study*, 15th International Symposium on Coating Science and Technology, 12.-15. September **2010**, Saint Paul MN, USA (Vortrag).

[5] **S. Jeck**, M. Kind, *Water sorption in physically crosslinked PVA membranes*, SPP 1259 Kolloquium "Intelligente Hydrogele", 21.-23. September **2009**, Dortmund (Vortrag).

[4] **S. Jeck**, P. Scharfer, W. Schabel, M. Kind, *Water sorption into thin films of semicrystalline polymer*, 8th European Coating Symposium, 07.-09. September **2009**, Karlsruhe (Vortrag).

[3] **S. Jeck**, P. Scharfer, M. Kind, *Water sorption in poly(vinyl alcohol) membranes: An experimental investigation of Schroeder's paradox*, Frontiers in Polymer Science, 07.-09. Juni **2009**, Mainz (Poster).

[2] **S. Jeck**, M. Kind, *Bestimmung des Sorptionsverhaltens von Hydrogelen*, SPP 1259 Workshop „Analytik von Hydrogelen", 07.-08. April **2009**, Karlsruhe (Vortrag).

[1] **S. Jeck**, P. Scharfer, M. Kind, *Untersuchungen zum Einfluss des Quellverhaltens auf den Stofftransport in Hydrogelen*, Fachausschuss Wärme- und Stoffübertragung, 03.-05. März **2009**, Bad Dürkheim (Poster).

10 Anhang

A.1 Antoine-Gleichung zur Berechnung des Sattdampfdrucks

Der Sattdampfdruck p_i^* einer reinen Komponente i wird in Abhängigkeit der Temperatur T aus der nachstehenden Antoine-Gleichung bestimmt:

$$log\left(p_i^*\big/mbar\right) = A - \frac{B}{C + T\big/{}^\circ C}. \qquad (A.1.1)$$

Für die in dieser Arbeit durchgeführten Berechnungen wurden dabei die folgenden Antoine-Parameter verwendet:

	A	B	C
Wasser ($T > 0^\circ C$)	8,19625	1730,63	233,426
Eis ($T < 0^\circ C$)	10,39906	2591,72	269,5734

A.2 Stoffdaten für Wasser

Die Dichte von Wasser wurde einer Tabelle der *Physikalisch-Technischen Bundesanstalt* (Bettin & Spieweck 1990) entnommen und die Daten im Temperaturbereich von 20°C bis 60°C durch ein Polynom zweiter Ordnung korreliert:

$$\rho_W = 1001,24122 \cdot 10^{-3} - 7,4110 \cdot 10^{-5} \cdot T - 3,7900 \cdot 10^{-6} \cdot T^2 \qquad (A.2.1)$$

ρ_W Dichte von Wasser in g/cm³

T Temperatur in °C.

Der Brechungsindex von Wasser wurde aus einer vielparametrigen Korrelation der *International Association for the Properties of Water and Steam* (IAPWS 1997) bestimmt und die so erhaltenen Daten zur Vereinfachung im Temperaturbereich von 20°C bis 60°C durch ein Polynom zweiter Ordnung angepasst:

$$n_{D,W} = 1,33440 - 4,56287 \cdot 10^{-5} \cdot T - 1,22963 \cdot 10^{-6} \cdot T^2 \qquad (A.2.2)$$

$n_{D,W}$ Brechungsindex von Wasser

T Temperatur in °C.

A.3   Stoffdaten für Polyvinylalkohol (PVA)

Die Reinstoffdichte von PVA wurde für den Temperaturbereich von 20°C bis 50°C in eigenen Messungen bestimmt und die Daten durch ein Polynom zweiter Ordnung korreliert:

$$\rho_{PVA} = 1{,}3230 - 6{,}4110 \cdot 10^{-4} \cdot T - 1{,}0945 \cdot 10^{-6} \cdot T^2 \qquad (A.3.1)$$

ρ_{PVA} Dichte von Polyvinylalkohol in g/cm³

T Temperatur in °C.

Abb. A.3.1 zeigt, dass die erhaltenen Dichtewerte eine gute Übereinstimmung mit den Angaben des Herstellers (Kuraray 2003) sowie der einschlägigen Literatur aufweisen, insbesondere im Hinblick auf die Streuung der dem *Polymer Handbook* (Brandrup 1999) entnommenen, aus unterschiedlichen Quellen zusammengetragenen Daten.

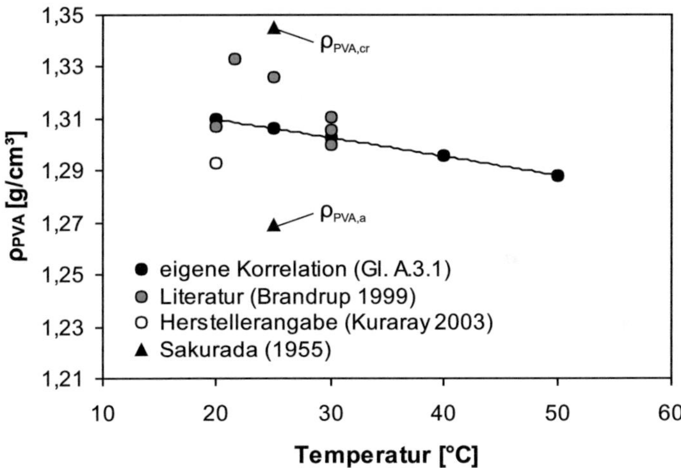

Abb. A.3.1: Temperaturabhängige Reinstoffdichte von Polyvinylalkohol und Vergleich mit Literaturdaten.

Der Reinstoffbrechungsindex von PVA wurde ebenfalls für den Temperaturbereich von 20°C bis 50°C in eigenen Messungen bestimmt und die Daten wieder durch ein Polynom zweiter Ordnung angepasst:

$$n_{D,PVA} = 1{,}53410 - 5{,}96311 \cdot 10^{-5} \cdot T - 7{,}85122 \cdot 10^{-7} \cdot T^2 \qquad (A.3.2)$$

$n_{D,PVA}$ Brechungsindex von Polyvinylalkohol

T Temperatur in °C.

Für den Brechungsindex von PVA sind in der Literatur nur wenige Referenzdaten verfügbar; der Hersteller (Kuraray 2003) gibt für $T = 20°C$ einen Wert von $n_{D,PVA} = 1{,}52\text{-}1{,}53$ an. Abb. A.3.2 zeigt, dass die hier ermittelten Werte für den Brechungsindex eine insgesamt zufriedenstellende Übereinstimmung mit den wenigen vorhandenen Vergleichsdaten aufweisen.

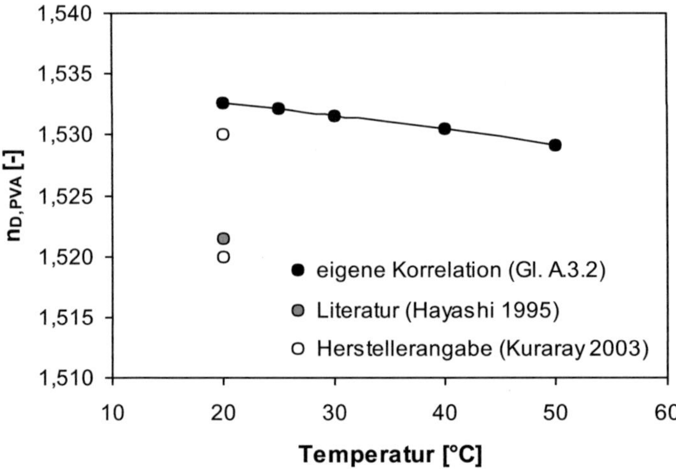

Abb. A.3.2: Temperaturabhängiger Reinstoffbrechungsindex von Polyvinylalkohol und Vergleich mit Literaturdaten.

A.4 Stoffdaten für binäre Wasser/PVA-Gemische

Unter Vernachlässigung von Exzessvolumina kann die Dichte eines binären Gemischs aus Wasser und PVA mithilfe der Mischungsregel von *Amagat* (z.B. VDI-Wärmeatlas 2002) aus den Reinstoffdichten bestimmt werden:

$$\frac{1}{\rho_M} = \frac{x_W}{\rho_W} + \frac{x_{PVA}}{\rho_{PVA}} \qquad\qquad (A.4.1)$$

ρ_M Dichte des binären Gemischs

ρ_i Reinstoffdichte der Komponente i, $i = $ W, PVA

x_i Massenbruch der Komponente i.

Abb. A.4.1 zeigt beispielhaft für Temperaturen von 20°C und 30°C, dass die eigenen Messdaten sehr gut durch Gl. (A.4.1) wiedergegeben werden (mittlere Abweichung < 0,05 %) und außerdem eine hervorragende Übereinstimmung mit den entsprechenden Literaturwerten aufweisen. Somit ist die gewählte Vorgehensweise zur Bestimmung der Gemischdichte, insbesondere die Annahme der Volumenadditivität, gerechtfertigt.

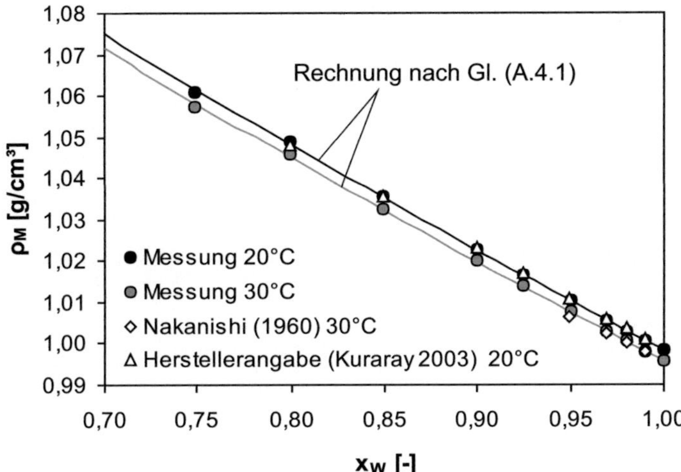

Abb. A.4.1: Dichte binärer Wasser/PVA-Gemische als Funktion der Lösemittelkonzentration. Vergleich von Messung und Rechnung nach Gl. (A.4.1).

Der Brechungsindex des binären Wasser/PVA-Gemischs kann mithilfe der Mischungsregel von *Arago-Biot* (z.B. Heller 1965) aus den Reinstoffbrechungsindices ermittelt werden:

$$n_{D,M} = \varphi_W \cdot n_{D,W} + \varphi_{PVA} \cdot n_{D,PVA} \tag{A.4.2}$$

$n_{D,M}$ Brechungsindex des binären Gemischs

$n_{D,i}$ Brechungsindex der Komponente i, i = W, PVA

φ_i Volumenanteil der Komponente i.

Abb. A.4.2 vergleicht wieder beispielhaft für Temperaturen von 20°C und 30°C die eigenen Messdaten mit den nach Gl. (A.4.2) berechneten Werten. Auch hier wird eine gute Übereinstimmung mit einer mittleren Abweichung von < 0,10 % erzielt.

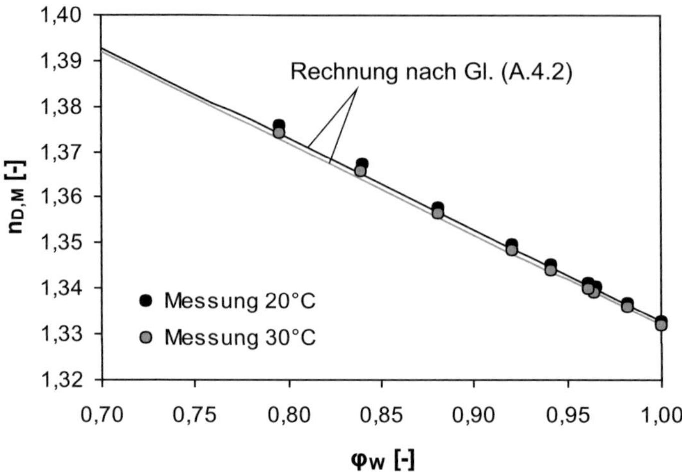

Abb. A.4.2: Brechungsindex binärer Wasser/PVA-Gemische als Funktion der Lösemittelkonzentration. Vergleich von Messung und Rechnung nach Gl. (A.4.2)

A.5 Bestimmung der Ortsauflösung

Die Ortsauflösung der Raman-Messtechnik bei unterschiedlichen Einstellungen des konfokalen Pinholes kann aus Tiefenscans an einer opaken, polierten Siliziumprobe ($\tilde{v}_k = 520\ \mathrm{cm^{-1}}$) bestimmt werden. Bei den Messungen dringt der Laserstrahl nicht in die Siliziumprobe ein, so dass sich für einen idealen Fokuspunkt nur ein einziges Messsignal ergeben würde. Für den realen, räumlich ausgedehnten Laserfokus werden die in Abb. A.5.1 und A.5.2 dargestellten Intensitätsverläufe beobachtet. Als Maß für die Tiefenauflösung wird dabei der „full width at half maximum"-Wert verwendet, der die Breite des gemessenen Tiefenprofils bei der Hälfte der maximalen Intensität beschreibt.

Die Abbildungen zeigen jeweils links die gemessenen Intensitätsverläufe bei Blendenöffnungen von 100 µm, 200 µm, 400 µm und 1000 µm. Die Intensitäten sind dabei auf die maximale Intensität der Messung mit 100 µm Blendenöffnung normiert dargestellt. Um den Einfluss des Pinholedurchmessers auf die Ortsauflösung zu verdeutlichen, sind die Intensitätsverläufe rechts zusätzlich auf ihren jeweiligen Maximalwert normiert aufgetragen.

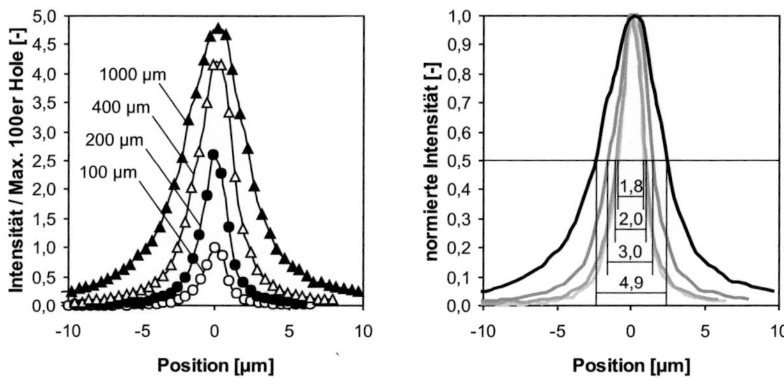

Abb. A.5.1: Ortsauflösung für das Ölimmersionsobjektiv (100x / 1,30 Oil) bei unterschiedlichen Blendenöffnungen.

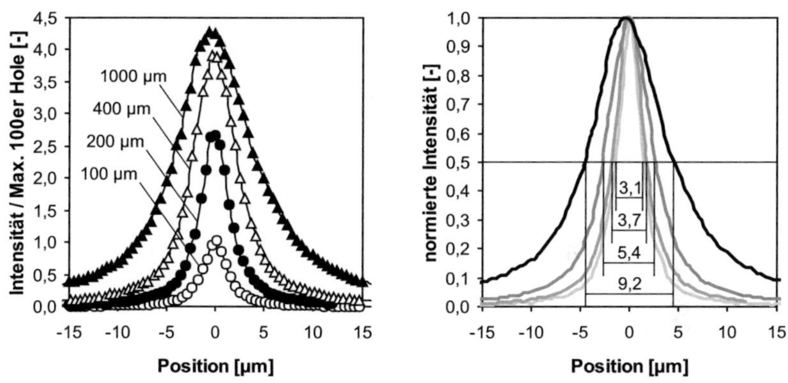

Abb. A.5.2: Ortsauflösung für das Wasserimmersionsobjektiv (100x / 1,0 W) bei unterschiedlichen Blendenöffnungen.

Die Blendenöffnung hat also sowohl Einfluss auf die Ortsauflösung als auch auf die Intensität des Raman-Signals. Um für die durchgeführten Messungen eine möglichst hohe zeitliche und örtliche Auflösung zu realisieren, darf das Pinhole nicht zu klein gewählt werden, so dass eine ausreichend hohe Strahlungsintensität und damit eine geringe Integrationszeit gewährleistet ist, während ein zu großer Blendendurchmesser die Tiefenauflösung verschlechtert.

Um speziell bei den mit dem Ölimmersionsobjektiv durchgeführten Untersuchungen der hohen Dynamik der betrachteten Stofftransportvorgänge gerecht zu werden und eine ausreichend hohe zeitliche Auflösung sicherzustellen, wurde für die Messungen eine Blendenöffnung von 400 µm gewählt. Die Strahlungsintensität ist dann gegenüber dem vollständig geöffneten Pinhole (1000 µm) nur geringfügig reduziert, die Ortsauflösung mit 3,0 µm jedoch immer noch hinreichend hoch. Mit dem Wasserimmersionsobjektiv wurde bei einer kleineren Blendenöffnung von 200 µm gearbeitet, auch hier wird dann mit einem Wert von 3,7 µm eine – im Hinblick auf die Abmessungen der untersuchten Polymermembranen – sehr gute Ortsauflösung erreicht.

A.6 Korrektur der Konzentrationsprofile

Zur Überprüfung der in Abschnitt 2.2.4 beschriebenen Korrektur von Lösemittelkonzentrationsprofilen, welche im Randbereich durch eine angrenzende Flüssigphase beeinflusst werden, wurden mit Wasser gesättigte PVA-Proben vermessen und die erhaltene Wasserbeladung gemäß Gl. (2.12) und (2.13) korrigiert. Abb. A.6.1 zeigt, dass die gewählte Vorgehensweise dabei die vollständige Korrektur der Lösemittelbeladung im Bereich der Phasengrenze erlaubt.

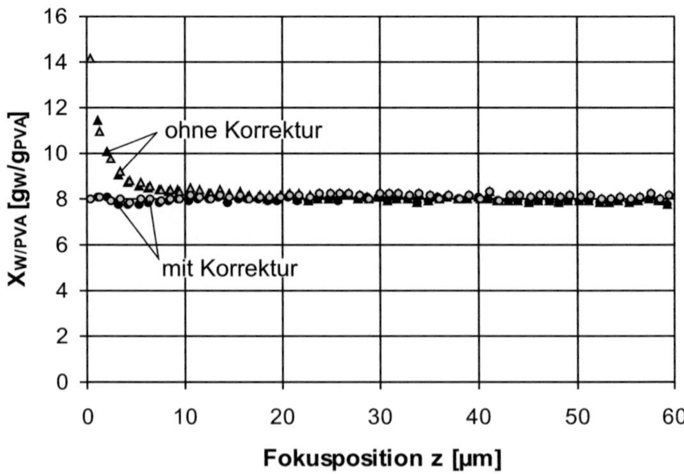

Abb. A.6.1: Gemessene Wasserbeladung für vollständig gesättigte PVA-Proben und Korrektur der Messdaten wie in Abschnitt 2.2.4 erläutert.

A.7 Berechnung binärer Gasdiffusionskoeffizienten nach Fuller

Zur Berechnung binärer Gasdiffusionskoeffizienten schlagen Fuller et al. folgenden Ansatz vor (VDI-Wärmeatlas 2002):

$$D_{ij}^{SM} = 1{,}013 \cdot 10^{-4} \cdot \frac{T^{1{,}75}}{p} \cdot \left[\left(\sum v_i \right)^{1/3} + \left(\sum v_j \right)^{1/3} \right]^{-2} \cdot \left(\frac{\tilde{M}_i + \tilde{M}_j}{\tilde{M}_i \cdot \tilde{M}_j} \right)^{1/2} \quad (A.7.1)$$

D_{ij}^{SM} binärer Gasdiffusionskoeffizient in m²/s

T Temperatur in K

p Druck in mbar

$\tilde{M}_{i,j}$ Molmasse der Komponente i bzw. j in g/mol

$\sum v_{i,j}$ Diffusionsvolumen der Komponente i bzw. j

	Wasser	Luft
$\tilde{M}_i$ [g/mol]	18,02	28,96
$\sum v_i$	12,70	20,10

A.8 Freie-Volumen-Theorie

Zur Berechnung der Diffusionskoeffizienten in Polymer/Lösemittel-Systemen wird in der Literatur wiederholt eine um einen sog. thermodynamischen Faktor erweiterte Formulierung angegeben, welche thermodynamische Einflüsse auf die Diffusion berücksichtigt:

$$D_{ii}^{V} = D_{i}^{V} \cdot \Theta \qquad\qquad (A.8.1)$$

D_{ii}^{V} Fick'scher (Haupt-)Diffusionskoeffizient

D_{i}^{V} Selbstdiffusionskoeffizient

Θ thermodynamischer Faktor.

Bereits in früheren Arbeiten zur Polymerfilmtrocknung (Schabel 2004) konnte gezeigt werden, dass sich die experimentellen Diffusionsdaten ohne Verwendung eines thermodynamischen Faktors am besten beschreiben lassen. Deshalb wird für die hier angestellten Betrachtungen $D_{ii}^{V} = D_{i}^{V}$ gesetzt, was im Grenzfall eines praktisch reinen Polymers auch exakt erfüllt ist (Vrentas et al. 1985). Für ein binäres System gilt damit nach Vrentas & Duda (1977 a, b) der folgende Ansatz:

$$D_{ii}^{V} = D_{0i} \cdot exp\left\{-\frac{x_i \cdot \hat{V}_i^* + \xi_{iP} \cdot x_P \cdot \hat{V}_P^*}{\hat{V}^{FH}/\gamma_{iP}}\right\} \qquad (A.8.2)$$

D_{0i} vorexponentieller Faktor

$x_{i,P}$ Massenbruch der Komponente i (Lösemittel) bzw. P (Polymer)

$\hat{V}_i^*$ benötigtes (spezifisches freies) Lückenvolumen der Komp. i

ξ_{iP} Verhältnis der molaren Volumina der „jumping units"

$\hat{V}^{FH}$ vorhandenes mittleres (spezifisches freies) Lückenvolumen

γ_{iP} Überlappungsfaktor.

Dabei ist das mittlere freie Lückenvolumen $\hat{V}^{FH}$, welches durch thermische Schwankungen umverteilt werden kann, die für die Diffusion maßgebliche Größe. Der Überlappungsfaktor γ_{iP} berücksichtigt noch, dass sich benachbarte Moleküle das gleiche freie Volumen teilen. Es gilt:

$$\hat{V}^{FH} = x_i K_{I,i}\left(K_{II,i} - T_{g,i} + T\right) + x_P K_{I,P}\left(K_{II,P} - T_{g,P} + T\right) \qquad (A.8.3)$$

$T_{g,i}$ Glasübergangstemperatur der Komponente i

T Temperatur in Kelvin.

$K_{I,i}$ und $K_{II,i}$ sind aus physikalischen Größen zusammengesetzte Freie-Volumen-Parameter, welche das Expansionsverhalten der Komponente i beschreiben. Bei konstanter Temperatur T folgt aus Gl. (A.8.2) und Gl. (A.8.3) durch mathematische Umformung der allgemeine Exponentialansatz (3.35) in der Form:

$$D_{ii}^{V} = exp\left\{-\frac{A + B \cdot X_{i/P}}{1 + C \cdot X_{i/P}}\right\}, \qquad (A.8.4)$$

wobei für die Parameter A, B und C gilt:

$$A = \frac{\xi_{iP} \cdot \hat{V}_P^*}{K_{I,P}/\gamma_{iP} \cdot \left(K_{II,P} - T_{g,P} + T\right)} - ln\, D_{0i} \qquad (A.8.5)$$

$$B = \frac{\hat{V}_i^* - K_{I,i}/\gamma_{iP} \cdot \left(K_{II,i} - T_{g,i} + T\right) \cdot ln\, D_{0i}}{K_{I,P}/\gamma_{iP} \cdot \left(K_{II,P} - T_{g,P} + T\right)} \qquad (A.8.6)$$

$$C = \frac{\frac{K_{I,i}}{\gamma_{iP}} \cdot \left(K_{II,i} - T_{g,i} + T\right)}{\frac{K_{I,P}}{\gamma_{iP}} \cdot \left(K_{II,P} - T_{g,P} + T\right)} .$$

(A.8.7)

A.9 Stationäre Lösung der Diffusionsgleichung

Im stationären Zustand ist die Konzentrationsverteilung einer diffundierenden Komponente *i* durch die Lösung der Diffusionsgleichung Gl. (3.36) aus Abschnitt 3.4.1 gegeben:

$$\frac{d}{dz}\left(D_{ii}^{V}(c_i) \cdot \frac{dc_i}{dz} \right) = 0 .$$

(A.9.1)

Durch Integration folgt aus Gl. (A.9.1):

$$D_{ii}^{V}(c_i) \cdot \frac{dc_i}{dz} = C_1 ,$$

(A.9.2)

nochmalige Integration liefert dann die allgemeine Lösung:

$$\int D_{ii}^{V}(c_i)\, dc_i = F(c_i) = C_1 \cdot z + C_2 .$$

(A.9.3)

Zur Bestimmung der Integrationskonstanten C_1 und C_2 werden zwei Randbedingungen benötigt. An der Oberseite der Membran gilt dabei:

$$c_i(z = 0) = c_i^{o} ;$$

(A.9.4)

aus Kontinuitätsgründen muss der Diffusionsstrom an der Membranunterseite dem in die Gasphase übertretenden Lösemittelpermeationsstrom entsprechen:

$$- D_{ii}^{V}\left(c_i \big|_{z=z_{max}} \right) \cdot \frac{dc_i}{dz} \bigg|_{z=z_{max}} = \dot{m}_i .$$

(A.9.5)

Aus Gl. (A.9.2) und Gl. (A.9.5) folgt dann für C_1:

$$C_1 = -\dot{m}_i ;$$

(A.9.6)

für C_2 ergibt sich daraus mit Gl. (A.9.3) und Gl. (A.9.4):

$$C_2 = F(c_i^{o}).$$

(A.9.7)

Damit wird Gl. (A.9.3) zu:

$$F(c_i) = -\dot{m}_i \cdot z + F(c_i^{o})$$

(A.9.8)

und es folgt durch Umformung schließlich:

$$z = \frac{F\!\left(c_i^o\right) - F\!\left(c_i\right)}{\dot{m}_i} = \frac{\displaystyle\int_{c_i}^{c_i^o} D_{ii}^{V}\!\left(c_i^{\,'}\right) dc_i^{\,'}}{\dot{m}_i} \; . \qquad\qquad (A.9.9)$$

A.10 Romberg-Algorithmus

Für das gesuchte bestimmte Integral $\int_a^b f(x)dx$ werden zunächst Folgen von Näherungswerten $T_{i,k}$ berechnet und im sogenannten Romberg-Schema angeordnet:

$$
\begin{array}{llllll}
T_{0,1} & & & & & \\
T_{1,1} & T_{1,2} & & & & \\
T_{2,1} & T_{2,2} & T_{2,3} & & & \\
T_{3,1} & T_{3,2} & T_{3,3} & T_{3,4} & & \\
\dots & \dots & \dots & \dots & & \\
T_{N,1} & T_{N,2} & T_{N,3} & T_{N,4} & \dots & \boldsymbol{T_{N,N+1},}
\end{array}
$$

wobei näherungsweise gilt:

$$\int_a^b f(x)dx = T_{N,N+1} \; . \qquad\qquad (A.10.1)$$

<u>Berechnung der Elemente $T_{i,1}$ aus Spalte 1 ($i = 0, 1, \dots, N$)</u>

Das Integrationsintervall $a \leq x \leq b$ wird der Reihe nach in 1, 2, 4, …, 2^N Teilintervalle gleicher Länge zerlegt. Mithilfe der Trapezregel werden dann für diese Zerlegungen Näherungswerte $T_{i,1}$ für das gesuchte Integral bestimmt, wobei der Zeilenindex i die Anzahl der Teilintervalle kennzeichnet (2^i Teilintervalle). Die Berechnungsformeln lauten:

$$i = 0$$

$$T_{0,1} = \frac{b-a}{2} \cdot \left[f(a) + f(b) \right] \qquad\qquad (A.10.2)$$

$$i = 1, 2, \dots, N$$

$$T_{i,1} = \frac{1}{2} \cdot \left[T_{i-1,1} + \frac{(b-a)}{2^{(i-1)}} \cdot \sum_{j=1}^{2^{(i-1)}} f\!\left(a + \frac{(2j-1)\cdot(b-a)}{2^i} \right) \right] . \qquad (A.10.3)$$

<u>Berechnung der Elemente $T_{i,k}$ aus Spalte k</u>

Die Berechnung dieser Elemente erfolgt aus den Elementen der $(k-1)$-ten Spalte nach der Formel:

$$k = 2;\ i = 1,\ 2,\ \ldots,\ N$$

$$T_{i,2} = \frac{4 \cdot T_{i,1} - T_{i-1,1}}{3} \tag{A.10.4}$$

$$k = 3,\ 4,\ \ldots,\ N+1;\ i = k-1,\ k,\ \ldots,\ N$$

$$T_{i,k} = \frac{4^{(k-1)} \cdot T_{i,k-1} - T_{i-1,k-1}}{4^{(k-1)} - 1}. \tag{A.10.5}$$

<u>Abbruchkriterium</u>

Die Rechnung ist abzubrechen, wenn sich zwei benachbarte Elemente einer Zeile innerhalb der gewünschten Genauigkeit nicht mehr voneinander unterscheiden.

A.11 Bestimmung der Aktivität wässriger NaCl-Lösungen

Die Aktivität wässriger NaCl-Lösungen in Abhängigkeit der Salzkonzentration wurde der Literatur entnommen und die Daten über ein Polynom zweiter Ordnung korreliert (vgl. Abb. A.11.1):

$$a_W = 0{,}9997 - 0{,}0311 \cdot \tilde{m}_{NaCl} - 0{,}0015 \cdot \tilde{m}_{NaCl}^2 \tag{A.11.1}$$

a_W Wasseraktivität der Salzlösung bei $T = 25°C$

$\tilde{m}_{NaCl}$ Molalität der Salzlösung in $\text{mol}_{NaCl}/\text{kgw}$; $\tilde{m}_{NaCl} = n_{NaCl} / m_W$.

Der Salzgehalt der Lösung ist dabei messtechnisch aus ihrer Dichte zugänglich. Die entsprechenden Daten wurden ebenfalls der Literatur entnommen und durch ein Polynom zweiter Ordnung angepasst (vgl. Abb. A.11.2):

$$\rho_{Lsg} = 0{,}9976 + 0{,}0394 \cdot \tilde{m}_{NaCl} - 0{,}0011 \cdot \tilde{m}_{NaCl}^2 \tag{A.11.2}$$

ρ_{Lsg} Dichte der Salzlösung in g/cm³ bei $T = 25°C$

$\tilde{m}_{NaCl}$ Molalität der Salzlösung in $\text{mol}_{NaCl}/\text{kgw}$.

Für stark verdünnte Kochsalzlösungen ($\tilde{m}_{NaCl} < 0{,}25\ \text{mol}_{NaCl}/\text{kgw}$) wurden gesonderte Korrelationen bestimmt, um gerade im Bereich hoher Lösemittelaktivitäten die erforderliche Genauigkeit der Aktivitätsbestimmung zu gewährleisten (vgl. Abb. A.11.3 und Abb. A.11.4):

$$a_W = 1 - 0,0338 \cdot \tilde{m}_{NaCl} + 0,0031 \cdot \tilde{m}_{NaCl}^2 \qquad\qquad (A.11.3)$$

$$\rho_{Lsg} = 0,9970 + 0,0417 \cdot \tilde{m}_{NaCl} - 0,0039 \cdot \tilde{m}_{NaCl}^2 . \qquad\qquad (A.11.4)$$

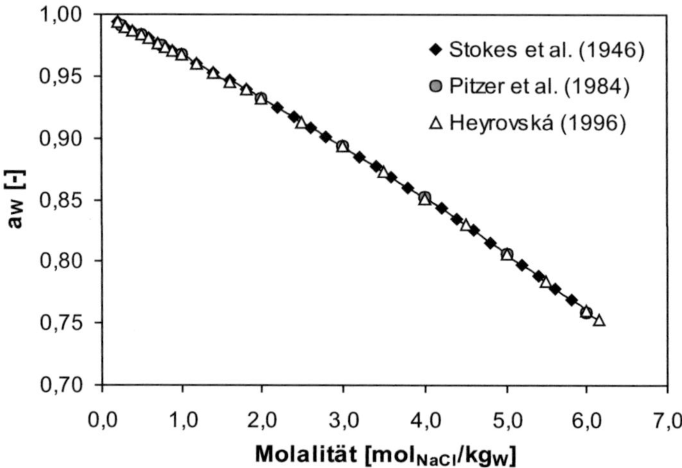

Abb. A.11.1: Aktivität wässriger NaCl-Lösungen in Abhängigkeit des Salzgehaltes; $T = 25°C$.

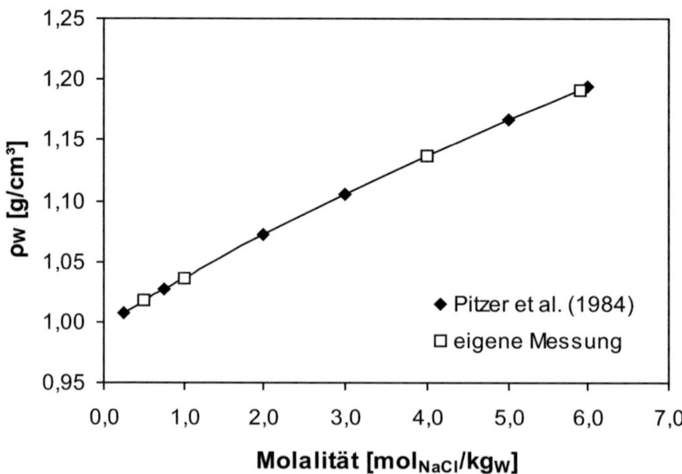

Abb. A.11.2: Dichte wässriger NaCl-Lösungen in Abhängigkeit des Salzgehaltes. Literaturdaten und eigene Messwerte; $T = 25°C$.

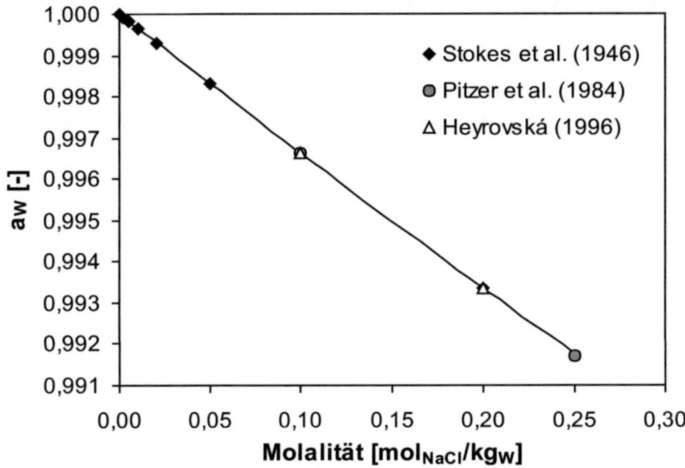

Abb. A.11.3: Aktivität wässriger NaCl-Lösungen in Abhängigkeit des Salzgehaltes für <u>stark verdünnte</u> Lösungen; $T = 25°C$.

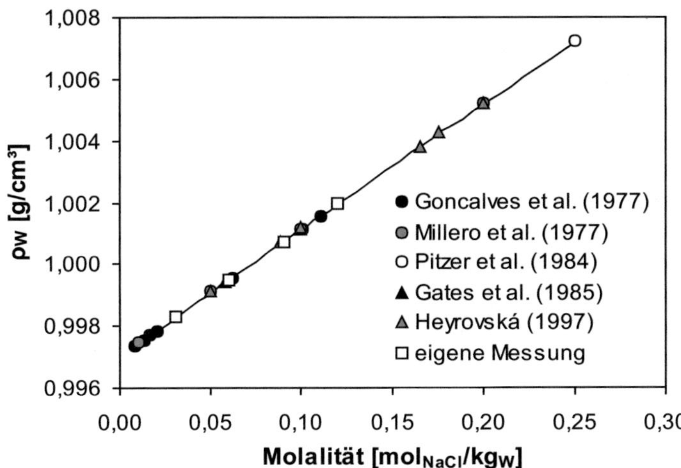

Abb. A.11.4: Dichte wässriger NaCl-Lösungen in Abhängigkeit des Salzgehaltes für <u>stark verdünnte</u> Lösungen. Literaturdaten und eigene Messwerte; $T = 25°C$.

A.12 Sorptionsgleichgewicht von Wasser in Nafion®

Um bei der Analyse des Sorptionsgleichgewichts von Wasser in Nafion® für Flüssigphasenaktivitäten $a_W < 1$ jegliche Beeinflussung der Lösemittelaufnahme durch die Anwesenheit unerwünschter Komponenten innerhalb der Membranprobe sicher auszuschließen, wurde das zur Aktivitätsabsenkung verwendete PVP zunächst – wie in Abb. A.12.1 schematisch dargestellt – dialytisch fraktioniert. Dabei kommen kommerzielle Dialyseschläuche auf Cellulosebasis (ZelluTrans V Series, Carl Roth GmbH & Co., Karlsruhe) mit einer Ausschlussgrenze (engl.: molecular weight cut off, *MWCO*) von 25.000 Da zum Einsatz.

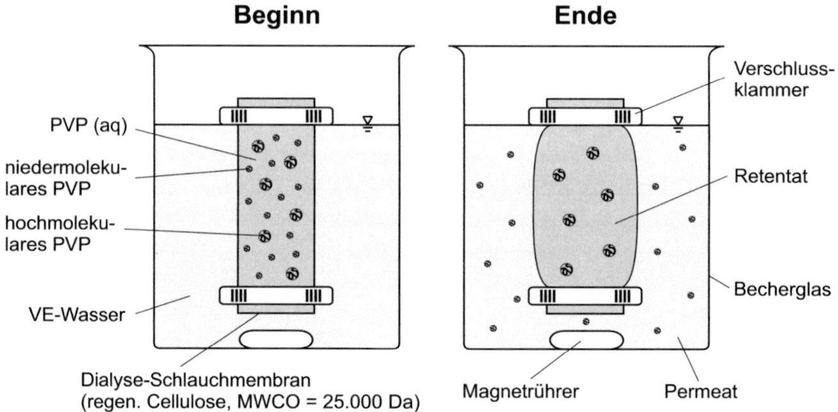

Abb. A.12.1: Versuchsaufbau zur Abtrennung von niedermolekularem Polyvinylpyrrolidon (PVP) mittels Dialyse.

A.13 Analyse des konzentrationsabhängigen Diffusionskoeffizienten anhand der Membranpervaporation

Um aus einem Pervaporationsversuch den Diffusionskoeffizienten $D_{W/PVA}$ als Funktion der Lösemittelkonzentration $X_{W/PVA}$ zu erhalten, stehen wie in Abschnitt 6.1.2 ausgeführt grundsätzlich zwei Möglichkeiten zur Verfügung:

- <u>Direkte Bestimmung</u> durch Einsetzen der angepassten Parameter A, B und C in den Exponentialansatz für $D_{W/PVA}(X_{W/PVA})$ aus Gl. (3.35).

- <u>Indirekte Bestimmung</u> durch Ermittlung der Gradienten $\partial c_W / \partial z$ aus den berechneten Konzentrationsverläufen $c_W(z)$ und Kopplung mit dem gemessenen Permeationsstrom $\dot{m}_{W,p}$ gemäß der Fick'schen Kinetik aus Gl. (6.1).

Abb. A.13.1 vergleicht die so erhaltenen Diffusionskoeffizientenverläufe am Beispiel der in Abschnitt 6.1.2 diskutierten Konzentrationsprofile und bestätigt dabei die Kompatibilität der beiden Ansätze. Da die direkte Quantifizierung des Diffusionskoeffizienten mittels der angepassten Modellparameter jedoch insgesamt mit einer etwas größeren Unsicherheit behaftet ist, wurde für die Analyse des Diffusionskoeffizienten in dieser Arbeit die Evaluation auf Basis der Fick'schen Transportkinetik aus Gl. (6.1) gewählt.

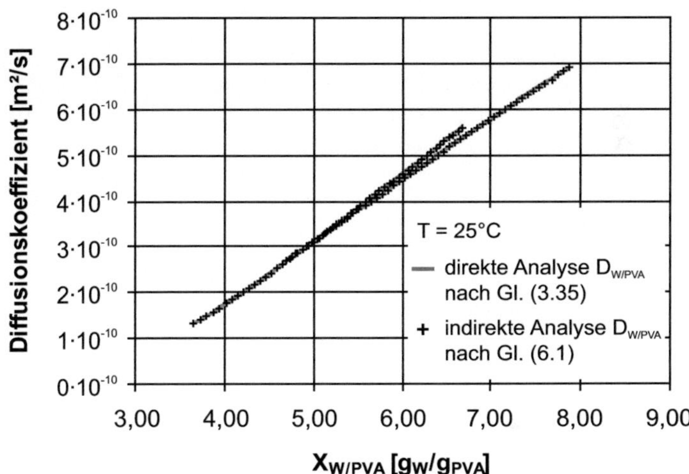

Abb. A.13.1: Quantifizierung des Diffusionskoeffizienten $D_{W/PVA}$ als Funktion der Lösemittelbeladung $X_{W/PVA}$ – Vergleichende Gegenüberstellung von direkter und indirekter Analyse.

A.14 Isotropie der Volumenänderung während der Sorption

Der zur mathematischen Modellierung des Sorptionsvorgangs benötigte Isotropieparameter $1/n_z$, welcher den Grad der Dimensionsänderung in axialer Richtung erfasst, ist direkt aus den experimentellen Daten zugänglich. Gemäß Gl. (3.34) kann bei doppeltlogarithmischer Auftragung der aktuellen Membrandicke z_{bel} über dem zugehörigen (integralen) Polymervolumenbruch φ_P eine Ausgleichsgerade durch die Messwerte gelegt werden, aus deren Steigung der gesuchte Exponent $1/n_z$ folgt. Für den in Abb. 6.13 vorgestellten Versuch liefert die entsprechende Darstellung (Abb. A.14.1) einen Wert von $1/n_z = 0{,}93$.

Offensichtlich wirkt also das Glassubstrat, auf welches die Membran aufgebracht ist, einer dreidimensionalen Volumenänderung ($1/n_z = 1/3$) entgegen, so dass sich während des Sorptionsprozesses im Wesentlichen die Dicke der Polymerprobe ändert, während die lateralen Abmessungen nahezu unverändert bleiben.

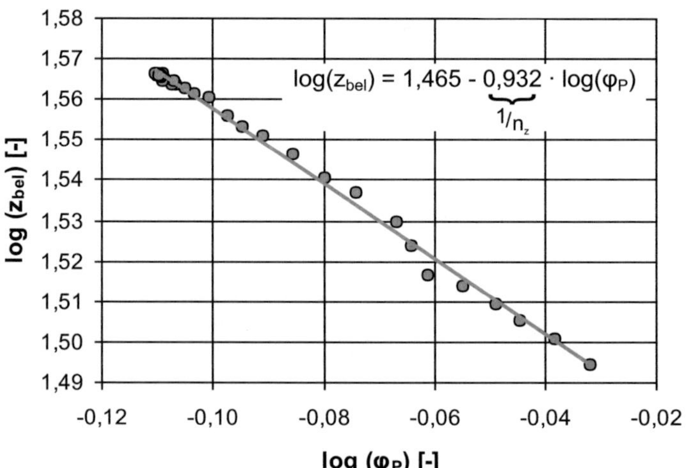

Abb. A.14.1: Bestimmung des Isotropieparameters $1/n_z$ für die Wassersorption in physikalisch vernetztes PVA bei $a_W = 0{,}90$ und $T = 25°C$ (vgl. Abb. 6.13). Doppeltlogarithmische Auftragung gemäß Gl. (3.34).

A.15 Zusammenstellung der experimentell erhaltenen Diffusionskoeffizienten $D_{W/PVA}$

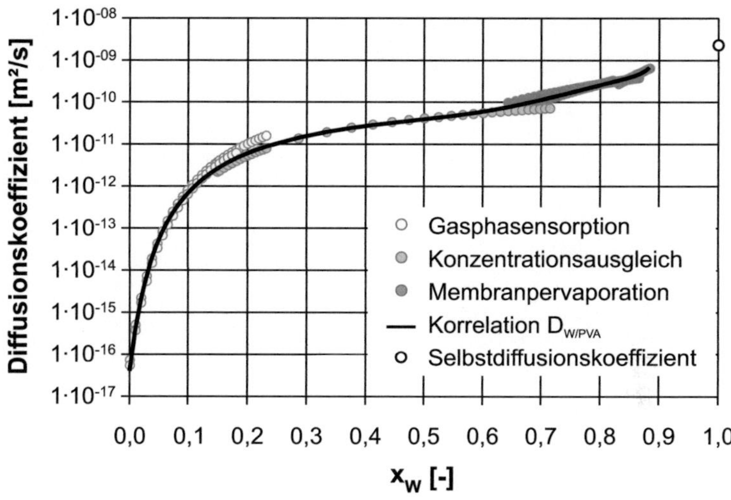

Abb. A.15.1: Vergleichende Gegenüberstellung der experimentell erhaltenen Diffusionskoeffizienten aus den Abschnitten 6.1.3, 6.2.1, 6.2.2 (ausgewählte Datensätze) sowie empirische Korrelation nach Gl. (6.10). Auftragung über dem Massenbruch x_W; $T = 25°C$.

A.16 Korrelationsfunktion für den Diffusionskoeffizienten $D_{W/PVA}$

Zur Bewertung der ermittelten empirischen Korrelationsfunktion für den Diffusionskoeffizienten $D_{W/PVA}$ (vgl. Abschnitt 6.3, Gl. (6.10)) wurden die in den Abschnitten 6.1.2, 6.2.1 und 6.2.2 beispielhaft vorgestellten Versuche unter Verwendung der in Tab. 6.3 angegebenen Parameterwerte erneut simuliert. Die experimentellen sowie die numerisch erhaltenen Konzentrationsverteilungen sind einander in den Abb. A.16.1 bis A.16.3 vergleichend gegenübergestellt.

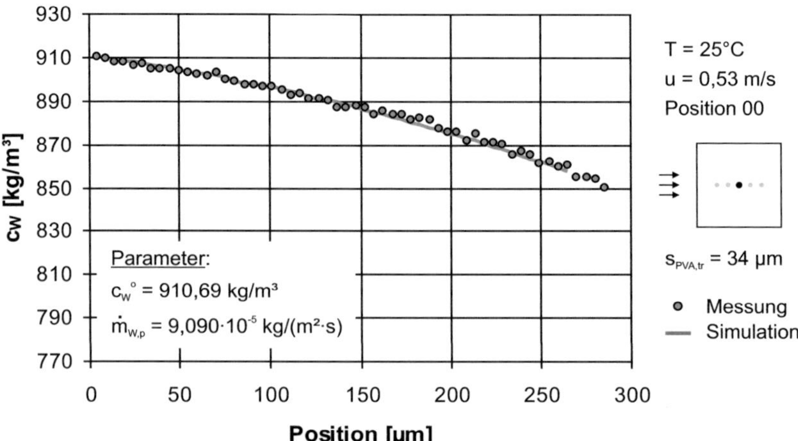

Abb. A.16.1: Konzentrationsprofil während der <u>Wasserpermeation</u> durch eine luftüberströmte PVA-Membran (vgl. Abb. 6.8 a) – Gegenüberstellung
von Messung und Simulation unter Verwendung der Korrelationsfunktion Gl. (6.10).

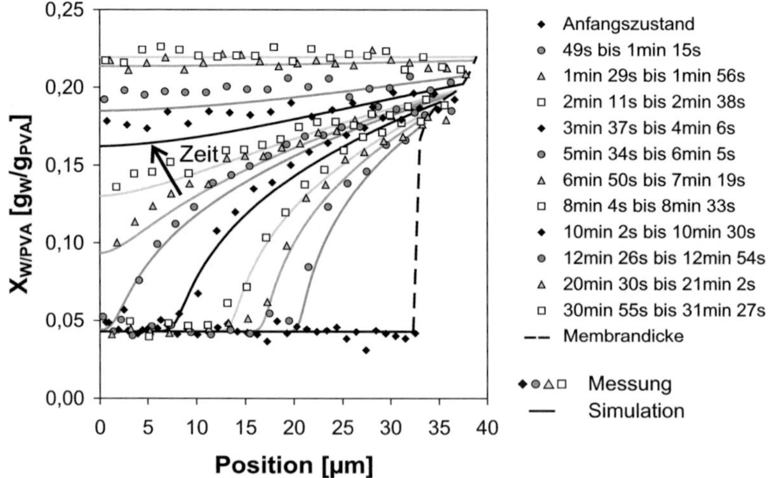

Abb. A.16.2: Lösemittelbeladungsprofile für die <u>Wassersorption</u> in eine physikalisch vernetzte PVA-Membran (vgl. Abb. 6.13) – Gegenüberstellung
von Messung und Simulation unter Verwendung der Korrelationsfunktion Gl. (6.10).

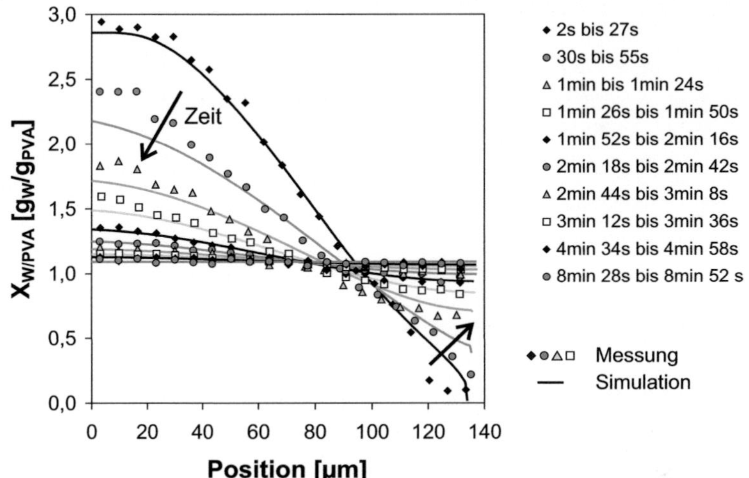

Abb. A.16.3: Lösemittelbeladungsprofile für den <u>Konzentrationsausgleich</u> zwischen zwei PVA-Membranproben unterschiedlicher Ausgangsbeladung (vgl. Abb. 6.18) – Gegenüberstellung von Messung und Simulation unter Verwendung der Korrelationsfunktion Gl. (6.10).

A.17 Sorption bei zyklisch variierender Gasphasenaktivität

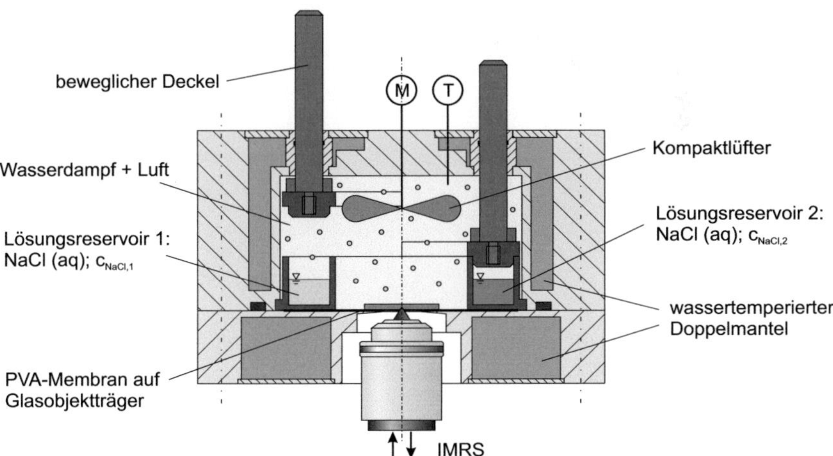

Abb. A.17.1: Modifizierter Versuchsaufbau zur zeitaufgelösten Charakterisierung der Gasphasensorption bei zyklisch variierender Lösemittelaktivität.

In Ergänzung der in Abschnitt 7.3 diskutierten zeitaufgelösten Analyse wurde die Wassersorption bei zyklisch variierender Gasphasenaktivität ($a_W = 0{,}95 \leftrightarrow a_W = 0{,}85$; $T = 25°C$) auch in einer unabhängigen Langzeitstudie betrachtet, welche die Bestimmung von Gleichgewichtsdaten mit erhöhter Präzision erlaubt. Die so ermittelten Werte für die Wasserbeladung $X_{W/PVA,GGW}$ und den Kristallinitätsgrad $\alpha_{cr,GGW}$ der physikalisch vernetzten PVA-Membran sind in der nachstehenden Tabelle zusammengefasst.

a_W	$X_{W/PVA,GGW}$ [g$_W$/g$_{PVA}$]	$\alpha_{cr,GGW}$ [-]
0,95	$0{,}3108 \pm 0{,}0110$	$0{,}2606 \pm 0{,}0025$
0,85	$0{,}1679 \pm 0{,}0030$	$0{,}2905 \pm 0{,}0019$
0,95	$0{,}3078 \pm 0{,}0070$	$0{,}2649 \pm 0{,}0043$
0,85	$0{,}1679 \pm 0{,}0071$	$0{,}2935 \pm 0{,}0023$